부산 온천동 ASTAR

구조계획 및 설계방법

Structural Design & Analysis Method

진언식 저

벽산건설

머 리 말

새로운 주거환경과 높은 삶의 질을 추구하는 변화된 수요층의 확산과 더불어 부산지역의 초고층 주거건물의 필요성과 그들의 주거환경의 개선을 위하여 ASTAR는 계획되어지고 최고의 고품격 주거공간을 창출하고자 벽산건설이 심혈을 기울여 건설하고 있는 현재 국내에서 최고 높이의 아파트 건축물이다.

ASTAR는 기본계획단계에서 풍부한 일조량과 뛰어난 조망권을 확보하고 세대 내에서의 기둥을 최소화하여 플랫플레이트 슬래브의 장점을 극대화하여 주거자에게 개방감을 제공하고 생활공간을 최대화하는 것을 목적으로 기본계획을 수립하였다. 그러기 위해서 코어를 중심으로 외곽부와 세대와 세대 사이의 공간에 기둥을 배치하고 플랫플레이트 슬래브를 사용하여 내부생활공간의 효용성을 극대화하였다.

본 건물은 대칭으로 배치된 2개의 평면이 아령처럼 서로 맞물리도록 계획된 TOWER 101과 독립된 평면으로 구성된 TOWER 102와 103의 3개의 타워동으로 구성되어졌으며, 저층부는 지하5층, 지상3층의 저층부가 각동으로 연결되어져 있다. 건물의 최고층수는 54층(옥탑층 포함)이며, 높이 171.6m 규모이다.

건물의 계획은 (주)건원종합건축사사무소에서 진행하였으며, 구조설계는 Thornton-Tomasetti Engineering(미국)에서 수행하였으며, Fast Track방식을 채택하여 설계와 시공이 병행하여 업무의 효율성을 극대화하는데 주력하였다.

본 보고서는 이런 ASTAR의 업무추진과정 중에서 Thornton-Tomasetti Engineering을 비롯한 프로젝트 참여 엔지니어들과 직간접적으로 협의된 구조시스템 및 초고층 아파트의 구조해석 기법 및 상세등을 상세한 데이터를 기반으로 작성하였으며, ASTAR의 전체적인 구조설계 스토리를 구조계획에서부터 해석방법 및 결과를 상세하게 기술하였다. 특히 국내 엔지니어들에게 아직 생소한 STUDRAIL이나 철골PLATE을 이용한 LINK BEAM등을 ASTAR의 구조설계에 적용하였으며, 이에 따른 해석방법을 소개하는 내용을 포함하였다. 이러한 본 보고서의 내용이 추후 초고층 건축물의 구조계획 및 설계영역에서 많은 도움이 되기를 바란다. 아울러 본 보고서 작성에 많은 정보와 도움을 주신 Thornton-Tomasetti Engineering 관계자분들과 (주)건양구조 황기수소장에게 감사를 드리며, 많은 자문을 해주신 (주)CH엔지니어링 김창호소장, 광운대학교 이원호교수 및 관계자분들께도 감사를 드린다.

2006. 6

진 언 식

벽산건설 기술팀장

추 천 의 글

현재 건축공간의 부족과 과도한 인구집중, 사회기능의 다변화 등으로 인하여 건설 산업에서는 근본적으로 이러한 문제점들을 개선하기 위한 대책으로 초고층 주거건축물을 건설하고 있으며, 연구, 개발하고 있다. 이러한 초고층 주거건축물은 계획, 구조시스템, 첨단기술을 도입한 시공기술 및 유지관리 등 첨단건설기술이 총체적으로 집약된 결정체일 뿐만 아니라 지역뿐만 아니라 한 국가의 상징물 또는 경제성장의 척도로 인식되고 있기 때문에 계획단계에서부터 관리하고 구조설계 및 건설현장의 기술적인 문제점을 올바르게 파악하여 초고층 주거건축물의 핵심기술을 연구, 개발하고 기술력 향상을 위해 끊임없는 노력이 필요하다고 판단되어지며, 본 보고서는 그 노력의 첫 결실이라고 생각된다.

초일류를 지향하는 벽산건설은 미래 성장 동력 확보를 위해 기술력 확보에 주력하며 초고층 건축시장에 놀라운 성과를 만들어 나가고 있다. 벽산 ASTAR는 부산지역의 최고층 아파트로 건설되어지고 있으며, 세계 최고층 빌딩인 Taipei 101(508m)와 Kuala Lumpur Centre(Petronas Tower ,452m)를 설계한 미국의 Thornton-Tomasetti Engineering에서 구조 설계 진행을 담당하였다. 이에 벽산건설은 선진기술력을 바탕으로 ASTAR 건설에 심혈을 기울이고 있으며, 이러한 선진 기술력을 근간으로 한 ASTAR의 구조에 관한 모든 것을 집약하여 정리하였다. 본 보고서는 벽산건설의 기술력 강화에 많은 보탬이 될 것이며, 모든 엔지니어들에게 기술력 배양 및 축적에 밑거름이 될 것이다.

마지막으로 ASTAR 건설에 참여하여 수고하시는 모든 분들과 귀중한 자료를 위하여 ASTAR 구조설계의 노하우를 아낌없이 제공해주신 TTE, 그리고 본 보고서의 작성을 담당한 기술팀장의 노고에 진심으로 감사드리며, 본 보고서가 국내 초고층 주거건축물의 기술력 발전을 위한 길잡이가 되기를 기원하는 바이다.

2006. 4

김 인 상

벽산건설 대표이사

목 차

제 1 장. 구조계획

제 2 장. 주요부재 해석 조건

제 3 장. 구조설계

제 4 장. 부록

제1장 구조계획

1.1 구조설계개요

1.1.1 건축개요

대지위치		동래구 온천1동 178-7번지(늘봄 호텔 자리)
대지면적		13,380.97 ㎡
건축면적		6,494.17 ㎡
연 면 적		143,553.89 ㎡
건 폐 율		59.72%
용 적 율		980.45%
용 도		공동주택, 근린생활시설
규 모		지하4층(부분지하 5층), 지상 48-52층(3개동-648세대)
구 조		철근콘크리트 전단벽, 모멘트골조 및 벨트 월(belt wall)
건축시공		벽산건설(주)
건축설계		(주)종합건축사사무소 건원
구조 설계	기본 설계	Thornton & Tomasetti Group(USA)
	실시 설계	Thornton & Tomasetti Group(USA) / (주)건양구조
	구조 검토	(주)CH엔지니어링

1.1.2 구조개요

- 철근콘크리트 코아 및 기둥 + 벨트 월(belt wall) + 플랫 플레이트 슬래브
- 타워 102, 타워 103 : 벨트 월(belt wall) (30층 하부 피트에 형성됨.)
- 기준층 층고 : 3.05m : 벨트 월(belt wall) 설치 층 층고 : 2.95m
- 구조개요

ASTAR는 3개동의 탑상형 구조(101, 102, 103동)로 구성되어 있으며, 지상 3층까지는 저층부(주차장)로 각 타워가 건축평면상 연결이 되어 있는 형태를 갖는다. 2층과 3층 바닥에서는 저층부와 타워에 신축이음(expansion joint)을 두어 건조수축에 의한 균열완화 및 각 타워의 수평하중에 대한 수평변위를 흡수할 수 있도록 하였으며, 수평하중에 대한 저항은 타워 101인 경우는 철근콘크리트 코어 벽체 및 기둥+등가모멘트 골조(equivalent frame) 슬래브 시스템을, 타워 102, 103인 경우는 철근콘크리트 코어 벽체 및 기둥+벨트 월(belt wall)+모멘트골조(belt wall층 이상에서 고려함) 슬래브 시스템을 고려하였다.

코아에 사용되는 링크 보(link beam)는 스틸 플레이트를 사용하여 강성을 증대하였고, 타워 기준층의 플랫 플레이트의 전단보강은 STUDRAIL을 사용하였다.

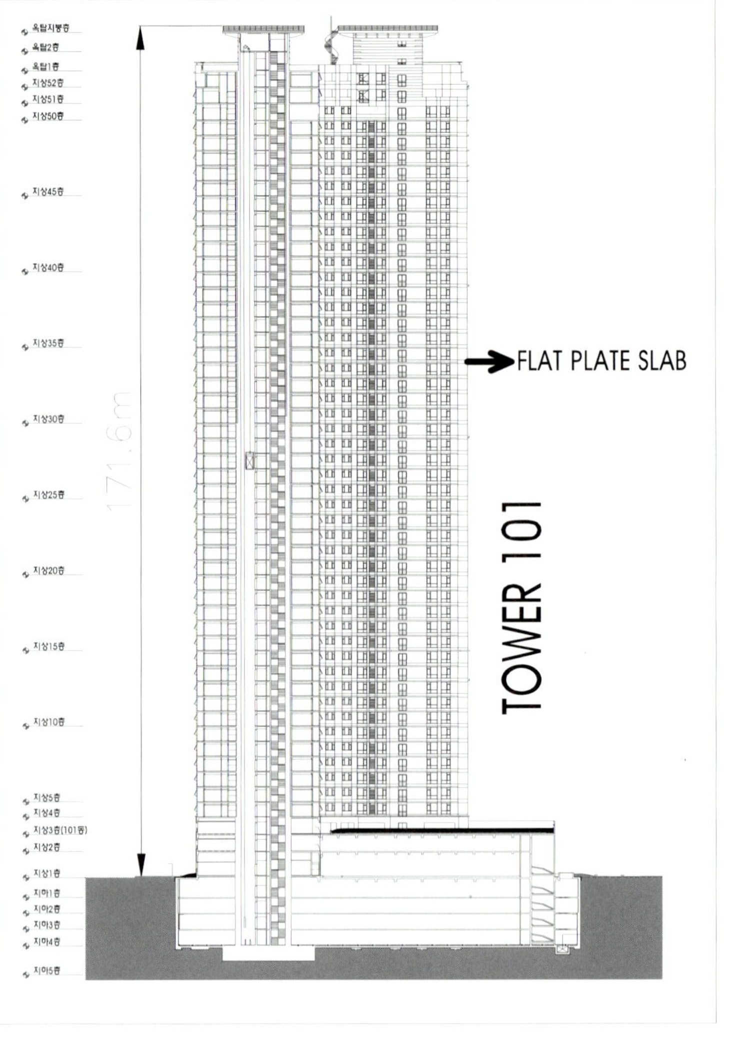

그림 1. 타워 101 A-A 단면

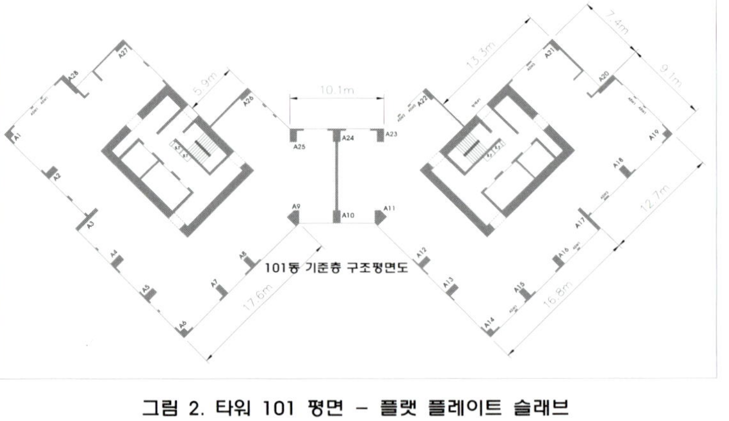

그림 2. 타워 101 평면 - 플랫 플레이트 슬래브

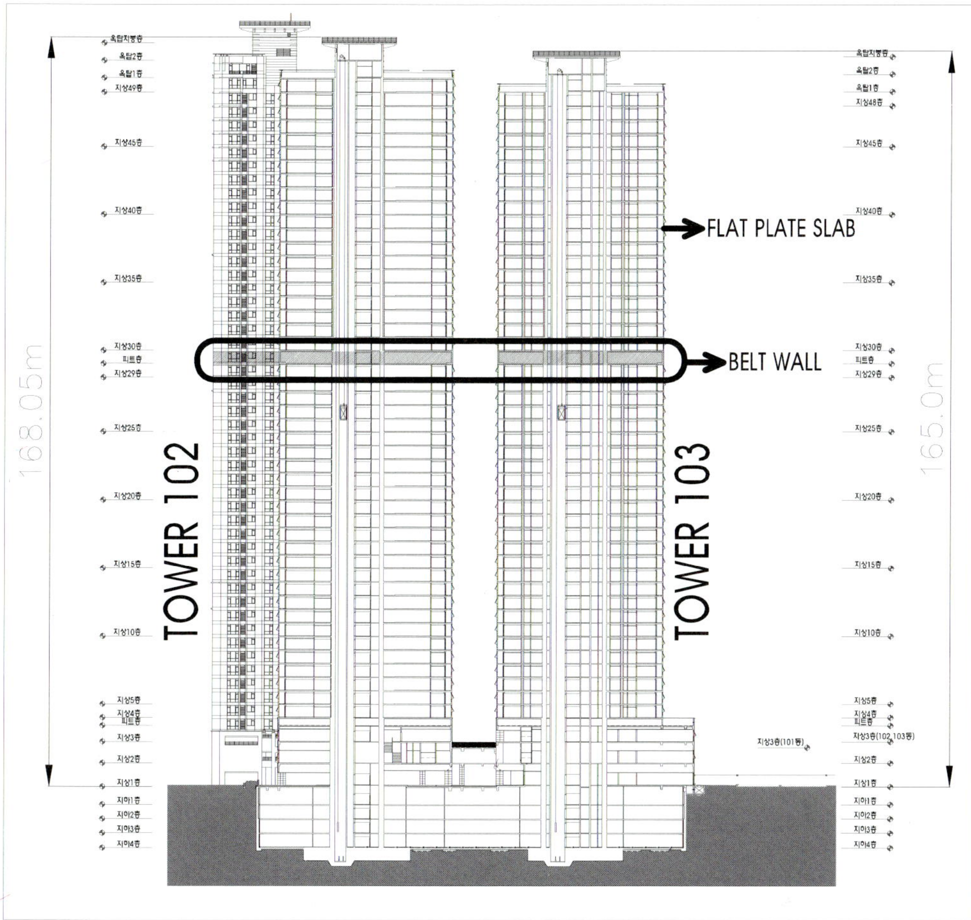

그림 3. 타워 102, 103 B-B 단면

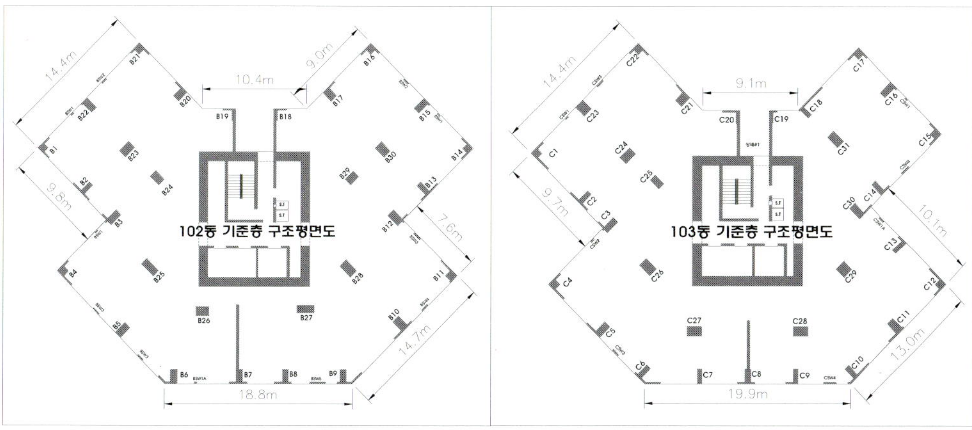

그림 4. 타워 102, 103 평면 - 플랫 플레이트 슬래브

그림 5. 타워 102,103 평면 – 플랫 플레이트 슬래브

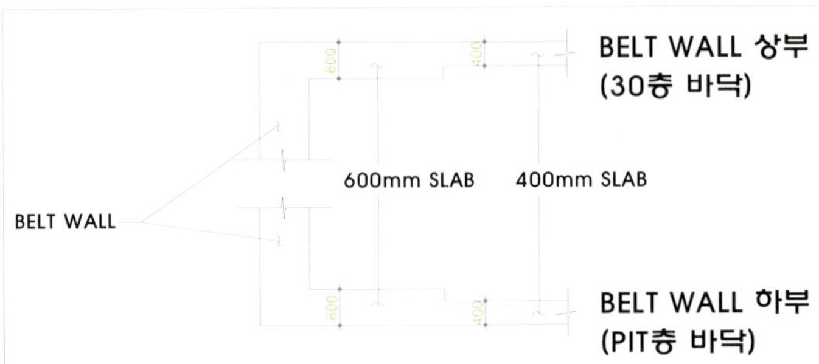

그림 6. 벨트 월(belt wall) 상·하부층 슬래브 단면

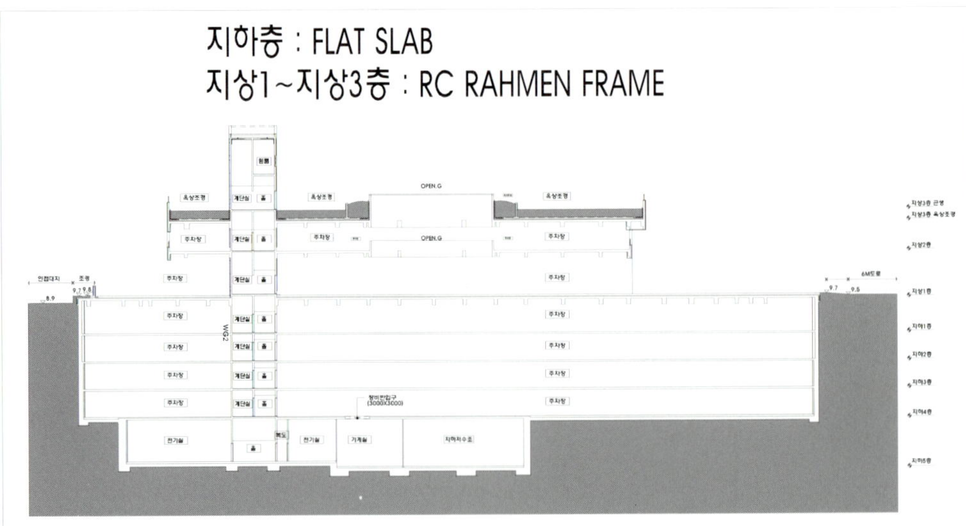

그림 7. 저층부(주차장) 단면 – 철근콘크리트 모멘트 골조(지상층), 플랫 플레이트 슬래브(지하층)

1.2 사용구조재료

i) 초고층 구조물에 보통강도 콘크리트를 사용할 경우 건물자중의 증가로 저층부에서 기둥, 벽체와 같은 수직 부재의 단면이 커지게 되어 사용재료양의 증가와 함께 사용면적의 축소로 경제성이 떨어지며, 고층부에는 수평하중(바람, 지진 등) 증가에 따른 수평변위가 증가하여 구조물의 안정성과 사용성에 심각한 영향을 줄 수 있으며, 내구성마저 저하되어 구조물 수명까지 단축되는 단점이 있다.

이러한 단점을 극복하기 위하여 수직부재(core wall, column)에는 단면의 축압축 성능이 우수한 350~500kgf/㎠의 고강도 콘크리트를 사용하고, 고층구조물의 자중 증가에 가장 큰 요인인 슬래브에도 350~400kgf/㎠의 고강도 콘크리트를 사용하여 구조물의 초고층화에 따른 수평변위 감소와 소음 및 진동의 저감 그리고 사용면적 확대와 최소 건설재료비를 투여함으로써 최적의 시스템에 접근할 수 있다.

표 1. 사용 재료 강도 (단위 : kgf/㎠)

<table>
<tr><th>구분</th><th>적용층수</th><th>core wall, link beam, 기타 벽체 (f_{ck})</th><th>기둥 (f_{ck})</th><th>슬래브 (f_{ck})</th><th>belt wall (f_{ck})</th><th>기초</th><th>철근 (f_y)</th><th>link beam (steel plate)</th></tr>
<tr><td rowspan="3">타워 101</td><td>30층~ 지붕층</td><td>350</td><td>350</td><td>350</td><td>–</td><td rowspan="9">400</td><td rowspan="10">SD40 (fy=4000 kgf/㎠) :HD25 이하철근

SD50 (fy=5000 kgf/㎠) :HD29 이상 철근</td><td rowspan="9">SM490 fy=3300 kgf/㎠)</td></tr>
<tr><td>15층~ 30층 바닥</td><td>400</td><td>400</td><td>350</td><td>–</td></tr>
<tr><td>지하층~ 15층 바닥</td><td>500</td><td>500</td><td>400</td><td>–</td></tr>
<tr><td rowspan="3">타워 102</td><td>30층~ 지붕층</td><td>350</td><td>350 (*30층:400)</td><td>350</td><td>–</td></tr>
<tr><td>15층~ 30층 바닥</td><td>400</td><td>400</td><td>350 (*PIT,30층: 400)</td><td>500 (30층하부 PIT형성)</td></tr>
<tr><td>지하층~ 15층 바닥</td><td>500</td><td>500</td><td>400</td><td>–</td></tr>
<tr><td rowspan="3">타워 103</td><td>30층~ 지붕층</td><td>350</td><td>350 (*30층:400)</td><td>350</td><td>–</td></tr>
<tr><td>15층~ 30층 바닥</td><td>400</td><td>400</td><td>350 (*PIT,30층: 400)</td><td>500 (30층하부 PIT형성)</td></tr>
<tr><td>지하층~ 15층 바닥</td><td>500</td><td>500</td><td>400</td><td>–</td></tr>
<tr><td>저층부 (주차장)</td><td>지하층~ 지상3층</td><td>240</td><td>300</td><td>240</td><td>–</td><td>240</td><td>–</td></tr>
</table>

그림 8. 층별 콘크리트 강도 적용 개념도

1.3 플랫 플레이트 슬래브 계획

i) 플랫 플레이트 슬래브는 보가 없으므로 건물의 층고를 낮출 수 있으며, 거푸집제작 및 공사가 용이하며, 철근공사가 간편하고 채광 및 통풍성이 우수하며, 바닥판 하부의 배관 및 배선이 쉬워 공기를 단축시킬 수 있는 등의 장점을 가지고 있는 구조 시스템이다. 반면에 슬래브의 변장비, 양방향 기둥 간격비 등의 평면구성상의 제한을 고려하여 평균 6.0~7.0m 정도인 스팬에 두께 230㎜(L/30)를 적용하였으며, 등가골조로 환산하여 등가 골조형식과 중앙부 코어 벽체가 수직하중과 수평하중에 저항하도록 고려하였다.

플랫 플레이트 슬래브를 등가골조 형식으로 수평하중에 저항할 수 있도록 설계된다면 실제로 시공성이 우수하고 경제적인 구조시스템이 될 수 있다. 다만 실제 건물이 거동하는 현상과 동일하게 적절한 유효폭과 등가강성을 정하는 것이 중요하며, 등가골조형식으로 해석한 것과 동일하게 실제의 건물에서도 거동할 수 있도록 주철근 배근과 상세 배근 및 철저한 시공이 뒷받침되어야 한다.

ii) 대규모의 바닥판 개구부 설치의 어려운 단점을 해결하기 위해 최소의 슬리브(sleeve)를 이용하여 각종 설비 개구부(opening)를 적용한다.

iii) 기둥과의 접합부에서 뚫림 전단(punching shear)이 우려될 경우에는 전단보강이 필요하며 지판(drop panel)과 주두(capital)를 대신하여 STUDRAIL을 고려하여 접합부에 설치하여 보강한다.

iv) 콘크리트 재령별 강도에 따른 슬래브 최대 시공하중 산정 및 슬래브 shoring/reshoring 계획을 수립해야 하며, 시공 중 발생 가능한 콘크리트 균열 단면에 대한 즉시 처짐 및 크리프와 건조수축에 의한 장기처짐도 고려해야 한다.

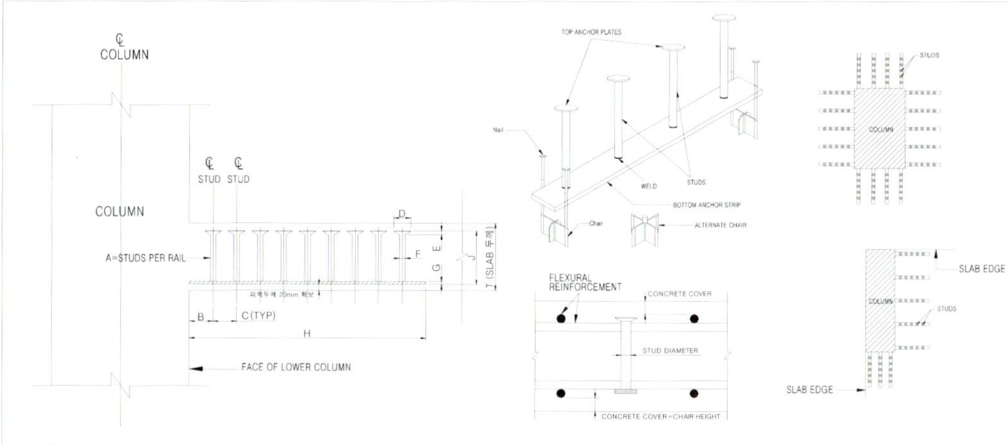

그림 9. STUDRAIL 상세 및 형태

표 2. 시공 중 콘크리트 처짐 원인과 기여도

처짐의 원인	비율(%)	비고
초기탄성처짐	13.0	동바리 제거로 인한 고정하중 작용으로 발생
장기탄성처짐	1.5	비균열 단면상태에서 초과하중 및 마감재 하중 작용
초기균열처짐	0.5	동바리 제거로 인한 균열단면 발생으로 처짐 발생
장기균열처짐	19.0	시공하중에 따른 균열 발생 지속하중에 의한 인장 파괴 발생
건조수축처짐	26.0	건조수축에 의한 처짐
크리프처짐	40.0	크리프에 의한 처짐

1.4 코아(Core) 계획

i) 코아는 초고층 건물에서 수직하중 뿐만 아니라 수평력에 저항하기 때문에 구조적 안전성을 위하여 중요한 구조요소이다. 하부층(지하층~지상4층)의 외부코아 벽체의 두께는 1,100㎜, 중간층(지상4층~지상30층)은 900㎜, 그 이상 층은 500~550㎜로 설계가 되어졌으며, 내부 코아 벽체는 200~300㎜ 두께로 계획한다.

ii) 코아 벽체의 거동을 일체화시키기 위하여 링크 보(link beam)를 이용하여 두 요소를 연결하게 된다. 링크 보(link beam)는 우력(couple action)에 의한 큰 전단력의 발생과 일반적으로 설비 개구부(opening) 설치로 인한 구조효율이 감소하는 경우가 많고, 링크 보(link beam)의 춤이 보편적으로 작아 철근콘크리트의 극한강도 설계법으로 해결할 수 없는 큰 전단력이 발생하는 부분은 플레이트 합성 링크 보(link beam)를 고려하여 계획한다.

iii) 코아 벽체의 강성이 떨어지는 방향에는 세대간벽 또는 외벽을 이용한 핀 월(fin wall)로 강성 증대를 고려한다.

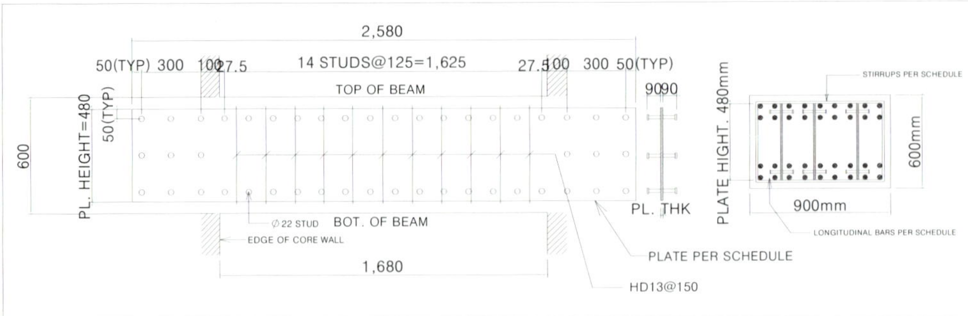

그림 10. 플레이트 합성 링크 보(link beam) 상세

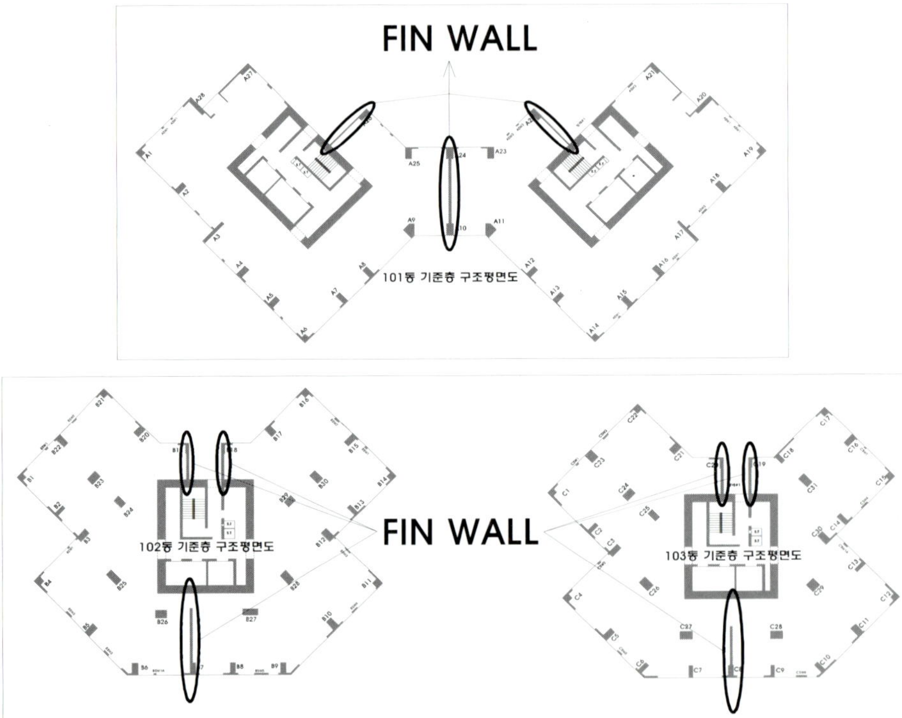

그림 11. 각동 타워 기준층 핀 월(fin wall) 위치도

1.5 벨트 월(Belt Wall) 계획

기준층에서 풍하중은 슬래브를 통해 코아(core)로 전달되며 벨트 월(belt wall)이 설치된 층에서는 두꺼운 슬래브(belt wall 상하부 슬래브 두께 : 400~600㎜)를 통해 코아와 벨트 월(belt wall)로 전달된다.

코아로부터 건물의 외단부를 연결하는 벨트 월(belt wall)로 수평력에 의한 모멘트를 전달하기 위해서는 강한 바닥 다이어프램이 필요하기 때문에 두꺼운 슬래브를 적용하였다. 벨트 월(belt wall)은 수평력을 수직력으로 변환시켜 기둥으로 전달한다.

1.6 내풍계획

내풍설계 계획을 할 경우 가장 중요한 사항은 실제 풍환경에 대한 적절한 예측이다. 이 예측이 실제와 유사할수록 보다 정확하고 안전한 구조를 설계할 수 있다. 적절한 풍환경을 예측하기 위하여 풍동실험을 실시하여 구조물에 적용할 풍력 및 외장재를 설계하기 위한 풍압을 산정하여 바람에 의한 건물의 거동을 완화시킬 수 있는 구조 안정성에 대한 구조시스템 검토가 필요하며, 마감재와 칸막이벽 같은 비구조재의 손상을 조절하고 거주자가 느끼는 불쾌감에 대한 제한등 사용성 측면을 고려한 검토도 이루어져야 한다.

1.7 내진계획

내진설계기준은 구조물이 상당한 비선형거동을 하는 것으로 가정하며, 구조물이 상당한 정도의 소성능력을 가지는 것으로 가정하고 있다. 따라서 지진하중이 원래 예상치보다 1/3~1/6 정도로 줄어들게 되어서 경제적인 구조물의 내진설계가 가능하게 된다.

그러나 지진하중이 풍하중보다 더 적은 경우일지라도 구조물이 가정된 수준만큼의 소성거동능력을 가져야 한다는 조건에는 변함이 없다. 따라서 내진설계에서 요구되는 모든 조건들에 대해서 확인하는 과정을 반드시 고려한다.

1.8 신축이음 계획

i) 신축이음(expansion joint)의 설치원인 및 설치 시 고려사항

- 대형구조물에 신축이음(expansion joint)이 없을 경우 구조물의 움직임에 의해 벽체나 마감 부위에 발생하는 변형이나 균열을 제어하기 위하여 설치한다.
- 양생(curing) : 콘크리트는 응결 종료 후 1~2년 사이에 서서히 수축하여 구조물에 균열을 발생시킨다.
- 계절 간의 온도차 : 여름과 겨울의 온도차에 의해 건물은 콘크리트의 수축팽창과 내부와 외부의 마감 재료에 수축팽창을 야기한다.
- 지진 : 지진 발생 시 지반의 움직임이 건물의 움직임을 야기 시킨다.
- 부동침하 : 건물하부의 지질이나 연속적으로 연결된 건물의 하중이 다른 경우 또는 건물의 증축으로 인해 부동침하가 발생된다.
- 풍력 : 고층빌딩이나 큰 커튼월은 풍력에 의해 움직임이 생긴다. 풍력에 의해 발생되는 움직임은 지진에 의한 움직임과 비슷하지만 지진은 발생 시 평균 10초 이내의 짧은 시간에 발생하고 풍력은 항상 발생하여 수평적 모멘트가 발생한다.
- 변위량 파악 : 구조계산에 반영된 각 부위 또는 층별 변위를 얼마나 설정 했는가를 파악해야 한다.

ii) 신축이음(expansion joint)의 이음새(joint gap) 산정

- 수평력에 대한 타워의 최대 변위 : 타워 101-25㎜, 타워 102,103-22㎜
- 온도 변화에 대한 길이 산정

$$\Delta L = A \cdot \Delta T \cdot L = 1.1 \times 10^{-5} \times 50.0 \times 65.0 = 0.036m = 36mm$$

여기서, $A = 1.1 \times 10^{-5}, \Delta L = 50.0^{\circ}, L = 65.0m$

- 적용할 이음새(joint gap) = 1.5(변위에 대한 여유치) × 25㎜ + 36㎜ + 지진에 의한 추가적인 저층부의 변위 ≒ **100㎜**

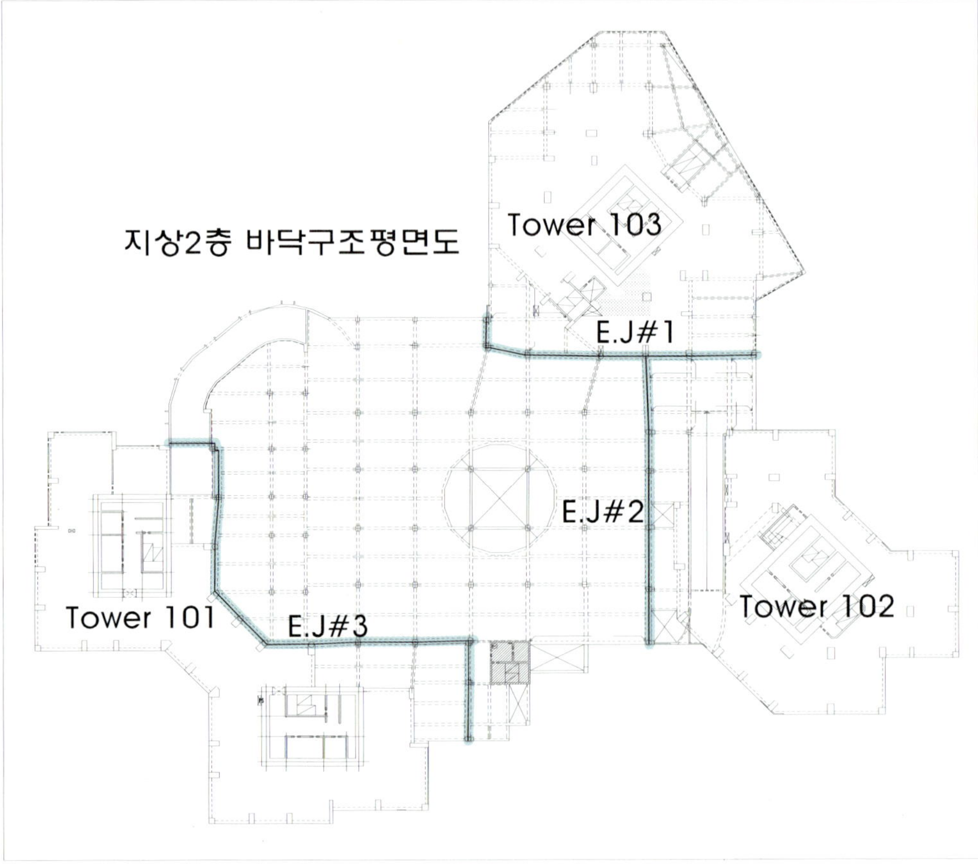

그림 12. ASTAR에 적용한 타워부와 저층부 사이에 적용한 신축이음(expansion joint) 위치

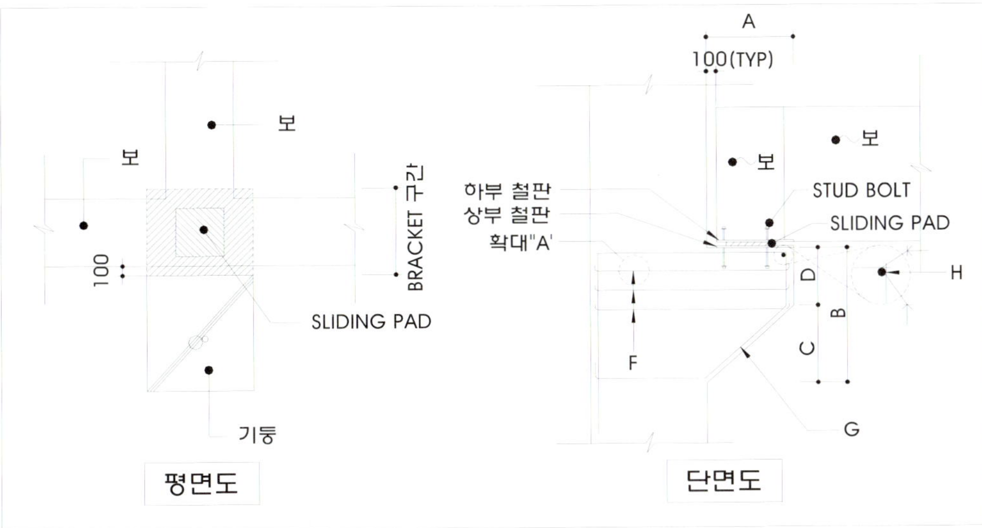

그림 13. 신축이음(expansion joint) 적용 상세 예

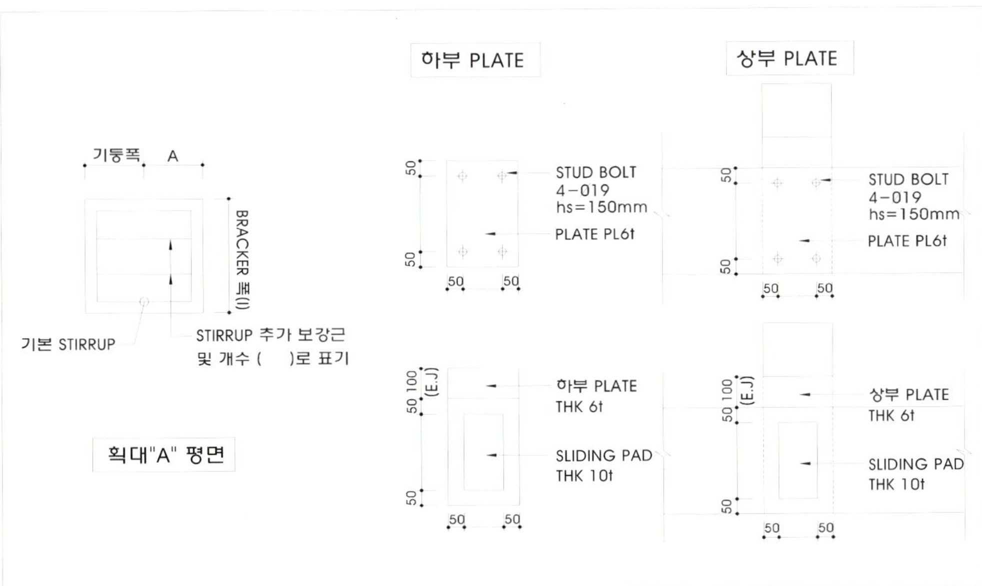

그림 14. 신축이음(expansion joint) 세부 상세 예

1.9 기둥축소, 고강도 콘크리트 및 기타시공계획

i) 기둥축소(column shortening)를 구성하는 요소는 탄성축소(elastic shortening)와 비탄성축소(inelastic shortening)로 나눌 수 있으며, 비탄성축소는 다시 크리프(creep)에 의한 축소와 건조수축(shrinkage)에 의한 축소로 세분화할 수 있다. 전체 축소량에서 탄성축소가 차지하는 비율은 40~50% 정도이며, 나머지 50~60%를 비탄성축소량인 크리프와 건조수축이 차지하고 있다.

기둥 축소로 인한 문제점에는 사용성 측면에서의 문제점과 구조적 측면에서의 문제점이 있다. 사용성 측면의 문제점으로 수직부재에 발생하는 장기적 전체 축소량이 건물 외부의 커튼월, 수직 배관덕트, 엘리베이터 레일 등에 영향을 주거나, 인접한 수직부재 사이의 부등축소로 인해 칸막이벽에 균열이 생긴다거나 슬래브가 기울어지는 문제점 등이 있다. 구조적 측면의 문제점은 수직부재간의 부등축소가 슬래브나 보, 기둥에 부가전단력이나 부가모멘트와 같은 부가응력을 발생시키는 경우이다. 강성이 큰 부재일수록 더 큰 부가응력을 받게 되는데 벨트 월(belt wall)인 경우 기둥의 부등축소로 인해 아주 큰 부가응력이 발생할 수 있으므로 주의를 기울여야 한다. 건물의 층수가 낮은 경우에는 기둥 축소가 큰 영향이 없지만, 건물의 층수가 높아질수록 기둥 축소는 누적되기 때문에 문제점이 발생할 우려가 커지게 된다.

기둥 축소는 해석에 의해 결과를 얻을 수 있고, 필요에 따라 슬래브 타설 후 축소량에 대해 현장에서 콘크리트 타설 시 보정 작업을 수행하여야 하며, 공사가 진행되면서 공기의 지연이나 촉진 등의 현장 상황의 반영을 위해 재 보정 작업도 필요시 시행하여야 한다. 재 보정 작업은 변형률계를 설치하여 지속적으로 수집된 변형률 데이터를 근간으로 한다.

ii) 고강도 콘크리트를 적용할 경우 콘크리트 강도, 탄성계수, 슬럼프, 크리프, 건조수축 등의 재료 특성에 대한 시험이 시공단계 이전에 완료되어야 한다. 이러한 재료특성은 콘크리트의 장기거동에 큰 영향을 미치므로 콘크리트의 재료 시험은 필수적이다.

iii) 초고층 건물의 시공에 있어서 공기를 결정하는 최우선적인 요소는 거푸집이다. 공기가 길어지면 길어질수록 공사비는 상승하게 된다. 공기에 가장 큰 영향을 미치는 요소는 시스템 거푸집의 선택과 건물 설계의 단순화로 압축할 수 있으며 건물 평면을 단순화 할수록 시스템 거푸집의 효용성은 더욱 향상될 것이다.

슬래브 거푸집 조기탈형 시 최소한의 버팀재(support)가 슬래브를 지지하도록 하는 preshores & reshores 시스템을 고려하여 적용하는 것도 좋은 방법이 될 것이다. preshores (슬래브 거푸집 탈형 전 임시 supporting)는 기존 shoring과 관계없이 거푸집을 설치한 후 한 장 걸러서 합판에다 직접 버팀재(support)를 설치한 후 preshores 부분을 제외한 부분의 거푸집을 해체한 후 다시 reshores를 한 후 다시 preshores 부분을 해체하여 거푸집을 완전 해체하는 시스템이다.

제2장 주요부재 해석 조건

2.1 기준층 슬래브

i) 해석 프로그램 : SAFE

ii) 슬래브 두께 = 230㎜

iii) 적용 하중

- 바닥하중(area loads) :

DL = 0.23m × 2400kgf/㎥ = 552kgf/㎡

SDL = 310kgf/㎡

LL = 200kgf/㎡

- 선 하중(line loads) :

콘크리트 벽체 : DL = 0.2m × 3.05m × 2400kgf/㎥= 1464kgf/m

upturn beam and window : DL = 0.2m × 0.5m × 2400kgf/㎥

+ 15psf × 4.882kgf/㎡/psf × (3.05-0.5)m = 427kgf/m

2.2 골조부분 슬래브

i) 해석 프로그램 : 우선 수직 하중에 대해서는 SAFE에 의해 해석이 수행되어졌으며, 수평하중에 대한 모멘트 골조 거동에 대한 해석을 수행하여 보완, 수정하였다. 수평하중에 대한 해석은 강막(rigid floor diaphragm)을 고려하여 ETABS에 의해 해석되어지며, 등가 슬래브-보는 무질량(zero mass)으로써 ETABS 모델링에 적용하였다. 등가 슬래브-보의 적용은 바람 및 지진하중에 대한 거동능력의 증대를 고려할 수 있다. ETABS 해석결과와 SAFE 해석결과를 조합, 비교하여 최종해석 결과를 도출해 낼 수 있다. (ACI 318-99 기반으로 휨 및 전단 응력을 검토함.)

ii) 등가 슬래브-보의 폭(width) 산정식 : $W_b = D_{col} + \frac{L_{trib}}{a}$

W_b - 등가 슬래브-보의 폭(equivalent slab beam width)

D_{col} - column dimension along the beam

L_{trib} - column tributary length along the beam

a-coefficient - 6 (interior beam) ; 3 (edge beam)

iii) 휨 설계(flexural design) : ETABS에 의한 바람 및 지진하중을 고려한 수평방향해석(la-teral analysis)과 SAFE에 의한 수직방향해석(gravity analysis)을 조합하여 휨 보강(flexural reinforcement)을 결정하였다.

$M_f = \gamma_f \cdot M_u$

M_u - ultimate design moment

M_f - moment transferred within effective slab width

$$\gamma_f = \frac{1}{1 + 2/3\sqrt{b_1/b_2}}$$

γ_f 는 유효 슬래브 폭 범위 내에서 발생하는 휨모멘트를 계산하는데 사용되어진다.

iv) 뚫림 전단(punching shear) : punching shear 계산식

$$\nu_u = \frac{V_u}{A_c} + \frac{\gamma_{vx} M_{ux} C_x}{J_{xx}} + \frac{\gamma_{vy} M_{uy} C_y\ y}{J_{yy}}$$

A_c- area of concrete of assumed critical section

J_c - property of assumed critical section analogous to polar moment of inertia $= \int \rho^2 dA$

r_{vx}, r_{vy}- portion of moment being transferred through shear eccentricity

$\gamma_v = (1 - \gamma_f)$

- 전단응력이 $2\sqrt{f_{ck}}$를 초과할 경우 전단 STUDRAIL이 필요하게 된다. STUDRAIL의 설계는 스터드(stud)의 간격과 STUDRAIL의 길이의 결정이 주목적이 된다. 스터드(stud)의 크기를 결정하게 되면 스터드(stud)의 간격을 결정하는 식은 다음과 같다.

$$V_s = V_u/\phi - V_c$$

$$s = \frac{A_v f_y d}{V_s}$$; A_v = No. of rails X Cross Section Area of each stud

- Determination of shear STUDRAIL length involves iterations to ensure shear stress at critical section d/2 outside of the last stud to be below $2\sqrt{f_{ck}}$. DECON is used to perform STUDRAIL design with selected as design code.

2.3 벨트 월(Belt Wall) 슬래브

i) 벨트 월(belt wall) 슬래브는 면내 및 면외 강성을 모두 고려하여 설계되어졌다. 이 두 가지 강성은 각각 독립적으로 고려되어졌다가 각각의 결과를 가지고 조합하여 최종 설계에 적용하였다.

면외 강성을 고려한 슬래브를 설계하기 위해서 ETABS로 부터의 수평방향해석(lateral analysis)과 SAFE로 부터의 수직방향해석(gravity load)에 의한 해석결과를 조합한다. 이렇게 구해진 해석결과를 토대로 부재설계와 전단검토를 수행하였다. STUDRAIL은 과도한 면외 전단응력이 생기는 내부 기둥에 사용되어진다.

면내 강성을 고려한 슬래브의 해석결과는 ETABS로부터 얻을 수 있다. 벽체와 슬래브 사이의 경계면을 따라서 발생하는 전단응력은 ACI318-99에서 규정하는 상한선인 $10\sqrt{f_{ck}}$ 값에 대하여 검토한다. 전단응력이 규정된 값보다 초과하는 경우는 슬래브 두께를 증가시켜서 전단응력에 만족하도록 설계에 적용한다.

ii) 슬래브 두께 : 400㎜, 부분 600㎜

iii) 적용하중

- 벨트 월(belt wall) 상부 슬래브 (주거 공간)

  DL = 0.4m × 2400kgf/㎥ = 960kgf/㎡

  SDL = 310kgf/㎡

  LL = 200kgf/㎡

- 벨트 월(belt wall) 하부 슬래브 (pit)

  DL = 960kgf/㎡

  SDL = 960kg/㎡

  LL = 200kgf/㎡

iv) 전단 설계(shear design) :

- 면외 방향 전단(out-of-plane shear) : 뚫림 전단(punching shear)에 대한 검토는 SAFE에 의해 수행되어졌으며, STUDRAIL은 전단 응력비(V_u/V_c)가 1.0을 초과하는 위치에서 사용되어진다.

- 면내 방향 전단(in-plane shear) : 코아 벽체 또는 벨트 월(belt wall)과 슬래브의 접합면에 발생하는 전단응력은 ETABS 해석을 통하여 결과를 얻어 적용한다.

2.4 벨트 월(Belt Wall)

i) 벨트 월(belt wall)은 수평하중(lateral load)에 의한 수평, 수직 전단을 받고, 상부 슬래브의 수직하중(gravity load)을 기둥과 기둥사이의 스팬을 갖는 보와 같은 형태로 지탱한다. 수평하중(lateral load)에 의한 벨트 월(belt wall)의 응력은 ETABS를 통한 해석의 결과로, 수직하중(gravity load)에 의한 응력은 RAM concept를 통하여 결과를 얻을 수 있다.

ii) 벨트 월(belt wall)에서는 크리프(creep)와 건조수축(shrinkage)으로 인해 추가적인 수직 전단력과 휨모멘트가 발생한다. 이렇게 야기되는 전단력과 휨모멘트는 기둥에 적용되는 등가온도하중(equivalent temperature load)을 적용하여 ETABS 해석을 사용하여 결과를 알 수 있다. 이러한 해석의 절차는 다음과 같다.

procedure 1. 등가온도하중(equivalent temperature load) 계산

$$T = \frac{\Delta_{elastic(LL)} + \Delta_{creep} + \Delta_{shrinkage}}{\alpha_t L}$$

T - equivalent temperature load

α_t - coeff. of thermal expansion

L - column length (ground - bottom of belt walls)

procedure 2. ETABS 모델링에서 기둥에 온도하중(temperature load) 적용

procedure 3. ETABS 모델링 해석

procedure 4. 해석결과를 spreadsheet에 결과 이출하여 정리 및 검토

procedure 5. 온도하중을 수직하중조합에 포함하여 검토

1.4DL + 1.5T + 1.7LL

iii) 벨트 월(belt wall) 설계 시 하중조합(load combination)은 24개 방향의 풍하중과 8개 방향의 지진하중, 크리프(creep)와 건조수축(shrinkage)을 고려한 수직하중(gravity load)을 갖고 조합이 이루어진다.

2.5 기둥

i) 수직방향 해석(gravity analysis) : SAFE와 RAM concept의 두 가지의 각각의 해석을 통하여 기둥의 분담면적을 계산한다. 두 가지의 해석 결과를 적정성을 검토하기 위하여 가각을 비교하여 분담면적을 산정한다.

ii) 수평방향 해석(lateral analysis) : ETABS 해석을 수행하여 기둥의 축력, 휨모멘트 및 전단력을 포함한 해석결과를 위의 수직방향 해석(gravity analysis)의 결과와 조합하여 고려한다.

iii) 기둥은 1.4DL+1.7LL, 1.4DL+0.75(1.7LL+1.7W) 및 1.4DL+0.75(1.7LL)+1.4E 와 같은 하중조합으로 설계되어진다. 휨모멘트를 고려하지 않은 수직기둥은 축력만을 가지고 설계되어진다. 그러나 상당한 휨 거동을 보이는 기둥은 축력과 함께 2축 휨모멘트(biaxial bending moment)를 같이 고려하여 설계되어진다. PCA 기둥은 2축 휨모멘트를 고려하여 기둥 설계를 한다.

제 3 장 구조설계

3.1 플랫 플레이트 슬래브

3.1.1 플랫 플레이트 슬래브 설계

i) 슬래브의 유효 폭 (모멘트 골조 슬래브)

L1 = 2200/2 + 7430/2 =4815㎜

b1 = 2×800 + 4815/3 = 3205㎜

L2 = 7430/2 = 3715㎜

b2 = 2×1400 + 3715/6 =3420㎜

∴ FB1 effective width = 3200㎜

FB2 effective width = 3300㎜

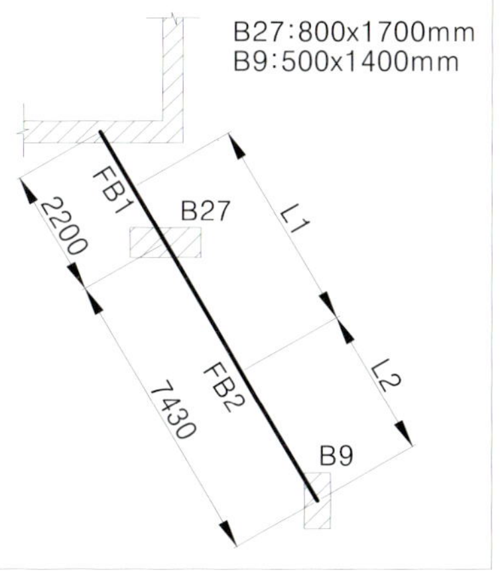

ii) 슬래브 설계 (FB2-39th floor)

moment demand:

gravity ; M_G = -28.2tonf-m(factored) - column strip = 3.18m

wind ; M_W = -45.6tonf-m(unfactored) - equivalent beam width = 3.3m

column strip ≑ equivalent beam width

$\Rightarrow M_{ult} = 0.75[28.2/3.18 + 1.7(45.6)/3.3] = 24.3$tonf-m

h=230㎜, d=190㎜ ; f_y=4000kgf/㎠, f_{ck}=240kgf/㎠(3414.2psi)

$R_n = 24.3/(0.9\times1\times0.19^2) = 747.9$tonf/㎡ = 1064.0lb/in²

$$\rho_s = (0.85\times240/4000)\times\left[1-\sqrt{1-\frac{2(1064.0)}{0.85(3414.2)}}\right] = 0.0247$$

$A_s = bd\rho_s = (1000)(190)(0.0247) = 4693$㎟

⇒12-HD22 or 16.5-HD19 or 23.5-HD16 per meter

⇒HD22@83㎜ or HD19@60㎜ or HD16@42㎜

moment capacity:

HD16@40㎜ - As = 1000/40 × 200 = 5000㎟

h=230㎜, cover=40㎜, d=190㎜

1.0m strip ; a=[(5000/100)(4000)]/[0.85(240)(100)] = 9.8㎝ = 98㎜

⇒ ϕMn = 0.9(5000/100)(4000)(190-98/2) = 25380000kgf-㎜ = 25.4tonf-m

= 2170276 lb-in

Rn = 2170276/0.9×39.4×7.48² = 1094lb/in²

∴ Mult ≤ ϕMn ; o.k

iii) moment transfer from slab to column ; check ρ at column strip

(A3 column 29th floor ; column size = 400×3180㎜)

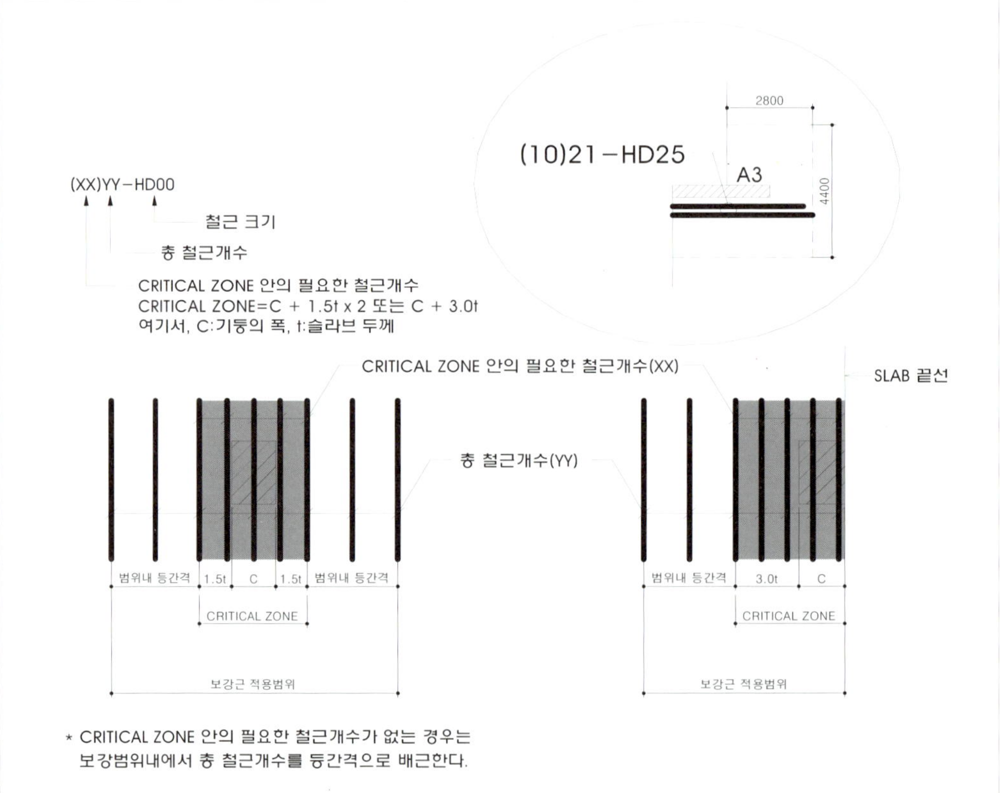

Mu = total moment being transfer

Mu = 0.75{15+1.7(12.4×4.1)} = 76.07tonf-m

$$r_f = \frac{1}{1+\frac{2}{3}\sqrt{\frac{B_1}{B_2}}} = \frac{1}{1+\frac{2}{3}\sqrt{\frac{3180+200/2}{400+200\times 2/2}}} = 0.391$$

Muf = γ_f Mu = 29.7tonf-m = 2582086 lb-in

critical section width = B+3.0t = 400+3×230 = 1090㎜ = 42.9in

$$Rn = \frac{M_u}{\phi b d^2} = 2582086/(0.9\times42.9\times7.87^2) = 1079.7 lb/in^2$$

$$\rho = \frac{0.85 f_{ck}}{f_y}[1 - \sqrt{1 - \frac{2R_n}{0.85 f_{ck}}}] = 0.0223 \le 0.75\rho_B = 0.03$$

$$\ge 0.375\rho_B = 0.015$$

(f_{ck} = 350kgf/㎠ = 4979psi ; f_y = 4000kgf/㎠ = 56900psi)

∴ moment transfer through eccentricity of shear is necessary

No. of HD25 = 0.0223×1090×200/507 = 9.6 ≒ 10

critical section width 안에 필요한 철근은 10-HD25.

* 참고사항

Grossman 산정식

Grossman은 플랫 슬래브의 수평저항 능력에 대한 이전의 연구내용을 정리하여 플랫 슬래브가 주두부분 보강과 적절한 배근 상세로 중력방향 하중뿐만 아니라 수평방향 하중에 대해서도 모멘트 분산능력이 크다고 결론을 내렸다. 또한 그는 기존에 사용되고 있는 등가골조법의 다양한 유효폭 산정식을 정리하고 수정 및 보완하여 새로운 유효폭 계산식을 제안하였다.

$$\alpha l_2 = K_d[0.3 l_1 + C_1(l_2/l_1) + (C_2 - C_1)/2](d/0.9h)(K_{FP}) \quad \text{--- 유효폭 산정식}$$

단, $(0.2)(K_d)(K_{FP})l_2 \le \alpha l_2 \le (0.5)(K_d)(K_{FP})l_2$

여기서, α : 유효 폭 계수　　αl_2 : 유효 폭　　K_d : 강성저감계수

l_1 : 모멘트가 산정되는 방향으로 측정한 기둥 중심 간의 거리

l_2 : 모멘트가 산정되는 스팬과 직각이 되는 방향의 기둥 중심 간의 거리

C_1 : 모멘트가 산정되는 방향의 지주의 폭

C_2 : 모멘트가 산정되는 스팬과 직각이 되는 방향의 지주의 폭

d : 슬래브의 유효 춤　　h : 슬래브의 두께

K_{FP} : 기둥의 위치계수 (내부기둥-1.0, 외부기둥-0.8, 모서리기둥-0.6)

외부기둥일 경우에는 유효폭 산정식에 의해서 산정된 유효폭에 $[l_3 + (l_2/2)]/l_2$를 곱하여 수정한 값을 사용하며 여기서 l_3는 외곽기둥의 중심선과 슬래브 가장자리 사이의 거리이다. 유효폭 산정식에서 k_d는 강성저감계수로서 층간변위의 변화에 따라서 아래의 값들이 사용된다.

층간변위에 따른 강성저감계수 (h_s : 층고)	
층간변위	K_d
$h_s/800$	1.1
$h_s/400$	1.0
$h_s/200$	0.8
$h_s/100$	0.5

3.1.2 플랫 플레이트 슬래브 장·단기 처짐

『플랫 플레이트 슬래브 장 · 단기 처짐』

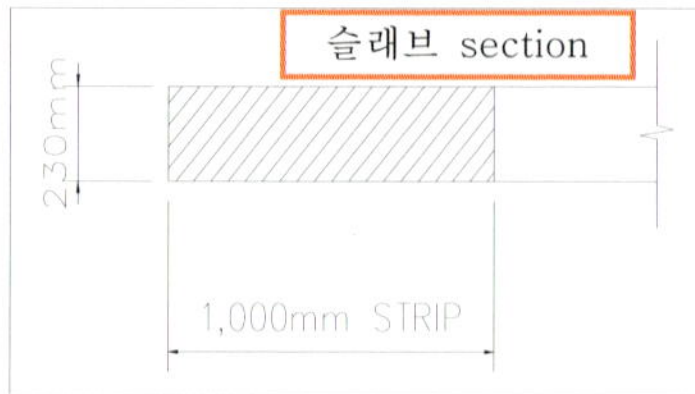

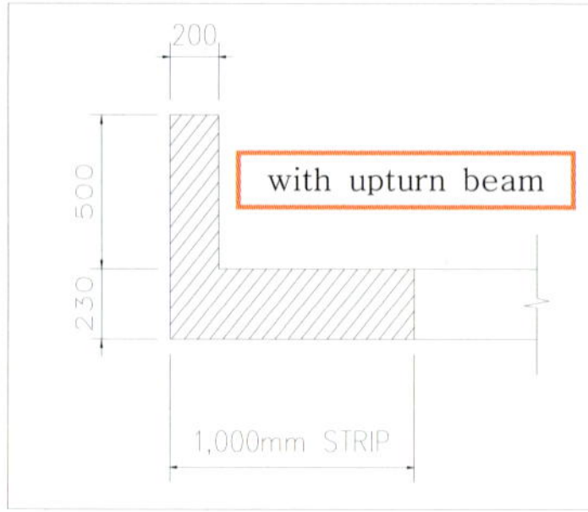

타워 102 슬래브 처짐 (location ①) :

assume fixed at both ends.

L ≃ 7.5m

E ≃ 2.83 × 10^9kgf/㎡

슬래브 section :

$$I_g = \frac{1.0 \times 0.23^3}{12} = 1.014 \times 10^{-3} m^4$$

with upturn beam :

$$c = \frac{(0.2)(0.5)(0.23+0.25)+(0.23)(1.0)(0.23/2)}{(0.2)(0.5)+(0.23)(1.0)}$$

$$= 0.226m$$

$$I = \frac{0.2(0.5)^3}{12} + (0.2)(0.5)(0.48-0.226)^2 +$$

$$\frac{1.0(0.23)^3}{12} + (0.23)(1.0)(0.23-0.226)^2 = 9.55 \times 10^{-3} m^4$$

$$\Delta = \frac{\omega L^4}{384EI} \simeq 25mm = 0.025m \text{ (with no upturn beam)}$$

$$\omega = \frac{384EI\Delta}{L^4} = \frac{384(2.83 \times 10^9)(1.104 \times 10^{-3})(0.025)}{7.5^4} = 8708kgf/m$$

$$\Delta' = \frac{8707 \times 7.5^4}{384 \times (2.83 \times 10^9)(9.55 \times 10^{-3})} = 2.65 \times 10^{-3} m = 2.65mm$$

(with upturn beam)

* $\Delta \propto \frac{1}{I}$ ⇒ doesn't matter what support condition is assumed.

* Deflection at edges are very small if taking into account the edge beam.

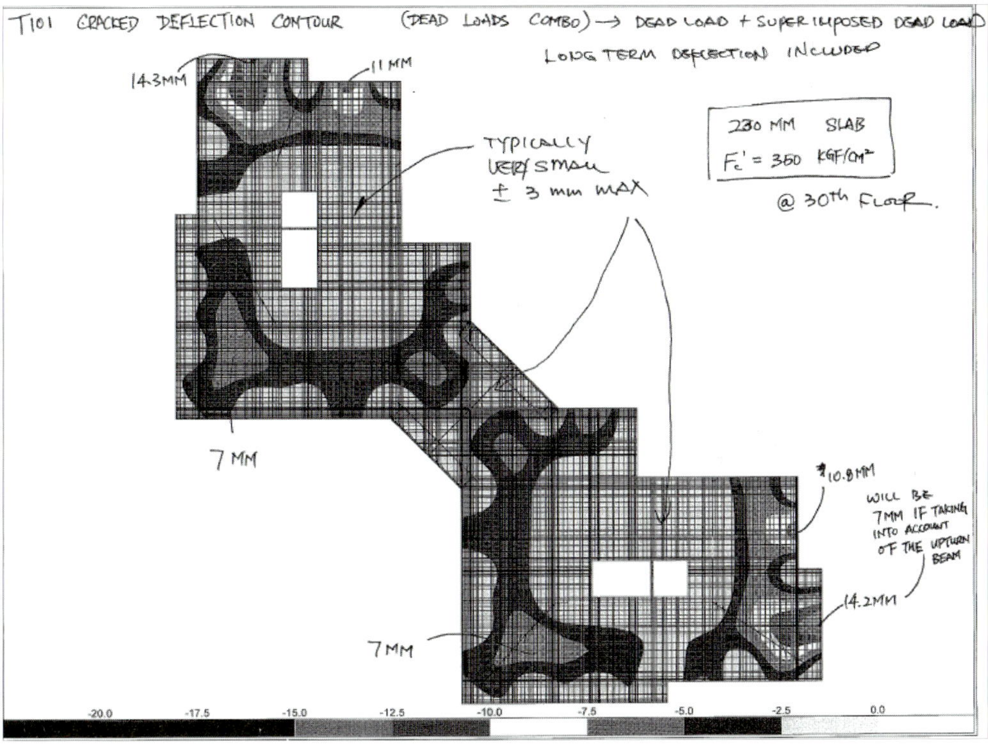
T101 CRACKED DEFLECTION CONTOUR (DEAD LOADS COMBO) → DEAD LOAD + SUPERIMPOSED DEAD LOAD
LONG TERM DEFLECTION INCLUDED
230 MM SLAB
Fc' = 350 KGF/CM²
@ 30th FLOOR
14.3MM
11MM
TYPICALLY VERY SMALL ± 3 mm MAX
7MM
10.8MM
WILL BE 7MM IF TAKING INTO ACCOUNT OF THE UPTURN BEAM
14.2MM
7MM
-20.0
-17.5
-15.0
-12.5
-10.0
-7.5
-5.0
-2.5
0.0

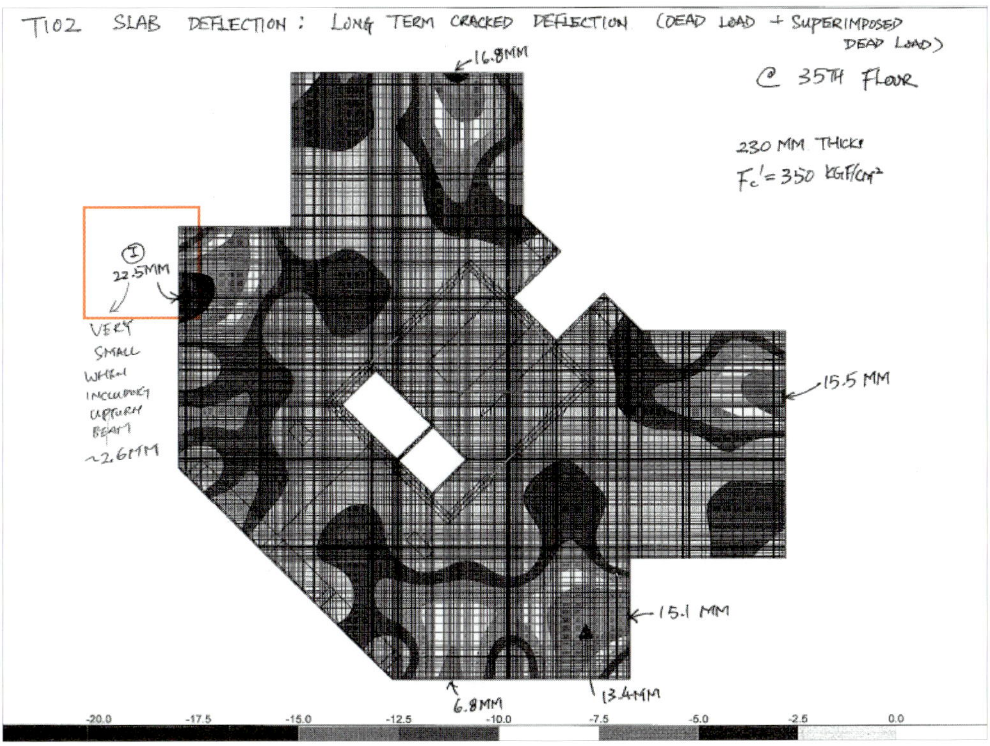
T102 SLAB DEFLECTION : LONG TERM CRACKED DEFLECTION (DEAD LOAD + SUPERIMPOSED DEAD LOAD)
@ 35TH FLOOR
230 MM THICK
Fc' = 350 KGF/CM²
16.8MM
① 22.5MM
VERY SMALL WHEN INCLUDING UPTURN BEAM ~2.6MM
15.5 MM
15.1 MM
6.8MM
13.4MM
-20.0
-17.5
-15.0
-12.5
-10.0
-7.5
-5.0
-2.5
0.0

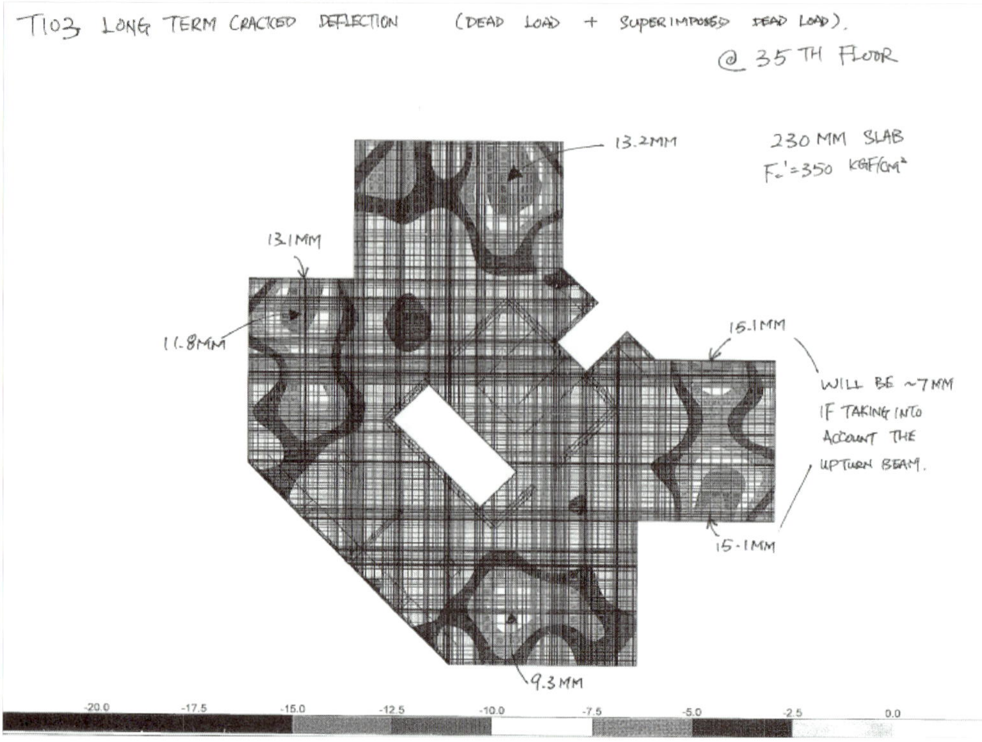

3.2 기둥

3.2.1 기둥 설계

타워 101 기둥설계 응력								*negative=tension				
기둥	level	column size (㎜)	re-bar	service total red'd load (kgf)	ultimate comb.1 (kgf)	ultimate comb.2 (kgf)	wind uplift comb. (kgf)	max design load (kips) *1kip≃453.6kgf	φ Pn (kips) comp.	φ Pn (kips) tens.	% of capacity	비고
A1	ROOF	600×600	12-HD22	21951	31483	23613	15549	69	2709	369	2.6%	
	30F	750×750	14-HD22	697609	744406	781438	202992	1723	3697	430	46.6%	
	10F	800×800	16-HD29	1288539	1388463	1439433	403347	3173	5199	1024	61.0%	
	B4F	950×950	28-HD32	1677915	1974629	1863014	675436	4353	6030	2275	72.2%	
A2	ROOF	600×1400	14-HD22	34009	48742	36556	23772	107	3332	430	3.2%	
	30F	600×1400	14-HD25	1024779	1114768	1146214	270919	2527	3848	566	65.7%	
	10F	650×1400	24-HD25	1906541	2039243	2135404	469274	4708	5313	971	88.6%	
	B4F	750×1600	30-HD32	2361893	2751674	2627017	830095	6066	7683	2438	79.0%	
A3	ROOF	400×3180	24-HD22	39538	56483	42362	28749	125	5095	737	2.4%	
	30F	400×3180	24-HD22	1218395	1226634	1374662	149014	3031	5758	737	52.6%	
	10F	400×3180	24-HD25	2263460	2240307	2557726	232103	5639	7212	971	78.2%	
	B4F	450×3180	24-HD29	2559538	2894460	2849006	751515	6381	8381	1536	76.1%	
A4	ROOF	550×1400	14-HD22	35867	51343	38507	25445	113	3075	430	3.7%	
	30F	550×1400	16-HD22	961123	1108429	1065908	286815	2444	3511	491	69.6%	
	10F	650×1400	20-HD25	1778164	2039125	1971589	524064	4495	5223	809	86.1%	
	B4F	850×1400	26-HD29	2209234	2718895	2431195	898754	5994	7190	1664	83.4%	

A5	ROOF	650×1400	16-HD22	36259	51861	38896	26014	114	3625	491	3.2%	
	30F	650×1400	20-HD22	1016588	1107476	1135874	204866	2504	4169	614	60.1%	
	10F	650×1400	24-HD25	1864928	2030553	2082244	382549	4591	5313	971	86.4%	
	B4F	850×1400	26-HD29	2403479	2731681	2676731	625876	6022	7190	1664	83.8	
A6	ROOF	600×600	12-HD22	17374	24864	18648	12762	55	2709	369	2.0%	
	30F	600×600	14-HD22	571002	539322	650337	-10855	1434	3099	430	46.3	
	10F	750×750	14-HD25	1047056	1005905	1188554	16781	2620	4630	566	56.6%	
	B4F	800×800	22-HD29	1217177	1375717	1354147	334707	3033	4159	1408	72.9%	
A7	ROOF	650×1400	14-HD22	32801	46950	35212	23411	104	3589	430	2.9%	
	30F	650×1400	16-HD25	995394	1007134	1123634	69008	2477	4187	647	59.2%	
	10F	650×1400	18-HD29	1834966	1846464	2071222	121225	4566	5429	1152	84.1%	
	B4F	800×1400	20-HD29	2128627	2533229	2355742	718244	5585	6604	1280	84.6%	
A8	ROOF	500×1400	16-HD22	30476	43756	32817	20882	96	2853	491	3.4%	
	30F	500×1400	16-HD25	940432	1065284	1045690	228320	2349	3306	647	71.0%	
	10F	650×1400	20-HD25	1749888	1981341	1943443	437618	4368	5223	809	83.6%	
	B4F	800×1400	28-HD29	2093791	2731933	2283273	1046770	6023	6895	1792	87.3%	
A9	ROOF	비정형	20-HD22	44428	63482	47611	32051	140	5649	614	2.5%	
	30F	비정형	20-HD25	1201147	1402393	1327774	370807	3092	6513	809	47.5%	
	10F	비정형	20-HD29	2188751	2551275	2418151	676910	5625	8294	1280	67.8%	
	B4F	비정형	28-HD29	2897922	3546857	3193914	1083698	7819	8585	1792	91.1%	
A10	ROOF	400×1400	12-HD22	44955	64223	48168	32502	142	2269	369	6.3%	with fin wall
	30F	400×1400	12-HD22	967081	1377726	1033295	702928	3037	2560	369	118.6%	
	10F	500×1400	20-HD29	1766488	2514326	1885745	1290282	5543	4401	1280	125.9%	
	B4F	950×1400	28-HD29	2974444	3342677	3316537	703716	7369	7997	1792	92.1%	
A11	ROOF	비정형	20-HD22	44224	63190	47392	31915	139	5649	614	2.5%	
	30F	비정형	20-HD25	1194317	1395839	1319989	397035	3077	6513	809	47.3%	
	10F	비정형	20-HD29	2175455	2539319	2402892	727336	5598	8294	1280	67.5%	
	B4F	비정형	28-HD29	2890064	3512087	3189430	1104992	7743	8585	1792	90.2%	
A12	ROOF	500×1400	16-HD22	34647	49595	37196	24636	109	2853	491	3.8%	
	30F	500×1400	16-HD25	932285	1060654	1035884	252085	2338	3306	647	70.7%	
	10F	650×1400	20-HD25	1736572	1976779	1927045	483629	4358	5223	809	83.4%	
	B4F	800×1400	28-HD29	2296445	2741053	2543183	775513	6043	6895	1792	87.6%	
A13	ROOF	650×1400	14-HD22	32801	46950	35212	23411	104	3589	430	2.9%	
	30F	650×1400	16-HD25	990334	1007134	1117183	76499	2463	4187	647	58.8%	
	10F	650×1400	18-HD29	1823841	1846464	2057038	130929	4535	5429	1152	83.5%	
	B4F	800×1400	20-HD29	2370501	2570584	2661803	378830	5868	6604	1280	88.9%	
A14	ROOF	600×600	12-HD22	17374	24864	18648	12762	55	2709	369	2.0%	
	30F	600×600	14-HD22	568445	539285	647077	-12751	1427	3099	430	46.0%	
	10F	750×750	14-HD25	1041861	1005868	1181929	11699	2606	4630	566	55.1%	
	B4F	800×800	22-HD29	1476816	1594345	1659975	237414	3660	4159	1408	88.0%	
A15	ROOF	650×1400	16-HD22	36259	51861	38896	26014	114	3625	491	3.2%	
	30F	650×1400	20-HD22	1016338	1110276	1135106	194721	2502	4169	614	60.0%	
	10F	650×1400	24-HD25	1865355	2033353	2082338	354482	4591	5313	971	86.4%	
	B4F	850×1400	26-HD29	2445689	2809858	2723462	628673	6195	7190	1664	86.2%	
A16	ROOF	550×1400	14-HD22	35867	51343	38507	25445	113	3075	430	3.7%	
	30F	550×1400	16-HD22	972791	1122190	1078738	263888	2474	3511	491	70.5%	
	10F	650×1400	20-HD25	1791876	2059990	1985871	484543	4541	5223	809	86.9%	
	B4F	850×1400	26-HD29	2364525	2841858	2615428	782044	6265	7190	1664	87.1%	
A17	ROOF	400×3180	24-HD22	39538	56483	42362	28749	125	5095	737	2.4%	
	30F	400×3180	24-HD22	1181350	1238988	1325879	99627	2923	5758	737	50.8%	
	10F	400×3180	24-HD25	2181919	2252661	2452211	132385	5406	7212	971	75.0%	
	B4F	450×3180	24-HD29	2779747	3007174	3116983	342154	6872	8381	1536	82.0%	
A18	ROOF	600×1400	14-HD22	34009	48742	36556	23772	107	3332	430	3.2%	
	30F	600×1400	14-HD25	989209	1114768	1100863	227390	2458	3848	566	63.9%	
	10F	650×1400	24-HD25	1838701	2042830	2048332	386394	4516	5313	971	85.0%	
	B4F	750×1600	30-HD32	2480837	2901991	2759430	679334	6398	7683	2438	83.3%	
A19	ROOF	600×600	12-HD22	21951	31483	23613	15549	69	2709	369	2.6%	
	30F	750×750	14-HD22	676953	747742	755940	170687	1667	3697	430	45.1%	
	10F	800×800	16-HD29	1251561	1395114	1393744	348013	3076	5199	1024	59.2%	
	B4F	950×950	28-HD32	1816947	2193173	2019576	653170	4835	6030	2275	80.2%	
A20	ROOF	500×2450	20-HD22	29047	41496	31122	21409	91	4852	614	1.9%	
	30F	500×2450	22-HD25	1395948	1554307	1552863	444263	3427	5647	890	60.7%	
	10F	550×2450	24-HD29	2595612	2882657	2885621	832920	6362	7943	1536	80.1%	
	B4F	700×2450	32-HD29	3501548	4111876	3892926	1273355	9065	10162	2048	89.2%	

A21	ROOF	550×1400	12-HD22	38020	42329	42405	22136	93	3040	369	3.1%	
	30F	550×1400	14-HD22	817318	895330	910315	478920	2007	3476	430	57.7%	
	10F	550×1400	18-HD25	1508275	1658840	1677396	892666	3698	4444	728	83.2%	
	B4F	800×1400	20-HD29	2326865	2794776	2595195	913493	6161	6604	1280	93.3	
A22	ROOF	400×1400	12-HD22	23660	33802	25352	17576	75	2269	369	3.3%	with fin wall
	30F	400×1400	12-HD22	819665	707846	941488	36643	2076	2560	369	81.1%	
	10F	450×1400	12-HD22	1722565	1289718	2006238	-151763	4423	3510	369	126.0%	
	B4F	950×1400	32-HD32	3474031	2816612	4044028	-157653	8916	8457	2601	105.4%	
A23	ROOF	550×1400	16-HD29	35723	51132	38349	25388	113	3299	819	3.4%	
	30F	550×1400	18-HD25	1100017	1114521	1242138	248233	2738	3646	728	75.1%	
	10F	750×1400	22-HD25	2097400	2073562	2373036	424751	5232	6003	890	87.2%	
	B4F	900×1400	28-HD32	2881006	3046439	3254672	717188	7175	7905	2275	90.8%	
A24	ROOF	400×1400	12-HD22	55466	78501	58875	43276	173	2269	369	7.6%	with fin wall
	30F	400×1400	12-HD22	1002213	1426396	1069797	739278	3145	2560	369	122.9%	
	10F	500×1400	20-HD29	1819792	2588485	1941364	1342842	5707	4401	1280	129.7%	
	B4F	950×1400	32-HD29	3321182	3528887	3735565	1765838	8236	8143	2048	101.2%	
A25	ROOF	550×1400	16-HD29	35723	51132	38349	25388	113	3299	819	3.4%	
	30F	550×1400	18-HD25	1063375	1115547	1195510	207074	2636	3646	728	72.3%	
	10F	750×1400	22-HD25	2020587	2074588	2275191	341403	5016	6003	890	83.6%	
	B4F	900×1400	28-HD32	2849669	3119050	3206597	622318	7069	7905	2275	89.4%	
A26	ROOF	400×1400	12-HD22	23697	33855	25391	17600	75	2269	369	3.3%	with fin wall
	30F	400×1400	12-HD22	802299	715202	918228	39103	2024	2560	369	79.1%	
	10F	450×1400	12-HD22	1642206	1298024	1902528	-145434	4194	3510	369	119.5%	
	B4F	950×1400	32-HD32	3351793	2960543	3871370	-38351	8535	8457	2601	100.9%	
A27	ROOF	550×1400	12-HD22	38138	42329	42555	34461	94	3040	369	3.1%	
	30F	550×1400	14-HD22	817924	895330	911088	270775	2009	3476	430	57.8%	
	10F	550×1400	18-HD25	1508454	1658840	1677625	515157	3699	4444	728	83.2%	
	B4F	800×1400	28-HD29	1823717	2453096	1988376	1033720	5408	6895	1792	78.4%	
A28	ROOF	500×2450	20-HD22	33848	48216	36162	25729	106	4852	614	2.2%	
	30F	500×2450	22-HD25	1437301	1573403	1602519	488321	3533	5647	890	62.6%	
	10F	550×2450	24--HD29	2659776	2903008	2964160	900852	6535	7943	1536	82.3%	
	B4F	700×2450	32-HD29	3404862	3888623	3794330	1257695	8573	10162	2048	84.4%	

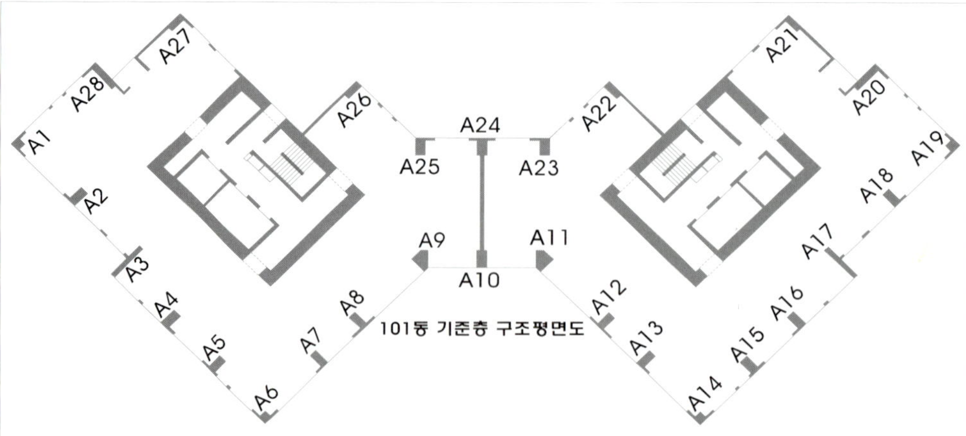

101동 기준층 구조평면도

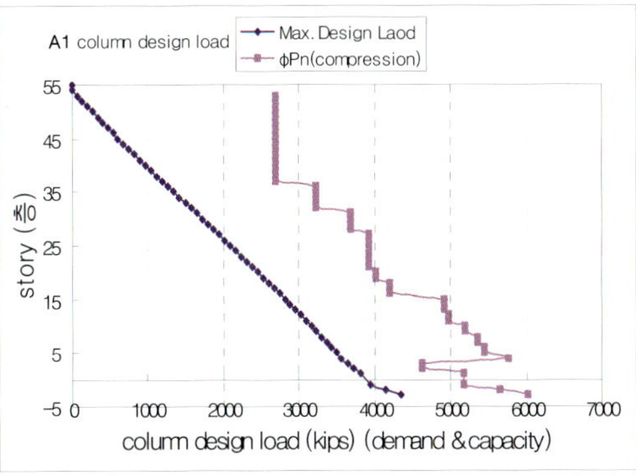
A1 column design load
Max. Design Laod
ϕPn(compression)
story (층)
column design load (kips) (demand & capacity)

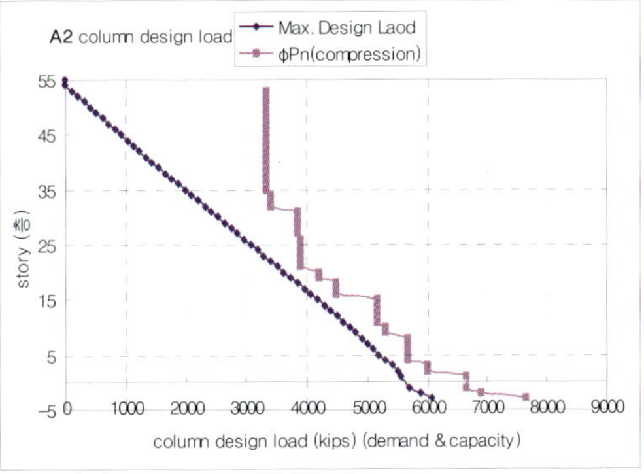
A2 column design load
Max. Design Laod
ϕPn(compression)
story (층)
column design load (kips) (demand & capacity)

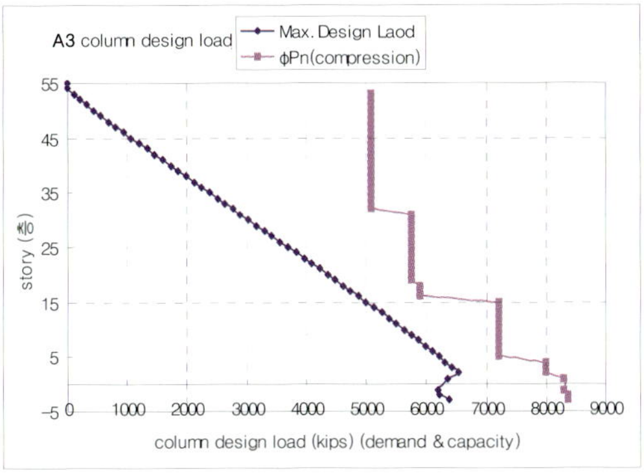
A3 column design load
Max. Design Laod
ϕPn(compression)
story (층)
column design load (kips) (demand & capacity)

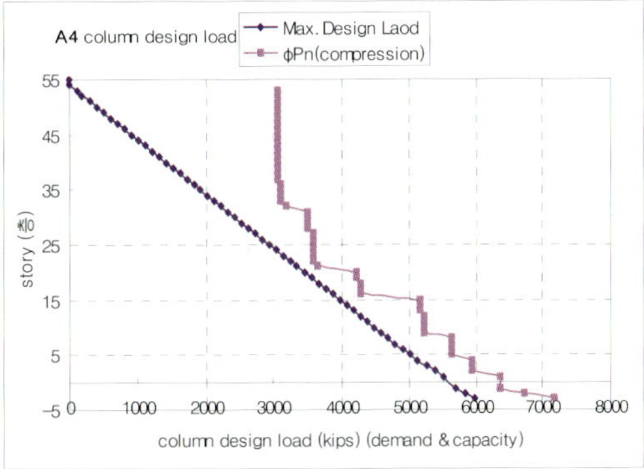
A4 column design load
Max. Design Laod
ϕPn(compression)
story (층)
column design load (kips) (demand & capacity)

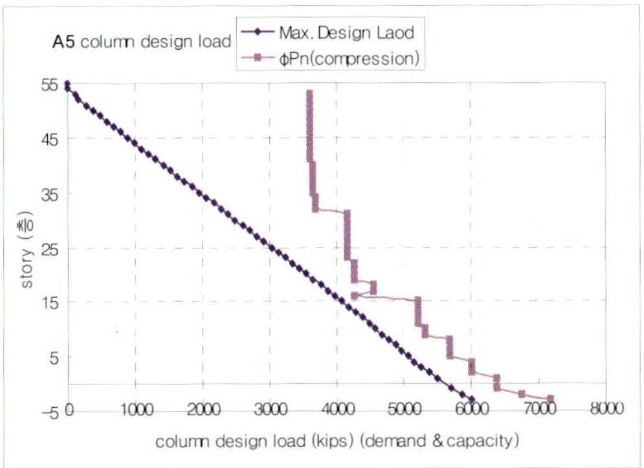
A5 column design load
Max. Design Laod
ϕPn(compression)
story (층)
column design load (kips) (demand & capacity)

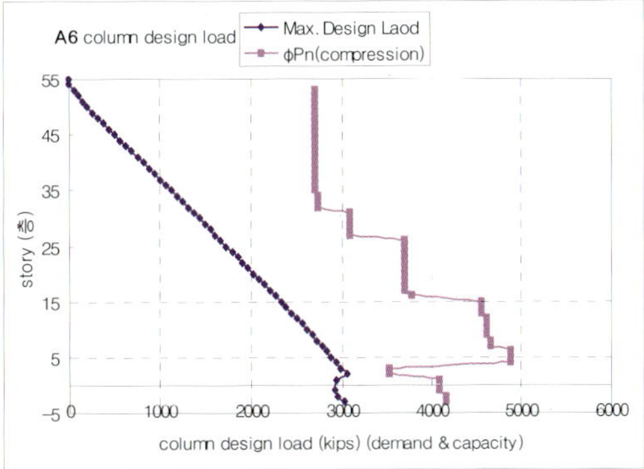
A6 column design load
Max. Design Laod
ϕPn(compression)
story (층)
column design load (kips) (demand & capacity)

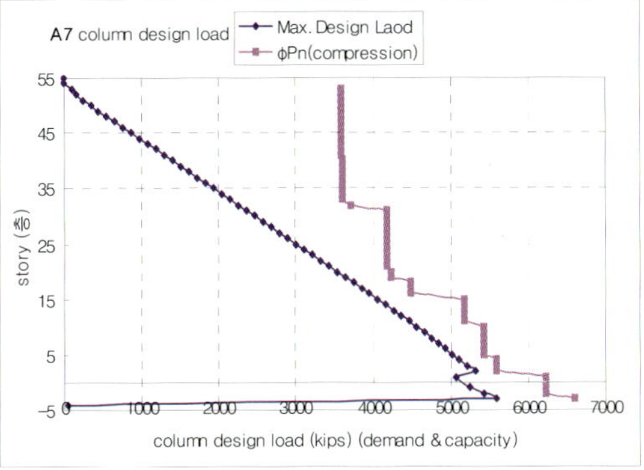
A7 column design load
Max. Design Laod
ϕPn(compression)
story (층)
column design load (kips) (demand & capacity)

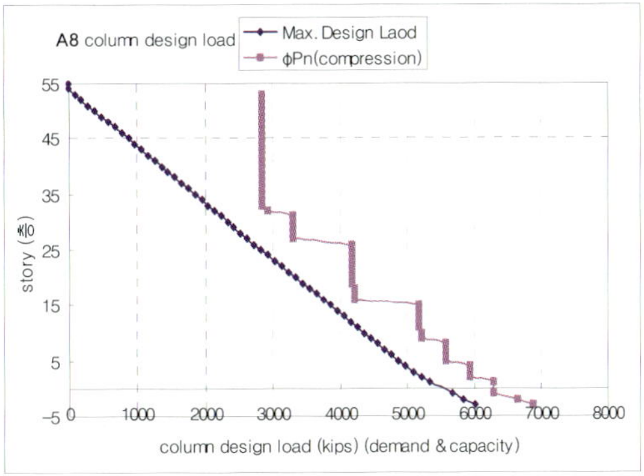
A8 column design load
Max. Design Laod
ϕPn(compression)
story (층)
column design load (kips) (demand & capacity)

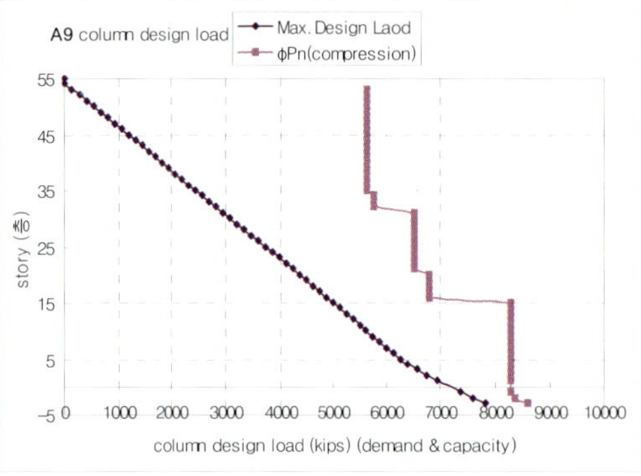
A9 column design load
Max. Design Laod
φPn(compression)
story (층)
column design load (kips) (demand & capacity)

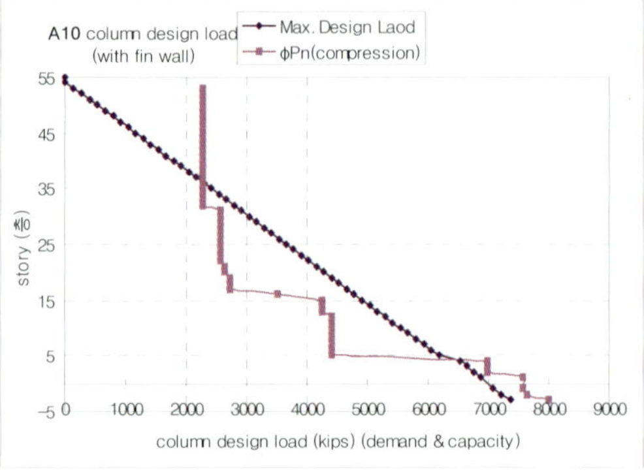
A10 column design load
(with fin wall)
Max. Design Laod
φPn(compression)
story (층)
column design load (kips) (demand & capacity)

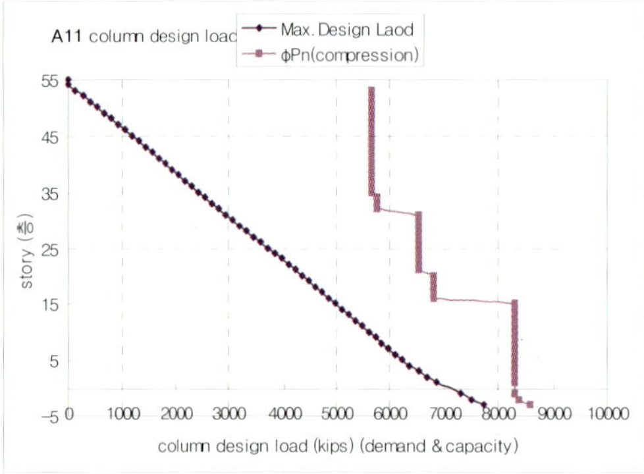
A11 column design load
Max. Design Laod
φPn(compression)
story (층)
column design load (kips) (demand & capacity)

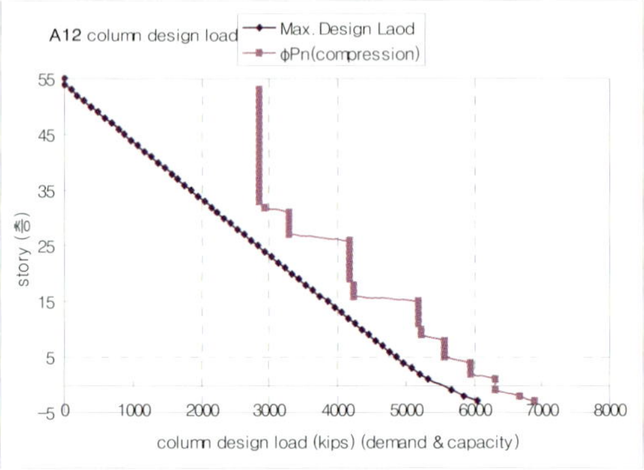
A12 column design load
Max. Design Laod
φPn(compression)
story (층)
column design load (kips) (demand & capacity)

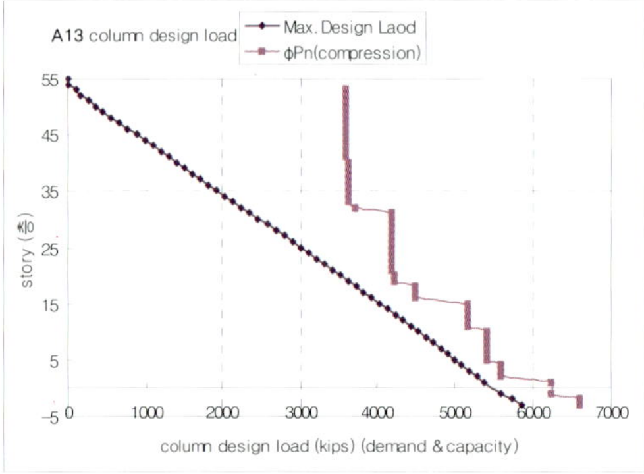
A13 column design load
Max. Design Laod
φPn(compression)
story (층)
column design load (kips) (demand & capacity)

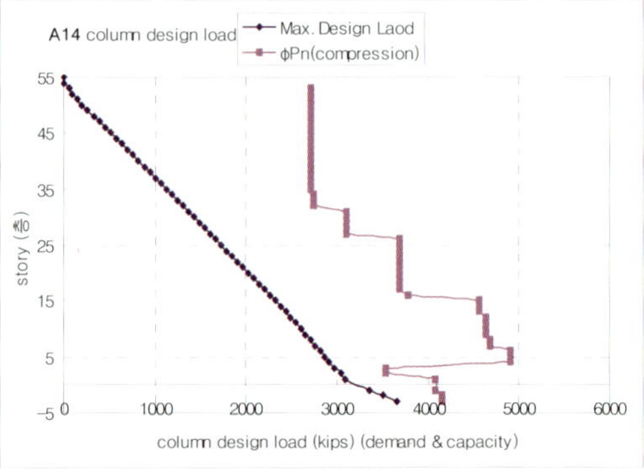
A14 column design load
Max. Design Laod
φPn(compression)
story (층)
column design load (kips) (demand & capacity)

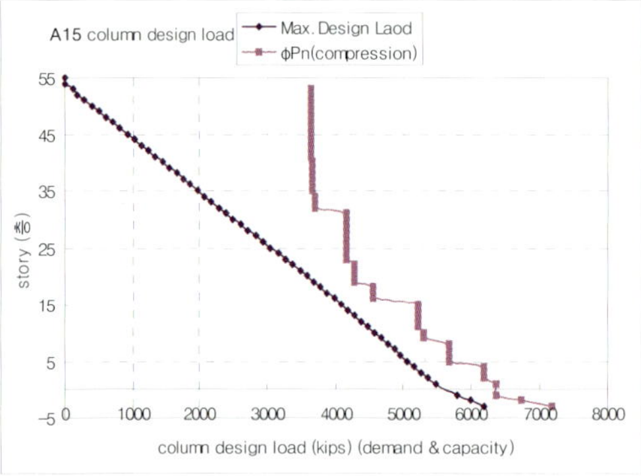
A15 column design load
Max. Design Laod
φPn(compression)
story (층)
column design load (kips) (demand & capacity)

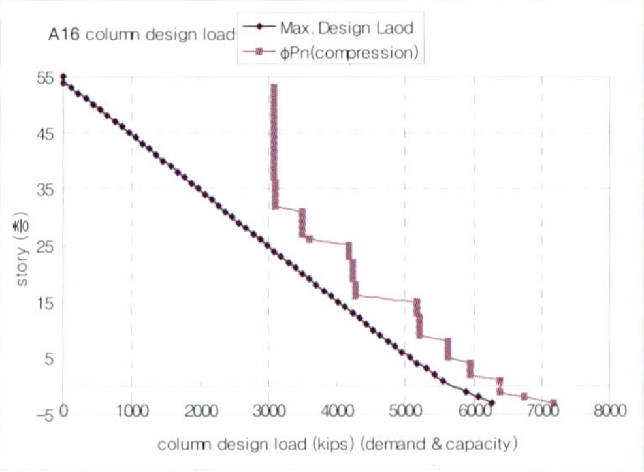
A16 column design load
Max. Design Laod
φPn(compression)
story (층)
column design load (kips) (demand & capacity)

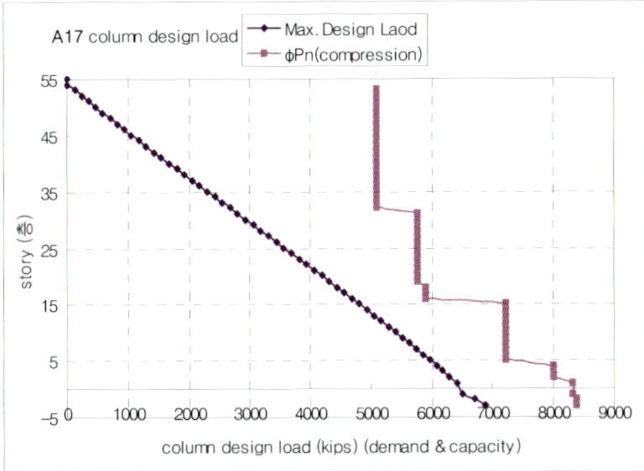
A17 column design load
Max. Design Laod
ϕPn(compression)
story (층)
column design load (kips) (demand & capacity)

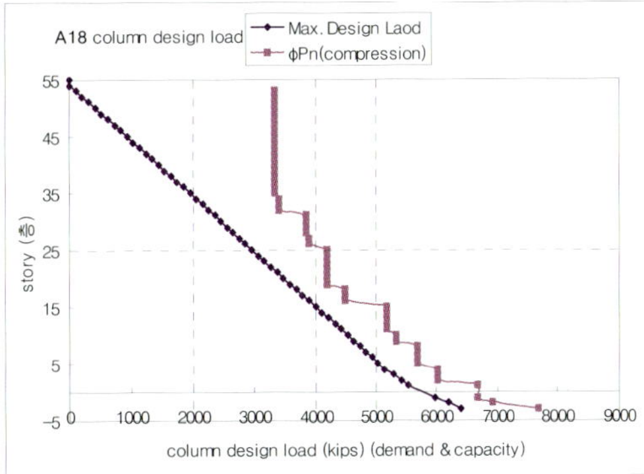
A18 column design load
Max. Design Laod
ϕPn(compression)
story (층)
column design load (kips) (demand & capacity)

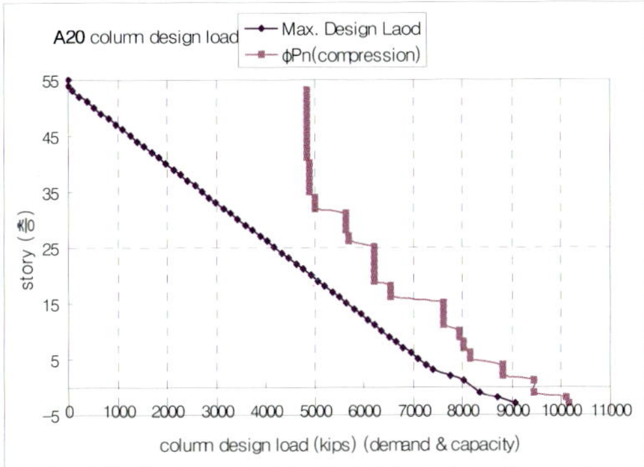
A20 column design load
Max. Design Laod
ϕPn(compression)
story (층)
column design load (kips) (demand & capacity)

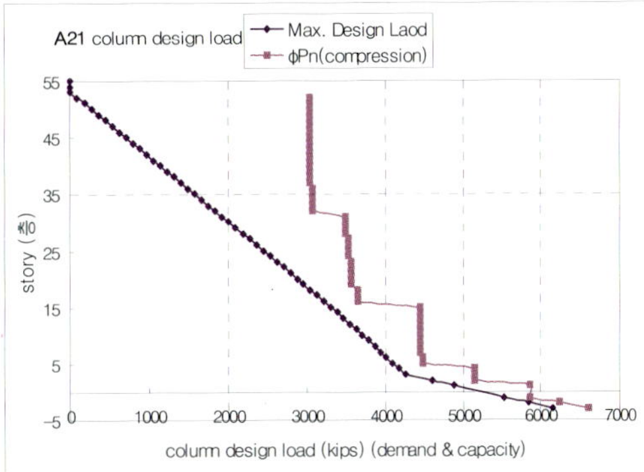
A21 column design load
Max. Design Laod
ϕPn(compression)
story (층)
column design load (kips) (demand & capacity)

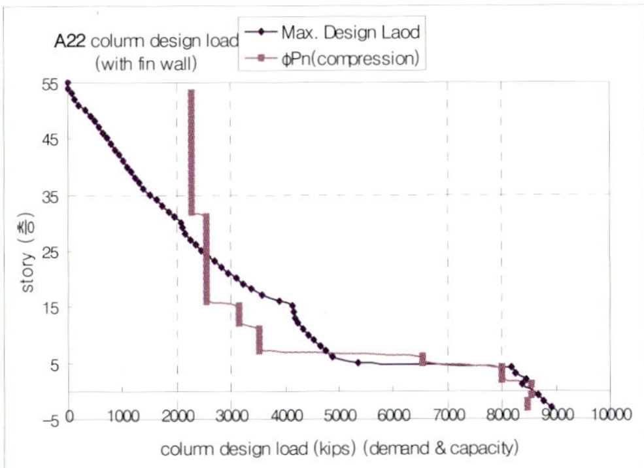
A22 column design load
(with fin wall)
Max. Design Laod
ϕPn(compression)
story (층)
column design load (kips) (demand & capacity)

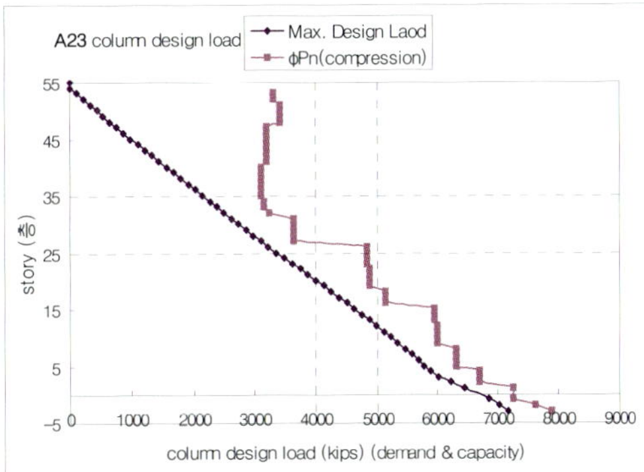
A23 column design load
Max. Design Laod
ϕPn(compression)
story (층)
column design load (kips) (demand & capacity)

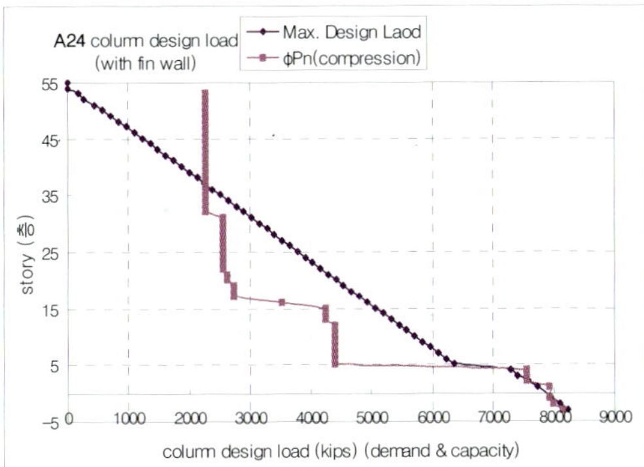
A24 column design load
(with fin wall)
Max. Design Laod
ϕPn(compression)
story (층)
column design load (kips) (demand & capacity)

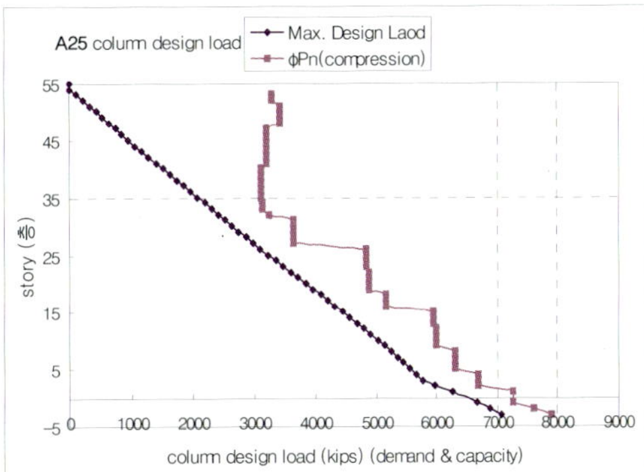
A25 column design load
Max. Design Laod
ϕPn(compression)
story (층)
column design load (kips) (demand & capacity)

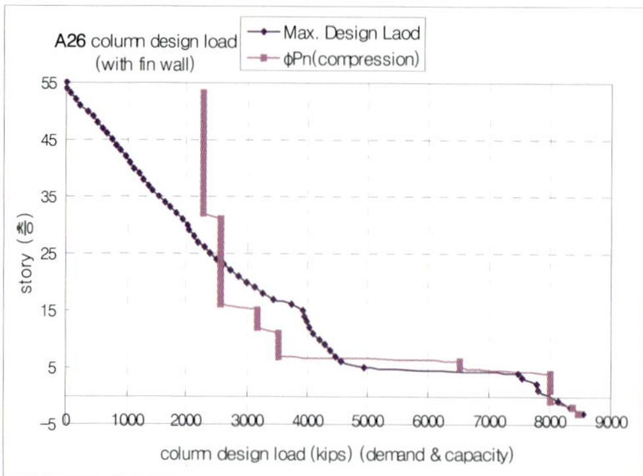

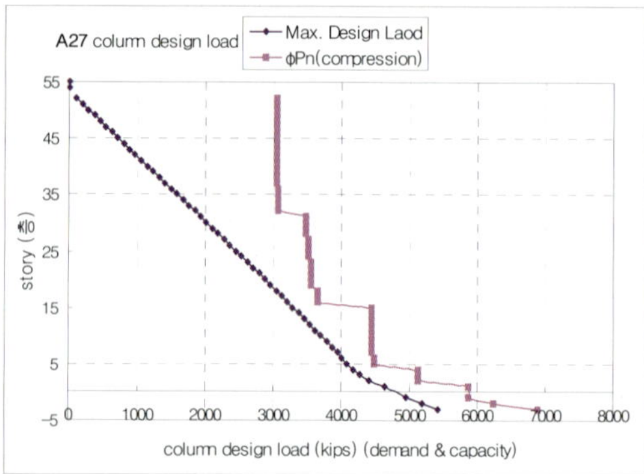

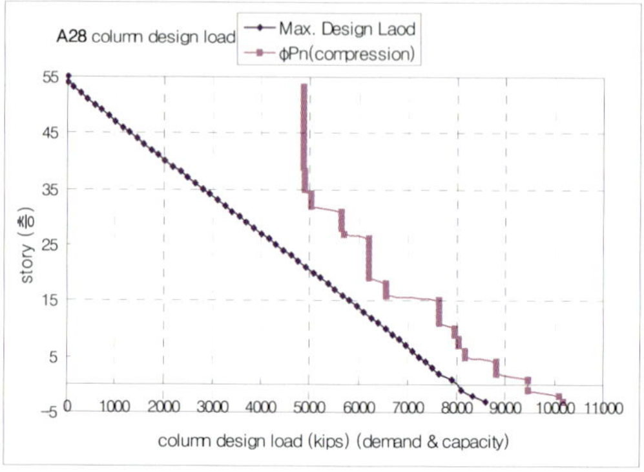

타워 102 기둥설계 응력 *negative=tension

기둥	level	column size (㎜)	re-bar	service total red'd load (kgf)	ultimate comb.1 (kgf)	ultimate comb.2 (kgf)	wind uplift comb. (kgf)	max design load (kips) *1kip≃4 53.6kgf	φ Pn (kips) comp.	φ Pn (kips) tens.	% of capacity	비고
B1	ROOF	500×500	12-HD19	20867	24388	23194	7822	**54**	2396	270	**2.2%**	
	BELT층	750×750	24-HD32	772893	512919	911758	-219199	**2010**	4583	1950	**43.9%**	
	10F	750×750	16-HD25	1115764	991585	1278448	31251	**2818**	4674	647	**60.3%**	
	B4F	900×900	24-HD29	1548605	1690685	1750211	340292	**3859**	6173	1536	**62.5%**	
B2	ROOF	450×1400	12-HD19	34743	34621	39458	4516	**87**	2469	270	**3.5%**	
	BELT층	500×1400	12-HD32	540427	698679	588609	296086	**1540**	3503	975	**44.0%**	
	10F	500×1400	14-HD25	982358	1325632	1060303	622099	**2923**	3987	566	**73.3%**	
	B4F	600×1400	22-HD29	1340604	1828496	1451843	838089	**4031**	5208	1408	**77.4%**	
B3	ROOF	500×1400	14-HD19	35283	46873	38398	19824	**103**	2752	315	**3.8%**	
	BELT층	600×1400	22-HD32	869905	946507	972762	193800	**2145**	4562	1788	**47.0%**	
	10F	650×1400	18-HD25	1435803	1815802	1566795	710361	**4003**	5178	728	**77.3%**	
	B4F	800×1400	24-HD32	1866497	2443292	2034919	997884	**5387**	6986	1950	**77.1%**	
B4	ROOF	650×650	12-HD22	25752	34632	29251	14287	**76**	2865	369	**2.7%**	
	BELT층	750×750	28-HD32	905708	718055	1052107	-112826	**2319**	4771	2275	**48.6%**	
	10F	800×800	16-HD29	1363137	1372545	1539838	233287	**3395**	5199	1024	**65.3%**	
	B4F	950×950	24-HD29	1710461	1969920	1906475	579169	**4343**	6553	1536	**66.3%**	
B5	ROOF	550×1400	14-HD22	44852	61540	48494	28328	**136**	3075	430	**4.4%**	
	BELT층	650×1400	22-HD32	1117781	1252151	1244665	332214	**2761**	4856	1788	**56.9%**	
	10F	750×1400	22-HD32	1950255	2407167	2136842	901404	**5307**	6526	1788	**81.3%**	
	B4F	800×1600	30-HD32	2455969	3161117	2682688	1268039	**6969**	8103	2438	**86.0%**	
B6	ROOF	450×1400	14-HD19	39140	46280	43376	14737	**102**	2495	315	**4.1%**	
	BELT층	550×1400	34-HD32	1174544	938751	1362764	-163809	**3004**	4834	2763	**62.2%**	
	10F	650×1400	16-HD29	1805473	1812794	2039224	271521	**4496**	5357	1024	**83.9%**	
	B4F	750×1400	26-HD29	2038785	2464368	2249964	849098	**5433**	6455	1664	**84.2%**	

B7	ROOF	500×1400	20-HD16	33994	48591	36443	–	107	2753	317	3.9%	with FIN WALL
	BELT층	650×1400	48-HD32	680037	968610	726457	–	2135	6081	3901	35.1%	
	10F	650×1400	20-HD16	1290658	1836285	1377214	–	4048	4950	317	81.8%	
	B4F	900×1400	34-HD32	2464059	2390143	2799354	220138	6172	8183	2763	75.4%	
B8	ROOF	400×1400	14-HD19	30990	44439	33329	21606	98	2238	315	4.4%	
	BELT층	550×1400	26-HD32	1008325	917614	1154147	2214	2544	4457	2113	57.1%	
	10F	600×1400	16-HD25	1629517	1765595	1822318	400909	4018	4766	647	84.3%	
	B4F	750×1400	24-HD32	2179686	2561024	2428395	724146	5646	6618	1950	85.3%	
B9	ROOF	450×1400	14-HD19	42865	51803	47316	17266	114	2495	315	4.6%	
	BELT층	550×1400	34-HD32	1121476	1043242	1279934	17781	2822	4834	2763	58.4%	
	10F	650×1400	20-HD29	1814098	2012196	2021157	506711	4456	5502	1280	81.0%	
	B4F	800×1400	26-HD32	2471234	2981192	2742873	919834	6572	7078	2113	92.9%	
B10	ROOF	550×1400	12-HD22	46734	65001	50387	30633	143	3040	369	4.7%	
	BELT층	650×1400	22-HD32	1149159	1318273	1275051	375829	2906	4856	1788	59.9%	
	10F	800×1400	22-HD29	2025590	2538477	2213645	980848	5596	6677	1408	83.8%	
	B4F	900×1600	28-HD32	2743607	3634786	2996118	1491302	8013	8849	2275	90.6%	
B11	ROOF	650×650	12-HD22	28118	36525	30678	14962	81	2865	369	2.8%	
	BELT층	800×800	28-HD32	913286	746282	1057017	-148870	2330	5013	2275	46.5%	
	10F	850×850	18-HD29	1389036	1427056	1563705	216336	3447	5600	1152	61.6%	
	B4F	950×950	24-HD29	1840687	2154212	2052839	582417	4749	6553	1536	72.5%	
B12	ROOF	500×1400	14-HD22	44292	59496	48114	25749	131	2818	430	4.7%	
	BELT층	600×1400	12-HD32	1089642	1215711	1214061	326527	2680	4091	975	65.5%	
	10F	800×1400	18-HD29	1839715	2352771	2003572	968052	5187	6531	1152	79.4%	
	B4F	950×1400	30-HD29	2526858	3379234	2756354	1414353	7450	8070	1920	92.3%	
B13	ROOF	450×1400	12-HD19	34208	33597	38917	2151	86	2469	270	3.5%	
	BELT층	500×1400	12-HD32	522725	679356	569137	278592	1498	3503	975	42.8	
	10F	500×1400	14-HD25	953517	1288731	1029439	591584	2841	3987	566	71.3%	
	B4F	600×1400	22-HD29	1442640	1985410	1572429	853420	4377	5208	1408	84.0%	
B14	ROOF	500×500	12-HD19	20821	24714	23095	7386	54	2396	270	2.3%	
	BELT층	750×750	24-HD32	721279	520637	844865	-244537	1863	4583	1950	40.6%	
	10F	750×750	16-HD25	1067427	1004847	1214962	7370	2679	4674	647	57.3%	
	B4F	900×900	20-HD29	1524482	1693597	1720357	294392	3793	6027	1280	62.9%	
B15	ROOF	550×1400	14-HD22	38751	53684	41811	25304	118	3075	430	3.8%	
	BELT층	650×1400	16-HD32	1001897	1082100	1120956	216669	2471	4573	1300	54.0%	
	10F	700×1400	18-HD29	1709683	2072382	1877868	717684	4569	5797	1152	78.8%	
	B4F	750×1600	28-HD29	2368663	3028001	2604931	1105056	6676	7315	1792	91.3%	
B16	ROOF	600×600	12-HD19	26078	33804	28484	13830	75	2653	270	2.8%	
	BELT층	1200×1200	64-HD32	1020215	669551	1205033	-402916	2657	3500	5201	75.9%	
	10F	800×800	16-HD29	1475660	1310394	1691716	-68907	3730	5199	1024	71.7%	
	B4F	950×950	24-HD29	1982483	2114963	2243197	321656	4945	6553	1536	75.5%	
B17	ROOF	500×1200	16-HD19	43088	49515	48030	13811	109	2411	360	4.5%	
	BELT층	650×1200	30-HD32	1216204	1009781	1406181	-187968	3100	4687	2438	66.1%	
	10F	750×1200	22-HD29	1918399	1953975	2163675	241887	4770	5523	1408	86.4%	
	B4F	850×1400	24-HD32	2635563	2909543	2965991	543011	6539	7445	2113	87.8%	
B18	ROOF	500×1400	14-HD22	18713	26669	20002	14333	59	2818	430	2.1%	with FIN WALL
	BELT층	600×1400	24-HD22	376933	536321	402241	290692	1182	3945	737	30.0%	
	10F	500×1400	18-HD25	705583	1002736	752052	546987	2211	4077	728	54.2%	
	B4F	650×1400	24-HD29	1342399	1533345	1500282	411879	3380	5648	1536	59.9%	
B19	ROOF	500×1400	14-HD22	18713	26669	20002	14333	59	2818	430	2.1%	with FIN WALL
	BELT층	600×1400	24-HD22	376933	536321	402241	290692	1182	3945	737	30.0%	
	10F	500×1400	18-HD25	705583	1002736	752052	546987	2211	4077	728	54.2%	
	B4F	650×1400	24-HD29	1342399	1533345	1500282	411879	3380	5648	1536	59.9%	
B20	ROOF	500×1200	16-HD19	42039	49336	46718	13118	109	2411	360	4.5%	
	BELT층	650×1200	30-HD32	1191375	1006144	1375048	-126071	3031	4687	2438	64.7%	
	10F	750×1200	22-HD29	1898359	1947112	2139116	297065	4716	5523	1408	85.4%	
	B4F	850×1400	26-HD29	2481974	2757673	2783133	614418	6136	7190	1664	85.3%	
B21	ROOF	600×600	12-HD19	26193	33914	28613	13969	75	2653	270	2.8%	
	BELT층	1200×1200	64-HD32	1064278	710520	1254978	-360645	2767	8724	5201	31.7%	
	10F	800×800	16-HD29	1505843	1339523	1726149	-28640	3806	5199	1024	73.2%	
	B4F	950×950	24-HD29	2128613	2292963	2417410	359823	5329	6553	1536	81.3%	
B22	ROOF	550×1400	14-HD22	38408	53223	41440	25076	117	3075	430	3.8%	
	BELT층	650×1400	16-HD32	1035845	1074134	1165338	182742	2569	4573	1300	56.2%	
	10F	700×1400	16-HD29	1739020	2055977	1917578	675412	4533	5724	1024	79.2%	
	B4F	750×1600	28-HD32	2586311	3295487	2857911	1154821	7265	7590	2275	95.7%	

B23	ROOF	500×1300	14-HD22	47764	61194	52425	22007	**135**	2634	430	**5.1%**	
	BELT층	700×1300	16-HD32	991034	1250290	1083421	454187	**2756**	4573	1300	**60.3%**	
	10F	900×1300	22-HD29	1853779	2440278	2008623	1026204	**5380**	6939	1408	**77.5%**	
	B4F	1000×1400	28-HD32	2553089	3413391	2781067	1399249	**7525**	8640	2275	**87.1%**	
B24	ROOF	500×1200	14-HD19	35750	51338	38504	24192	**113**	2385	315	**4.7%**	
	BELT층	700×1200	12-HD32	876909	1046930	967334	330603	**2308**	4091	975	**56.4%**	
	10F	800×1200	16-HD29	1641686	2029968	1798150	732708	**4475**	5619	1024	**79.6%**	
	B4F	900×1300	26-HD32	2278307	2920073	2503267	1067255	**6438**	7341	2113	**87.7%**	
B25	ROOF	800×1000	14-HD22	54535	78171	58628	37126	**172**	3185	430	**5.4%**	
	BELT층	800×1700	20-HD32	1275500	1604431	1394513	601406	**3537**	6650	1625	**53.2%**	
	10F	800×1700	24-HD32	2430346	3121043	2644142	1255817	**6881**	8245	1950	**83.5%**	
	B4F	900×1700	28-HD29	2822024	3913562	3034455	1827754	**8628**	9046	1792	**95.4%**	
B26	ROOF	550×1300	14-HD22	57912	49801	66951	-5260	**148**	2873	430	**5.1%**	
	BELT층	800×1300	24-HD32	1377140	1019656	1608534	-323733	**3546**	5496	1950	**64.5%**	
	10F	900×1300	20-HD29	2157955	2001868	2459115	67192	**5421**	6866	1280	**79.0%**	
	B4F	950×1400	24-HD29	2437392	2542673	2741986	443906	**6045**	7851	1536	**77.0%**	
B27	ROOF	600×1400	20-HD25	70240	63963	80652	-3772	**178**	3550	809	**5.0%**	
	BELT층	750×1600	24-HD32	1709790	1311950	1990178	-396378	**4388**	6167	1950	**71.1%**	
	10F	750×1750	30-HD29	2738552	2563188	3117420	52783	**6873**	7978	1920	**86.1%**	
	B4F	900×1750	32-HD29	3578313	3571549	4064373	261174	**8960**	9428	2048	**95.0%**	
B28	ROOF	550×1400	14-HD22	55619	79728	59796	37802	**176**	3075	430	**5.7%**	
	BELT층	650×1500	14-HD32	1373207	1624602	1516494	480573	**3582**	4751	1138	**75.4%**	
	10F	950×1500	22-HD32	2609513	3187941	2863021	1084907	**7028**	8493	1788	**82.8%**	
	B4F	1100×1600	32-HD32	3534516	4504225	3884582	1596126	**9930**	10713	2601	**92.7%**	
B29	ROOF	500×1200	14-HD19	35444	50901	38175	23989	**112**	2385	315	**4.7%**	
	BELT층	700×1200	12-HD32	866400	1037986	955218	314177	**2288**	4091	975	**56.9%**	
	10F	800×1200	16-HD29	1627822	2012982	1782921	698558	**4438**	5619	1024	**79.0%**	
	B4F	900×1300	26-HD32	2218319	2859906	2433338	1037329	**6305**	7341	2113	**85.9%**	
B30	ROOF	500×1300	14-HD22	48189	60613	53049	21160	**134**	2634	430	**5.1%**	
	BELT층	700×1300	16-HD32	987632	1238384	1080794	444173	**2730**	4573	1300	**59.7%**	
	10F	900×1300	22-HD29	1844255	2417657	1999742	1000717	**5330**	6939	1408	**76.8%**	
	B4F	1000×1400	28-HD32	2541753	3411030	2768022	1395952	**7520**	8640	2275	**87.0%**	
B31	-	-	-	-	-	-	-	-	-	-	-	4층 바닥 까지만 형성됨.
	-	-	-	-	-	-	-	-	-	-	-	
	4F PIT	800×1400	26-HD29	820166	115582	1028224	-928897	**2267**	6825	1664	**33.2%**	
	B4F	800×1400	28-HD32	836620	530992	1002358	-401815	**2210**	7173	2275	**30.8%**	

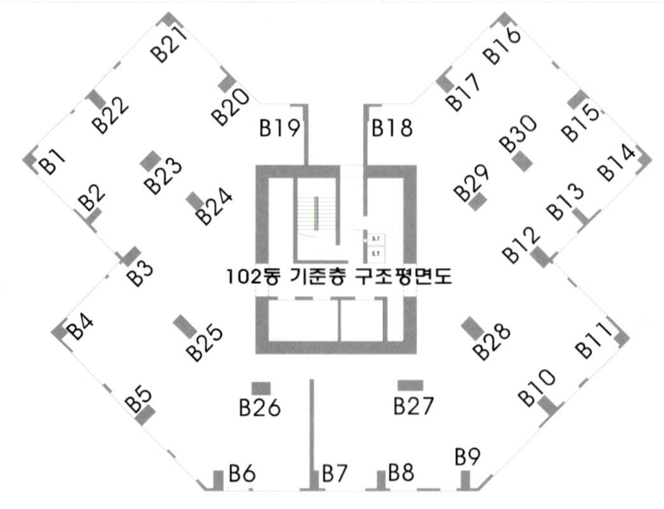

102동 기준층 구조평면도

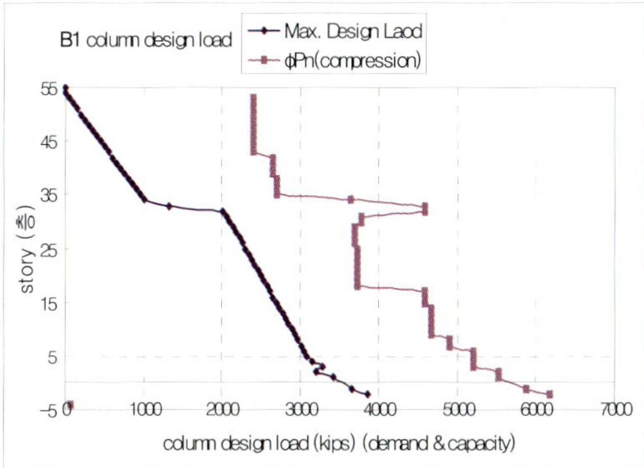
B1 column design load
Max. Design Laod
ϕPn(compression)
story (층)
column design load (kips) (demand & capacity)

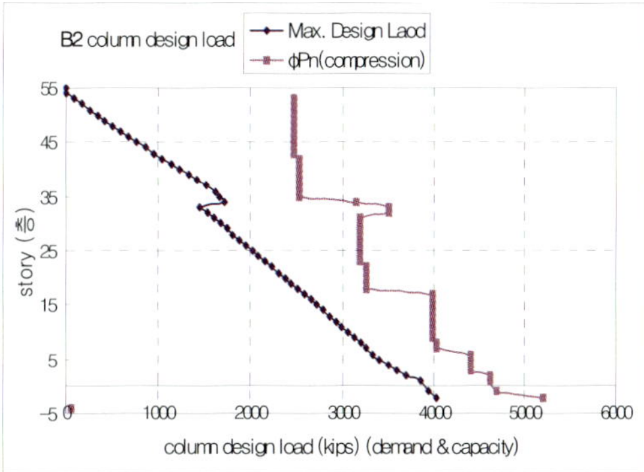
B2 column design load
Max. Design Laod
ϕPn(compression)
story (층)
column design load (kips) (demand & capacity)

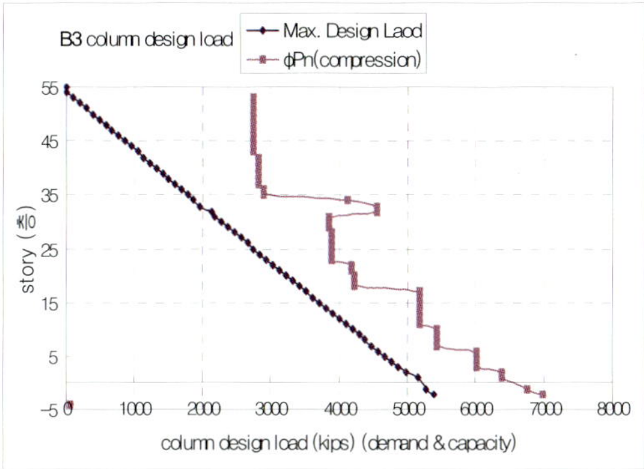
B3 column design load
Max. Design Laod
ϕPn(compression)
story (층)
column design load (kips) (demand & capacity)

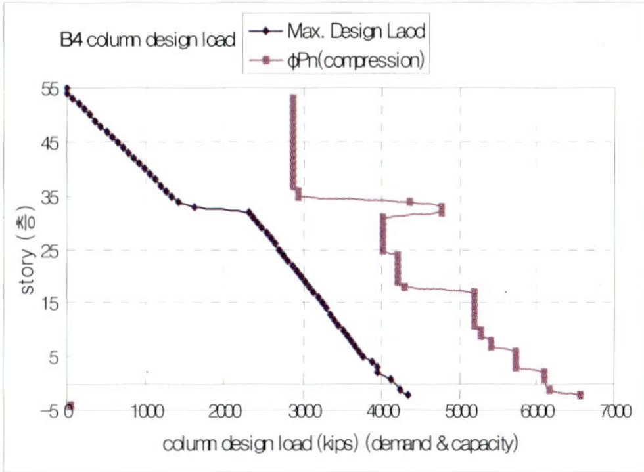
B4 column design load
Max. Design Laod
ϕPn(compression)
story (층)
column design load (kips) (demand & capacity)

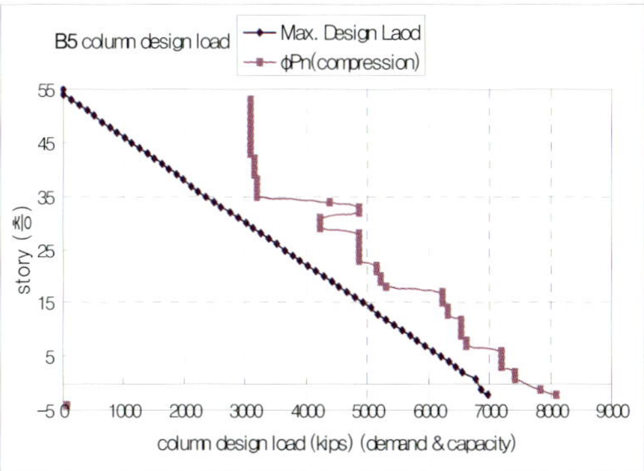
B5 column design load
Max. Design Laod
ϕPn(compression)
story (층)
column design load (kips) (demand & capacity)

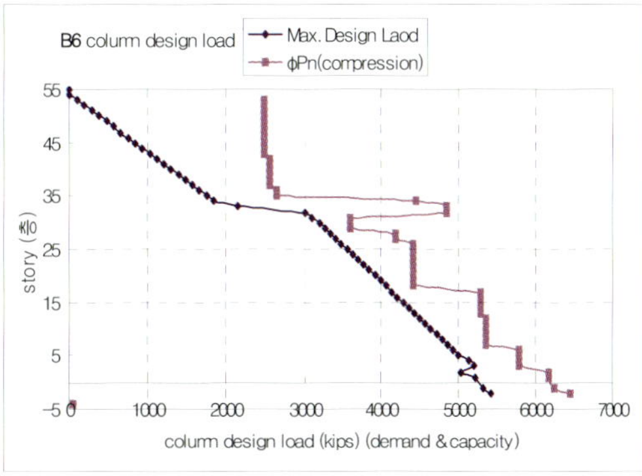
B6 column design load
Max. Design Laod
ϕPn(compression)
story (층)
column design load (kips) (demand & capacity)

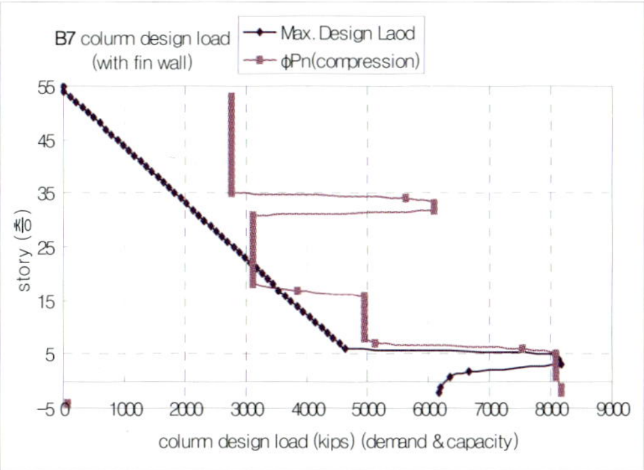
B7 column design load
(with fin wall)
Max. Design Laod
ϕPn(compression)
story (층)
column design load (kips) (demand & capacity)

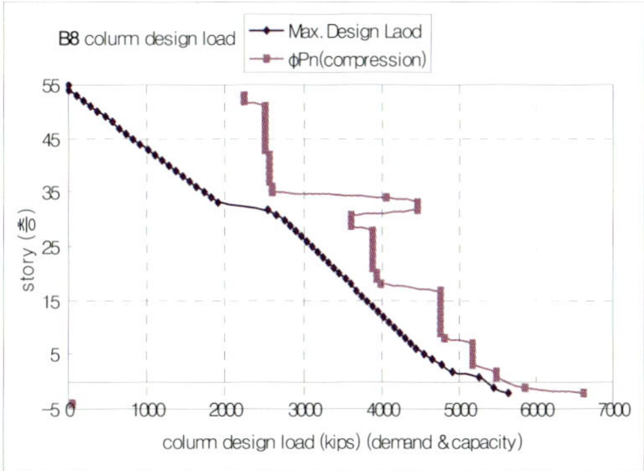
B8 column design load
Max. Design Laod
ϕPn(compression)
story (층)
column design load (kips) (demand & capacity)

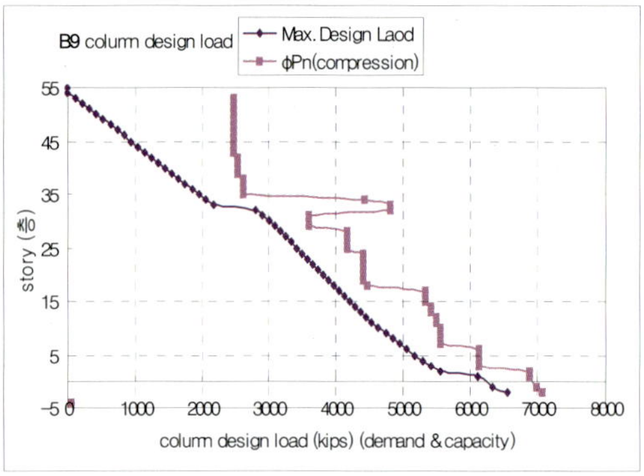
B9 column design load
Max. Design Laod
ϕPn(compression)
story (층)
55
45
35
25
15
5
-5
0
1000
2000
3000
4000
5000
6000
7000
8000
column design load (kips) (demand & capacity)

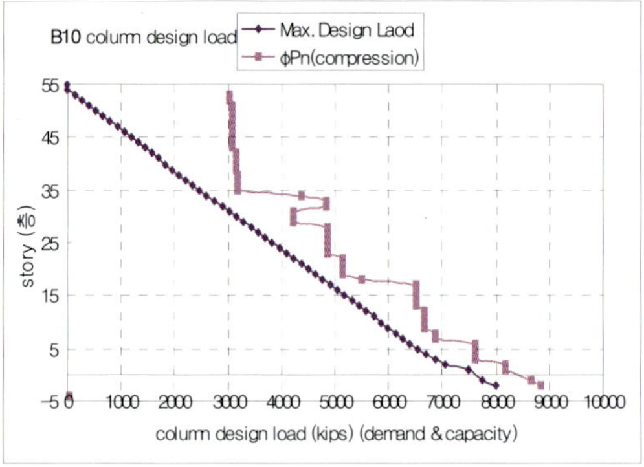
B10 column design load
Max. Design Laod
ϕPn(compression)
story (층)
55
45
35
25
15
5
-5
0
1000
2000
3000
4000
5000
6000
7000
8000
9000
10000
column design load (kips) (demand & capacity)

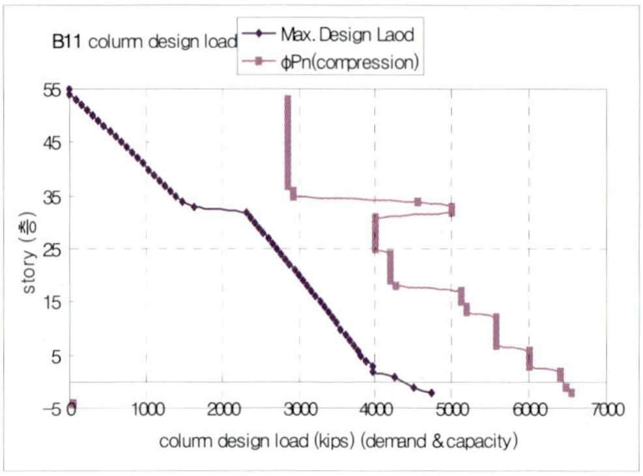
B11 column design load
Max. Design Laod
ϕPn(compression)
story (층)
55
45
35
25
15
5
-5
0
1000
2000
3000
4000
5000
6000
7000
column design load (kips) (demand & capacity)

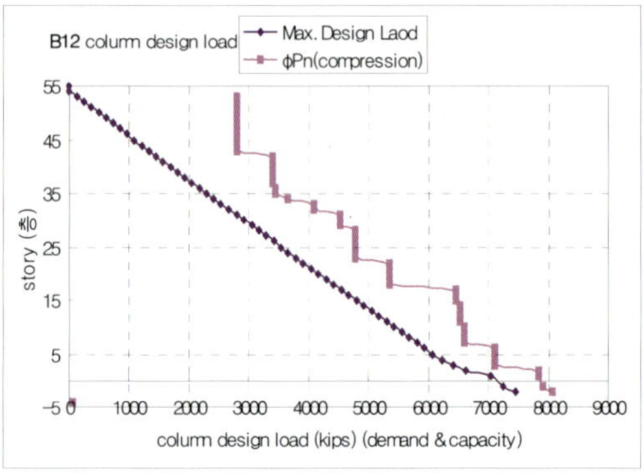
B12 column design load
Max. Design Laod
ϕPn(compression)
story (층)
55
45
35
25
15
5
-5
0
1000
2000
3000
4000
5000
6000
7000
8000
9000
column design load (kips) (demand & capacity)

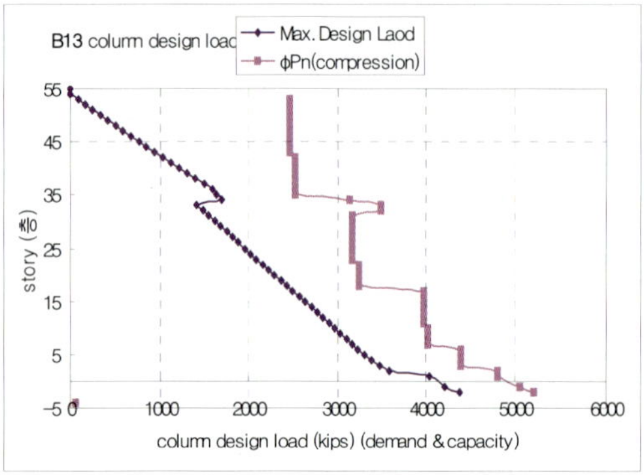
B13 column design loac
Max. Design Laod
ϕPn(compression)
story (층)
55
45
35
25
15
5
-5
0
1000
2000
3000
4000
5000
6000
column design load (kips) (demand & capacity)

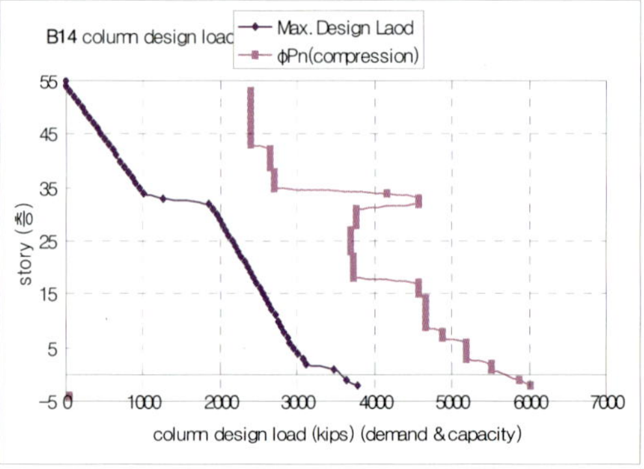
B14 column design loac
Max. Design Laod
ϕPn(compression)
story (층)
55
45
35
25
15
5
-5
0
1000
2000
3000
4000
5000
6000
7000
column design load (kips) (demand & capacity)

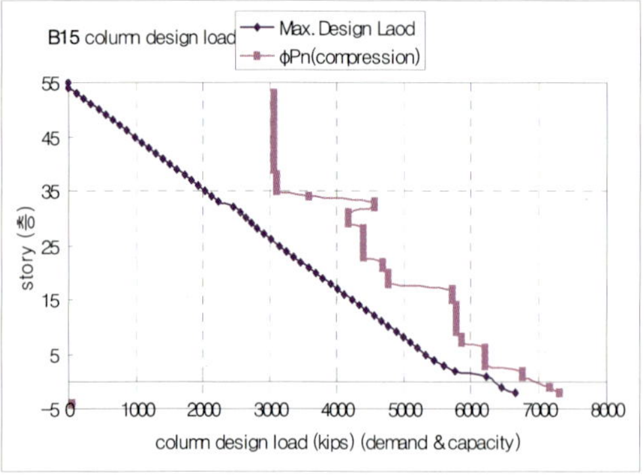
B15 column design load
Max. Design Laod
ϕPn(compression)
story (층)
55
45
35
25
15
5
-5
0
1000
2000
3000
4000
5000
6000
7000
8000
column design load (kips) (demand & capacity)

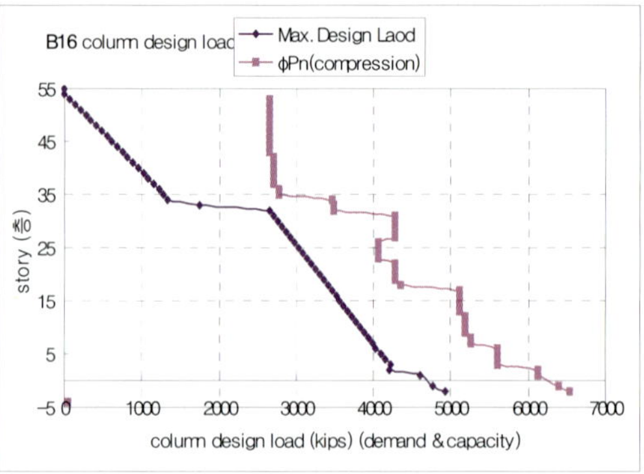
B16 column design loac
Max. Design Laod
ϕPn(compression)
story (층)
55
45
35
25
15
5
-5
0
1000
2000
3000
4000
5000
6000
7000
column design load (kips) (demand & capacity)

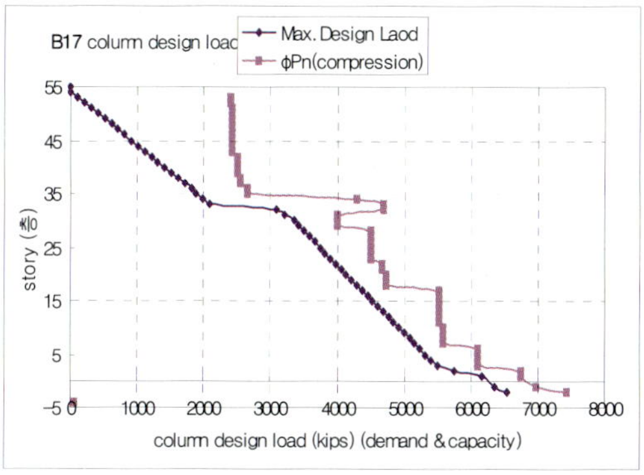
B17 column design load
Max. Design Laod
ϕPn(compression)
story (층)
column design load (kips) (demand & capacity)

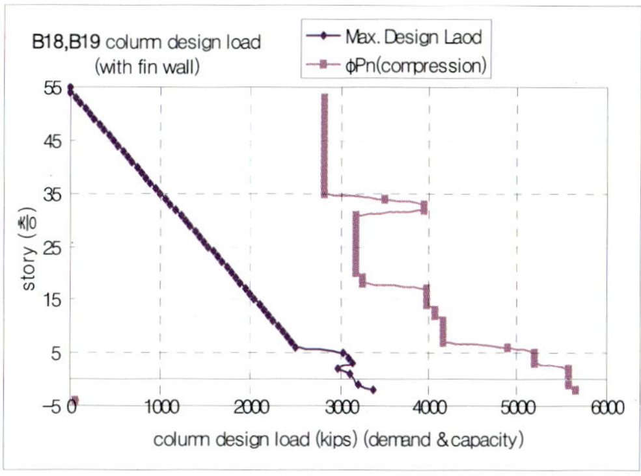
B18,B19 column design load
(with fin wall)
Max. Design Laod
ϕPn(compression)
story (층)
column design load (kips) (demand & capacity)

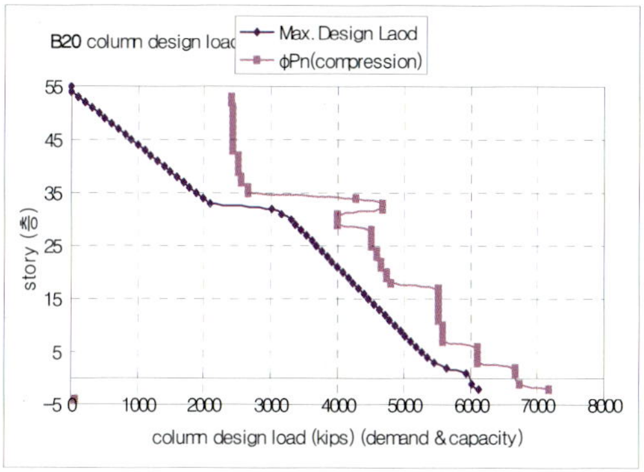
B20 column design load
Max. Design Laod
ϕPn(compression)
story (층)
column design load (kips) (demand & capacity)

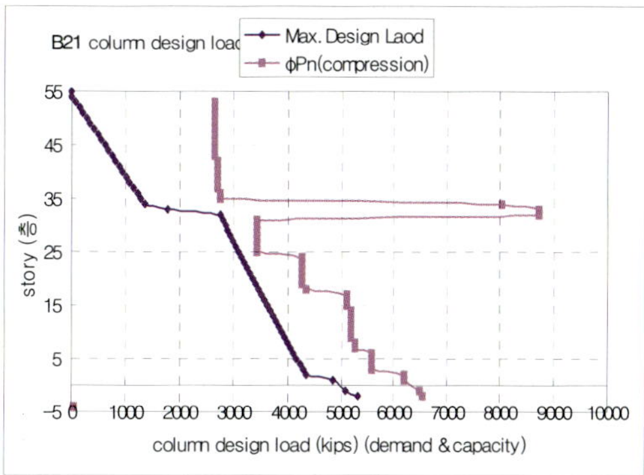
B21 column design load
Max. Design Laod
ϕPn(compression)
story (층)
column design load (kips) (demand & capacity)

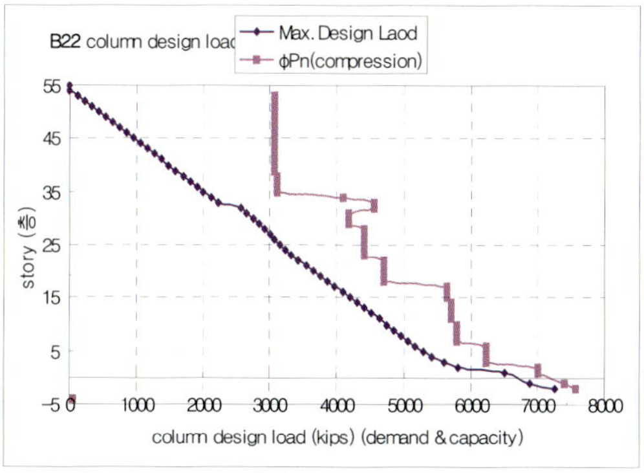
B22 column design load
Max. Design Laod
ϕPn(compression)
story (층)
column design load (kips) (demand & capacity)

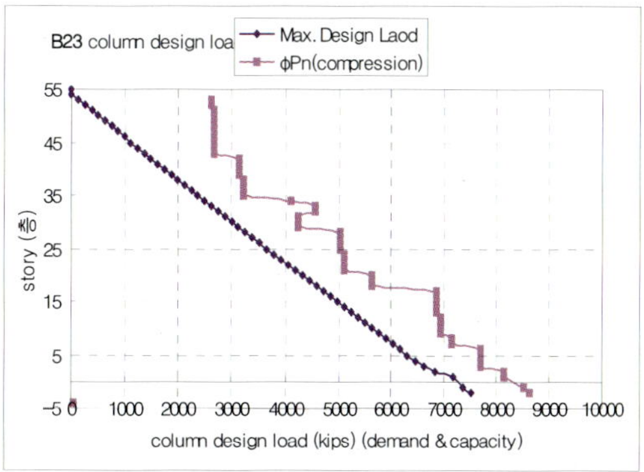
B23 column design loa
Max. Design Laod
ϕPn(compression)
story (층)
column design load (kips) (demand & capacity)

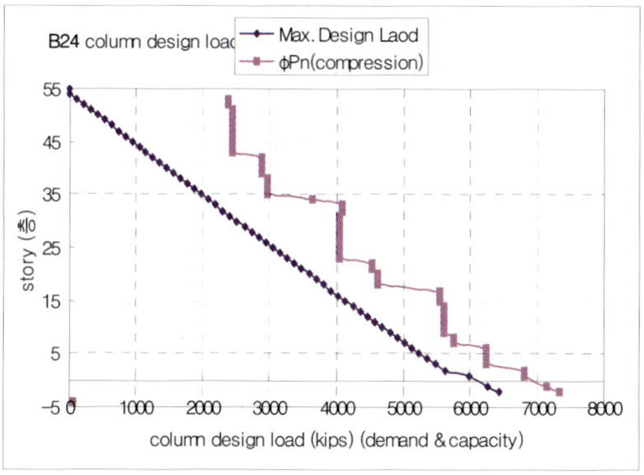
B24 column design load
Max. Design Laod
ϕPn(compression)
story (층)
column design load (kips) (demand & capacity)

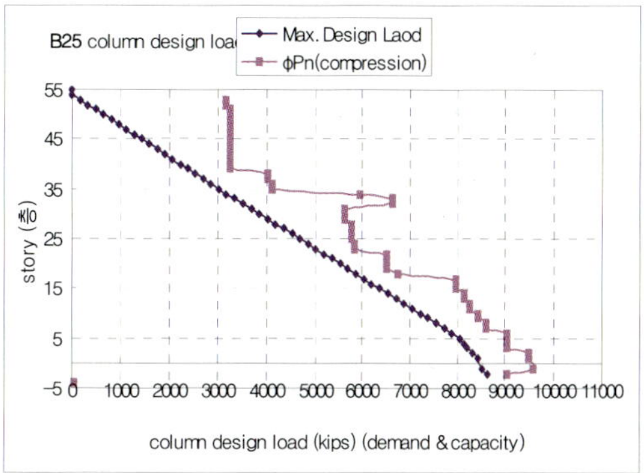
B25 column design loa
Max. Design Laod
ϕPn(compression)
story (층)
column design load (kips) (demand & capacity)

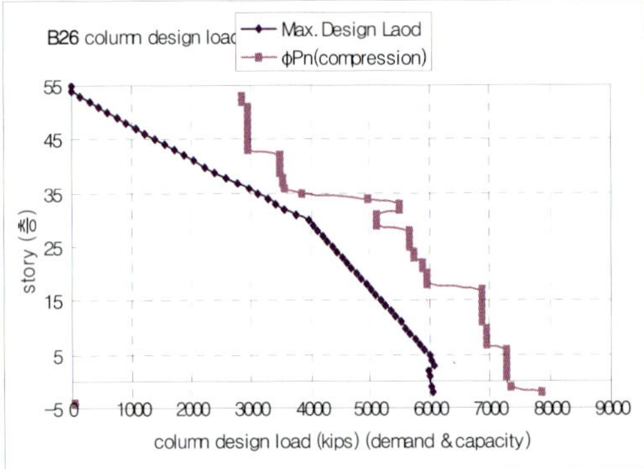

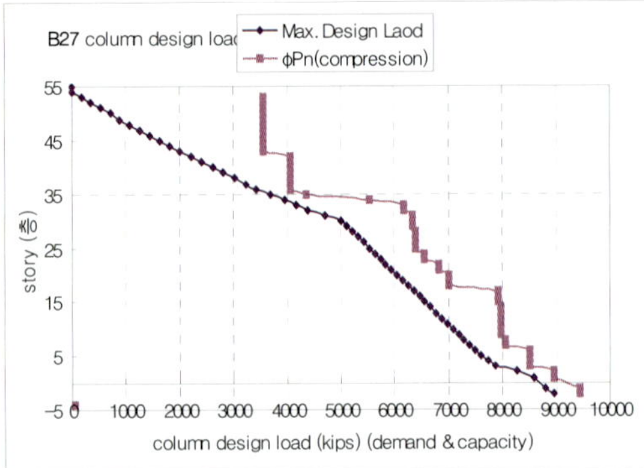

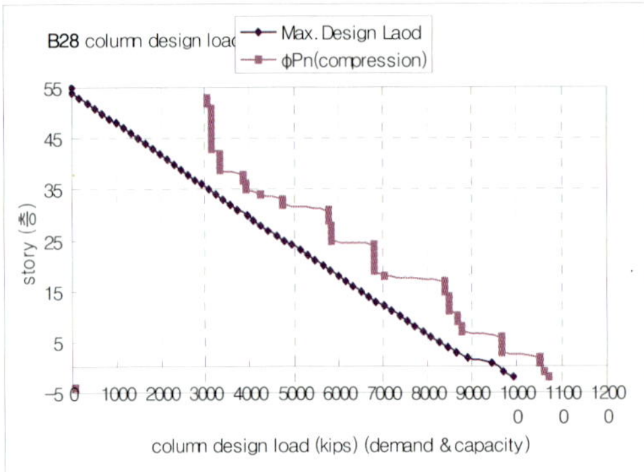

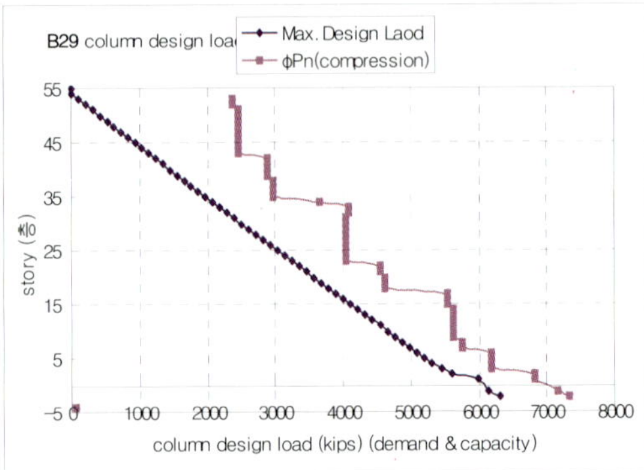

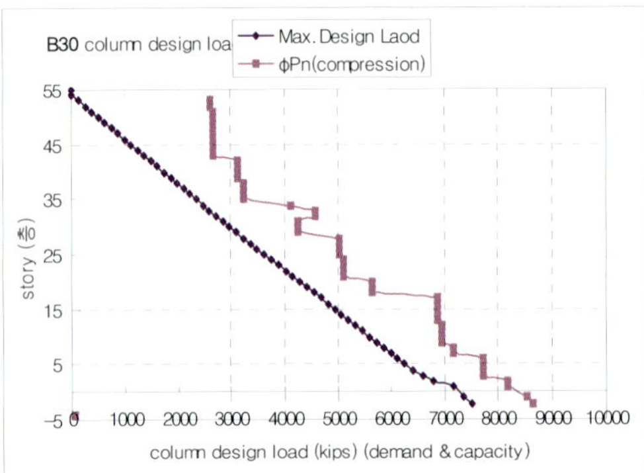

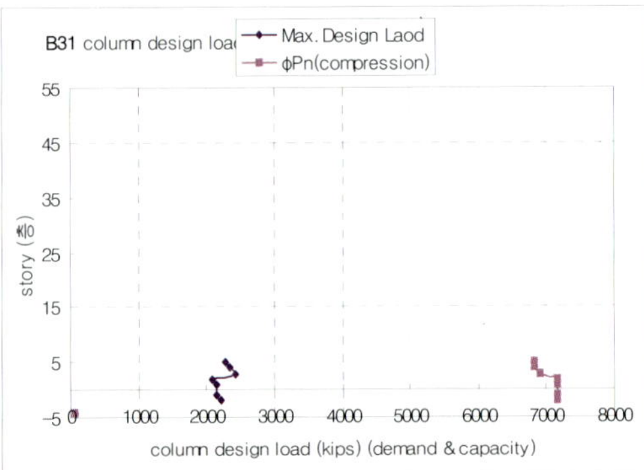

타워 103 기둥 설계 응력									*negative=tension			
기둥	level	column size (㎜)	re-bar	service total red'd load (kgf)	ultimate comb.1 (kgf)	ultimate comb.2 (kgf)	wind uplift comb. (kgf)	max design load (kips) *1kip≃453.6kgf	φ Pn (kips) comp.	φ Pn (kips) tens.	% of capacity	비고
C1	ROOF	600×600	12-HD19	22611	27366	24991	9331	60	2653	270	2.3%	
	BELT층	750×750	24-HD32	745173	541073	872423	-195563	1923	4583	1950	42.0%	
	10F	750×750	16-HD25	1111080	1058436	1263019	77797	2784	4674	647	59.6%	
	B4F	900×900	20-HD29	1620912	1808163	1819752	446868	4012	6027	1280	66.6%	
C2	ROOF	450×1400	12-HD22	26737	35863	29074	15524	79	2526	369	3.1%	
	BELT층	500×1400	12-HD32	523130	693419	567828	298734	1529	3503	975	43.6%	
	10F	500×1400	14-HD25	972253	1344034	1045682	646286	2963	3987	566	74.3%	
	B4F	600×1400	18-HD29	1457471	2047164	1577629	945986	4513	5062	1152	89.2%	

C3	ROOF	500×1400	14-HD19	38020	49367	41558	19658	**109**	2752	315	4.0%	
	BELT층	600×1400	14-HD32	929234	956244	1046992	145286	**2308**	4185	1138	55.2%	
	10F	650×1400	18-HD25	1520321	1873721	1666121	687108	**4131**	5178	728	79.8%	
	B4F	750×1400	24-HD29	2056144	2671296	2250278	1048248	**5889**	6382	1536	92.3%	
C4	ROOF	500×500	12-HD19	21856	27081	24150	9486	**60**	2396	270	2.5%	
	BELT층	750×750	36-HD32	740416	545067	867516	-180747	**1913**	5148	2926	37.1%	
	10F	800×800	16-HD25	1110706	1079606	1262470	105880	**2783**	4976	647	55.9%	
	B4F	900×900	24-HD32	1714606	2034089	1923801	545344	**4484**	6409	1950	70.0%	
C5	ROOF	500×1400	12-HD25	37268	51622	40274	23946	**114**	2850	485	4.0%	
	BELT층	600×1400	26-HD32	920138	1007385	1028419	243136	**2267**	4750	2113	47.7%	
	10F	700×1400	16-HD29	1623684	1987518	1781948	729753	**4382**	5724	1024	76.6%	
	B4F	800×1400	20-HD32	2183865	2789966	2395330	1072409	**6151**	6801	1625	90.4%	
C6	ROOF	400×1400	12-HD22	36129	40788	40298	11376	**90**	2269	369	4.0%	
	BELT층	450×1400	22-HD32	710444	645318	815151	-7596	**1797**	3681	1788	48.8%	
	10F	500×1400	12-HD25	1137897	1249378	1273522	287992	**2808**	3942	485	71.2%	
	B4F	600×1400	18-HD29	1690615	2073421	1884198	623791	**4571**	5062	1152	90.3%	
C7	ROOF	400×1400	12-HD19	20026	28723	21542	14248	**63**	2212	270	2.9%	
	BELT층	450×1400	18-HD32	588629	564755	670297	52633	**1478**	3492	1463	42.3%	
	10F	450×1400	16-HD22	970165	1091185	1080448	310661	**2406**	3578	491	67.2%	
	B4F	550×1400	20-HD25	1332171	1628511	1472908	565356	**3590**	4489	809	80.0%	
C8	ROOF	450×1400	14-HD22	25098	35855	26891	18609	**79**	2561	430	3.1%	with fin wall
	BELT층	500×1400	38-HD22	466090	663299	497474	349771	**1462**	3602	1167	40.6%	
	10F	500×1400	14-HD25	914824	1299958	974969	692769	**2866**	3987	566	71.9%	
	B4F	650×1400	18-HD29	2029486	2174473	2278091	515864	**5022**	5429	1152	92.5%	
C9	ROOF	400×1400	12-HD19	21025	30126	22595	15122	**66**	2212	270	3.0%	
	BELT층	450×1400	18-HD32	591258	583787	670035	84969	**1477**	3492	1463	42.3%	
	10F	450×1400	16-HD22	984031	1129427	1090964	360248	**2490**	3578	491	69.6%	
	B4F	550×1400	16-HD29	1411987	1741982	1561645	614575	**3840**	4695	1152	81.8%	
C10	ROOF	400×1400	12-HD22	35800	41197	39832	11674	**91**	2269	369	4.0%	
	BELT층	450×1400	22-HD32	799146	786302	905465	107588	**1996**	3681	1788	54.2%	
	10F	500×1400	16-HD29	1327304	1532021	1469367	493472	**3378**	4255	1024	79.4%	
	B4F	750×1400	22-HD29	2102044	2679266	2329218	944712	**5907**	6310	1408	93.6%	
C11	ROOF	500×1400	12-HD22	37402	51640	40430	23956	**114**	2783	369	4.1%	
	BELT층	600×1400	26-HD32	916131	1004755	1023502	231584	**2256**	4750	2113	47.5%	
	10F	700×1400	16-HD29	1618909	1982843	1776180	717425	**4371**	5724	1024	76.4%	
	B4F	800×1400	22-HD32	2395810	3107898	2635751	1160936	**6852**	6893	1788	99.4%	
C12	ROOF	500×500	12-HD19	20752	23689	22875	7049	**52**	2396	270	2.2%	
	BELT층	750×750	36-HD32	710690	474397	837781	-240952	**1847**	5148	2926	35.9%	
	10F	750×750	14-HD25	1039592	938591	1188582	8783	**2620**	4630	566	56.6%	
	B4F	900×900	20-HD29	1786764	2049647	2019985	439360	**4519**	6027	1280	75.0%	
C13	ROOF	400×1400	14-HD19	26857	37816	28977	17908	**83**	2238	315	3.7%	
	BELT층	450×1400	14-HD32	623016	729418	689764	222191	**1608**	3304	1138	48.7%	
	10F	450×1400	16-HD29	1099188	1413715	1197019	579254	**3117**	3888	1024	80.2%	
	B4F	600×1400	20-HD29	1621285	2168423	1768182	905433	**4781**	5135	1280	93.1%	
C14	ROOF	400×1400	14-HD22	32617	44210	35412	19255	**97**	2304	430	4.2%	
	BELT층	500×1400	12-HD32	647347	852289	703219	355830	**1879**	3503	975	53.6%	
	10F	550×1400	16-HD25	1218398	1672802	1311444	785010	**3688**	4399	647	83.8%	
	B4F	700×1400	16-HD32	1778092	2449184	1927900	1090670	**5400**	5881	1300	91.8%	
C15	ROOF	600×600	12-HD19	24496	30352	26979	10965	**67**	2653	270	2.5%	
	BELT층	750×750	24-HD32	804412	600321	939704	-193976	**2072**	4583	1950	45.2%	
	10F	800×800	16-HD25	1213523	1179748	1376496	110616	**3035**	4976	647	61.0%	
	B4F	900×900	20-HD32	1750581	1997273	1957416	511204	**4403**	6224	1625	70.8%	
C16	ROOF	450×1400	14-HD22	35181	46441	38372	19020	**102**	2561	430	4.0%	
	BELT층	550×1400	22-HD32	960159	900522	1095234	-7957	**2415**	4268	1788	56.6%	
	10F	650×1400	16-HD29	1589608	1776724	1769779	423057	**3917**	5357	1024	73.1%	
	B4F	750×1500	18-HD29	2120821	2547708	2349334	764657	**5617**	6557	1152	85.7%	
C17	ROOF	600×600	12-HD22	19770	23818	21833	8292	**53**	2709	369	1.9%	
	BELT층	1300×1300	60-HD32	824670	503044	978502	-385989	**2157**	10088	4876	21.4%	
	10F	750×750	16-HD25	1144535	959257	1319062	-137617	**2908**	4674	647	62.2%	
	B4F	900×900	16-HD29	1680634	1776470	1900022	260748	**4189**	5881	1024	71.2%	
C18	ROOF	400×1400	14-HD19	26030	35530	28163	16519	**78**	2238	315	3.5%	
	BELT층	750×1400	44-HD32	908688	685475	1059464	-232371	**2336**	6480	3576	36.0%	
	10F	550×1400	18-HD29	1406659	1341507	1597673	66641	**3522**	4695	1152	75.0%	
	B4F	700×1200	22-HD29	1953694	2007715	2210730	241446	**4874**	5208	1408	93.6%	

C19	ROOF	500×1200	14-HD22	-	27060	-	-	**60**	2451	430	**2.5%**	with fin wall
	BELT층	600×1200	18-HD22	-	510210	-	-	**1125**	3336	553	**33.7%**	
	10F	500×1200	14-HD25	-	978665	-	-	**2158**	3462	566	**62.3%**	
	B4F	700×1400	20-HD32	1716709	1594695	1965299	-39481	**4333**	6066	1625	**71.4%**	
C20	ROOF	500×1200	14-HD22	-	23917	-	-	**53**	2451	430	**2.2%**	with fin wall
	BELT층	600×1200	18-HD22	-	453414	-	-	**1000**	3336	553	**30.0%**	
	10F	500×1200	14-HD25	-	867180	-	-	**1912**	3462	566	**55.2%**	
	B4F	700×1400	20-HD32	1791451	1549066	2069629	-235456	**4563**	6066	1625	**75.2%**	
C21	ROOF	500×1200	16-HD19	35954	50128	38817	23395	**111**	2411	360	**4.6%**	
	BELT층	800×1200	28-HD32	1068231	975369	1221980	-58164	**2694**	5348	2275	**50.4%**	
	10F	700×1200	24-HD32	1756583	1912299	1962726	379790	**4327**	5517	1950	**78.4%**	
	B4F	950×1200	24-HD32	2446539	2861956	2724525	737824	**6310**	7091	1950	**89.0%**	
C22	ROOF	600×600	12-HD22	24673	32317	26931	13200	**71**	2709	369	**2.6%**	
	BELT층	1300×1300	60-HD32	930997	667080	1091209	-314339	**2406**	10088	4876	**23.8%**	
	10F	800×800	16-HD29	1368045	1286541	1557904	9823	**3435**	5199	1024	**66.1%**	
	B4F	950×950	24-HD29	1994317	2210795	2243928	415078	**4947**	6553	1536	**75.5%**	
C23	ROOF	500×1400	14-HD22	39732	55155	42890	25626	**122**	2818	430	**4.3%**	
	BELT층	600×1400	16-HD32	997812	1067800	1118549	213518	**2466**	4279	1300	**57.6%**	
	10F	700×1400	18-HD29	1731160	2098890	1902591	733533	**4627**	5797	1152	**79.8%**	
	B4F	1000×1200	26-HD29	2368161	3054080	2594325	1181776	**6733**	7242	1664	**93.0%**	
C24	ROOF	650×1300	16-HD22	43734	62709	47032	29963	**138**	3386	491	**4.1%**	
	BELT층	800×1300	14-HD32	935651	1217055	1017110	493008	**2683**	5024	1138	**53.4%**	
	10F	850×1300	18-HD29	1803112	2399897	1949340	1043120	**5291**	6452	1152	**82.0%**	
	B4F	950×1400	22-HD32	2441308	3278920	2648442	1399313	**7229**	7995	1788	**90.4%**	
C25	ROOF	500×1200	12-HD22	28396	40802	30602	19300	**90**	2416	369	**3.7%**	
	BELT층	650×1200	10-HD32	672820	787573	744516	230734	**1736**	3745	813	**46.4%**	
	10F	650×1200	16-HD25	1276251	1551858	1401696	531435	**3421**	4452	647	**76.9%**	
	B4F	700×1200	24-HD29	1694112	2157098	1853593	814381	**4756**	5281	1536	**90.1%**	
C26	ROOF	600×1400	16-HD19	49882	71508	53631	34073	**158**	3292	360	**4.8%**	
	BELT층	750×1400	14-HD32	1151524	1385731	1268179	456112	**3055**	5066	1138	**60.3%**	
	10F	900×1400	22-HD29	2200355	2750645	2404988	1031678	**6064**	7411	1408	**81.8%**	
	B4F	950×1600	24-HD32	2923198	3761785	3195736	1453761	**8293**	9084	1950	**91.3%**	
C27	ROOF	550×1400	16-HD25	46210	53020	51567	14324	**117**	3200	647	**3.7%**	
	BELT층	700×1400	18-HD32	980747	1023823	1102685	182427	**2431**	4961	1463	**49.0%**	
	10F	700×1400	20-HD29	1732188	2019565	1914448	619272	**4452**	5869	1280	**75.9%**	
	B4F	900×1400	26-HD29	2296652	2779476	2534560	914887	**6128**	7557	1664	**81.1%**	
C28	ROOF	550×1400	18-HD25	44195	53166	48978	16954	**117**	3247	728	**3.6%**	
	BELT층	700×1400	18-HD32	935223	1026669	1044233	250710	**2302**	4961	1463	**46.4%**	
	10F	700×1400	20-HD29	1692077	2025093	1862511	689030	**4465**	5869	1280	**76.1%**	
	B4F	900×1400	26-HD29	2226390	2749006	2448600	977926	**6061**	7557	1664	**80.2%**	
C29	ROOF	900×900	16-HD22	44683	64076	48057	30536	**141**	3257	491	**4.3%**	
	BELT층	1000×1000	14-HD32	1024146	1239468	1126919	406766	**2733**	4856	1138	**56.3%**	
	10F	1000×1100	24-HD29	1947651	2448256	2126948	918865	**5397**	6645	1536	**81.2%**	
	B4F	1100×1200	26-HD32	2606217	3376883	2846878	1309413	**7445**	8127	2113	**91.6%**	
C30	ROOF	500×1400	14-HD22	38203	48267	41919	18242	**106**	2818	430	**3.8%**	
	BELT층	600×1400	18-HD32	929104	918043	1052071	93894	**2319**	4373	1463	**53.0%**	
	10F	600×1400	18-HD29	1430171	1800528	1561265	706358	**3969**	5062	1152	**78.4%**	
	B4F	750×1400	20-HD29	1853855	2452227	2014883	1046784	**5406**	6237	1280	**86.7%**	
C31	ROOF	550×1400	14-HD22	41329	59285	44464	28221	**131**	3075	430	**4.3%**	
	BELT층	750×1400	14-HD32	1028517	1148313	1145687	257698	**2532**	5066	1138	**50.0%**	
	10F	750×1400	20-HD29	1914840	2263611	2112053	679026	**4990**	6237	1280	**80.0%**	
	B4F	900×1400	24-HD32	2560557	3101415	2825397	968986	**6837**	7720	1950	**88.6%**	
C32	-	-	-	-	-	-	-	-	-	-	-	4층 바닥 까지만 형성됨.
	-	-	-	-	-	-	-	-	-	-	-	
	4F PIT	800×1400	26-HD25	2145091	2525948	2359021	813740	**5569**	6460	1051	**86.2%**	
	B4F	800×1500	36-HD29	-	-	-	-	-	-	-	-	

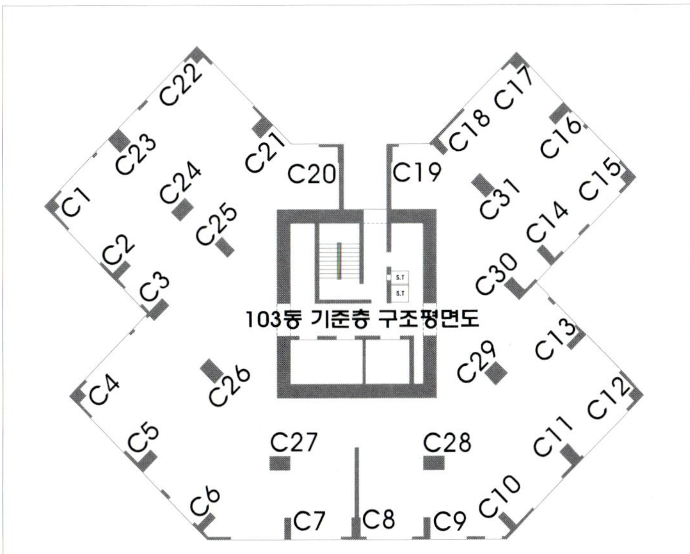
103동 기준층 구조평면도
C1
C2
C3
C4
C5
C6
C7
C8
C9
C10
C11
C12
C13
C14
C15
C16
C17
C18
C19
C20
C21
C22
C23
C24
C25
C26
C27
C28
C29
C30
C31

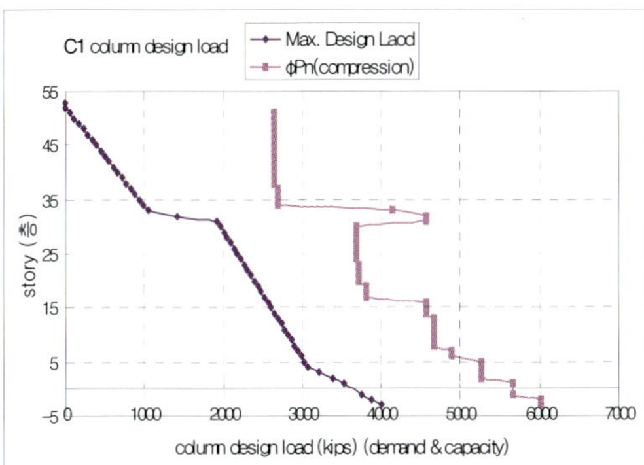
C1 column design load
Max. Design Laod
φPn(compression)
story (층)
column design load (kips) (demand & capacity)

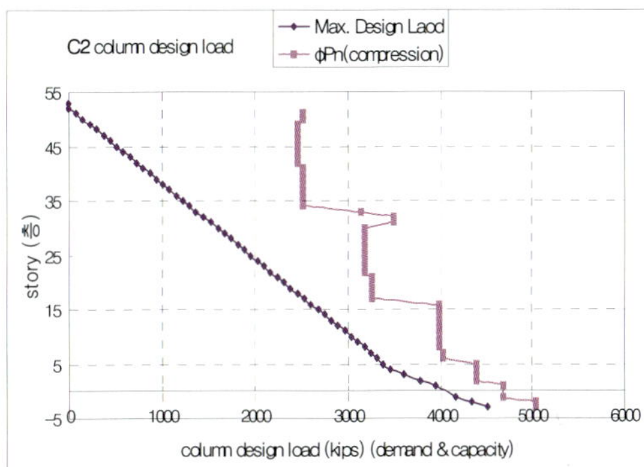
C2 column design load
Max. Design Laod
φPn(compression)
story (층)
column design load (kips) (demand & capacity)

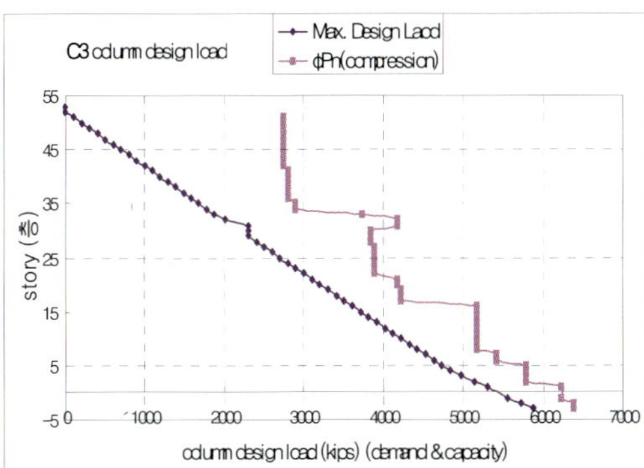
C3 column design load
Max. Design Laod
φPn(compression)
story (층)
column design load (kips) (demand & capacity)

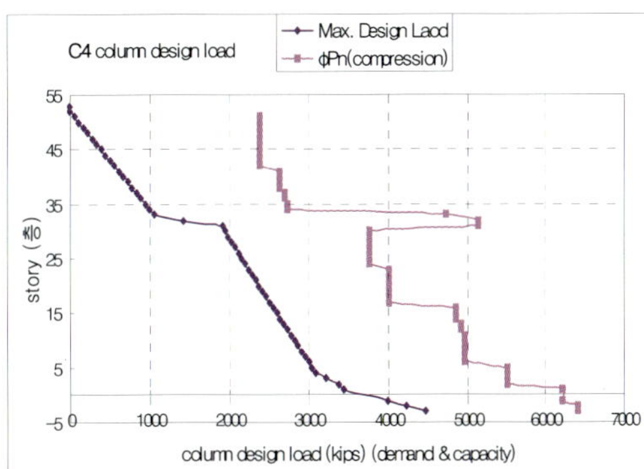
C4 column design load
Max. Design Laod
φPn(compression)
story (층)
column design load (kips) (demand & capacity)

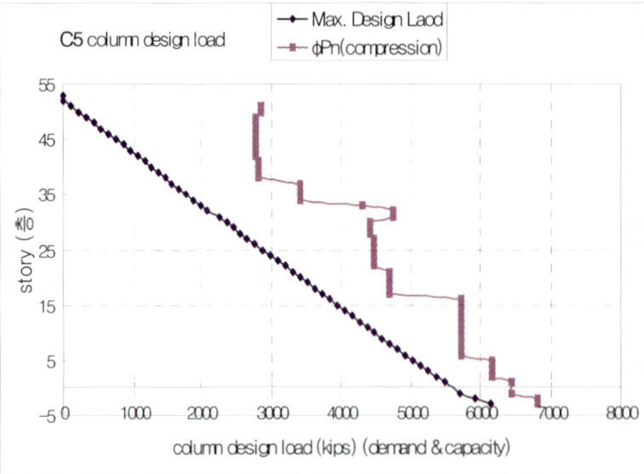
C5 column design load
Max. Design Load
ϕPn(compression)
story (층)
column design load (kips) (demand & capacity)

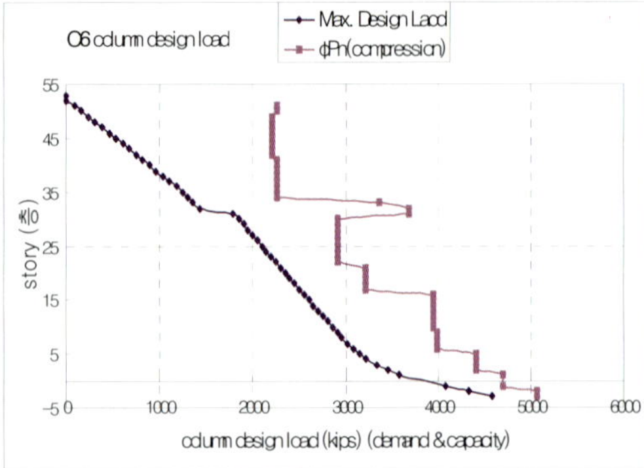
C6 column design load
Max. Design Load
ϕPn(compression)
story (층)
column design load (kips) (demand & capacity)

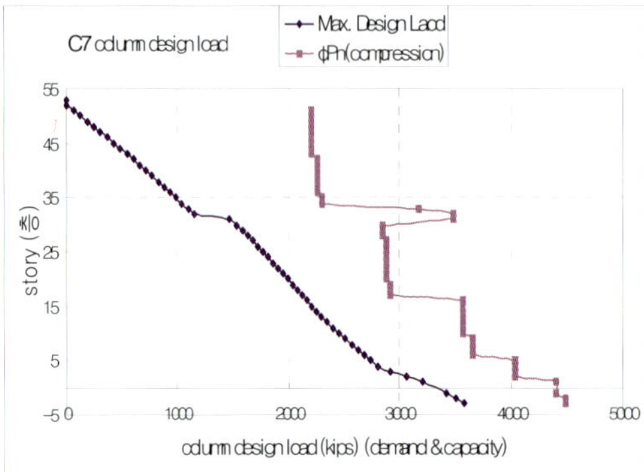
C7 column design load
Max. Design Load
ϕPn(compression)
story (층)
column design load (kips) (demand & capacity)

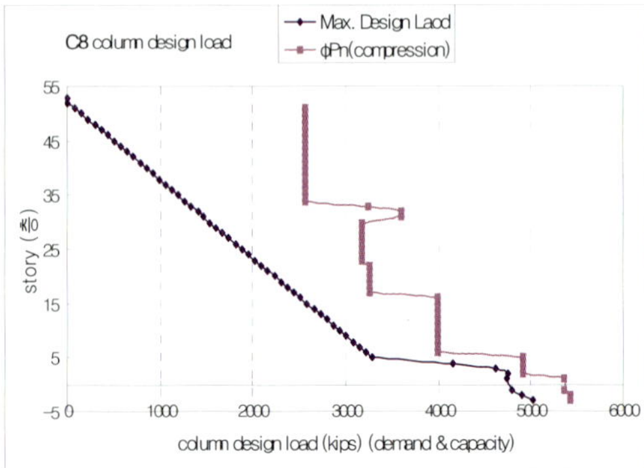
C8 column design load
Max. Design Load
ϕPn(compression)
story (층)
column design load (kips) (demand & capacity)

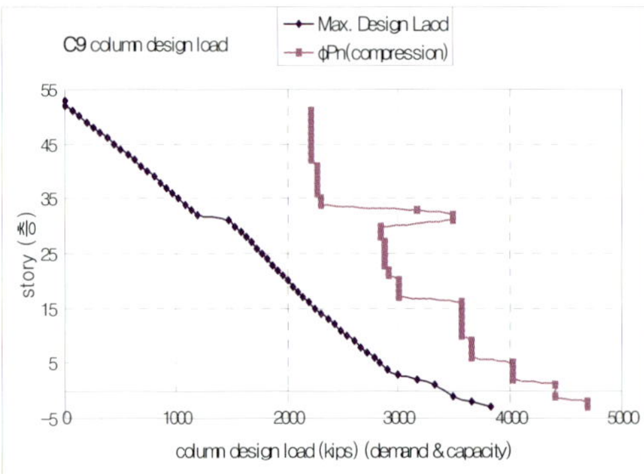
C9 column design load
Max. Design Load
ϕPn(compression)
story (층)
column design load (kips) (demand & capacity)

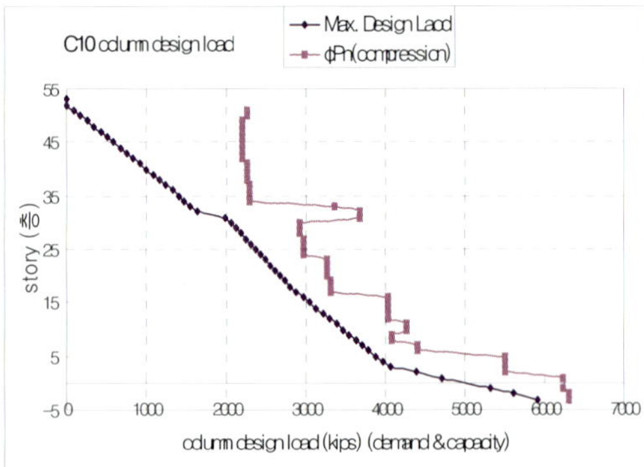
C10 column design load
Max. Design Load
ϕPn(compression)
story (층)
column design load (kips) (demand & capacity)

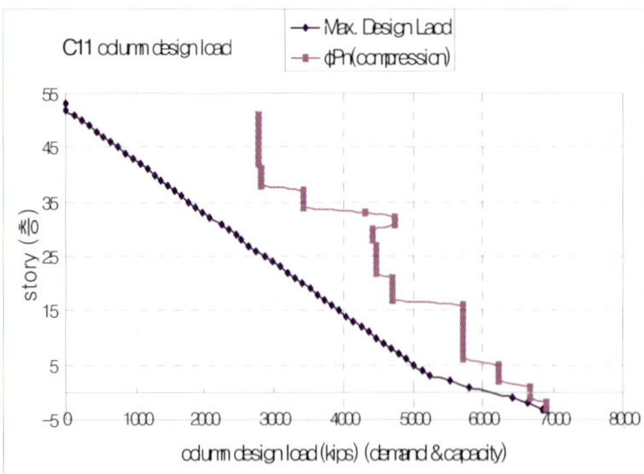
C11 column design load
Max. Design Load
ϕPn(compression)
story (층)
column design load (kips) (demand & capacity)

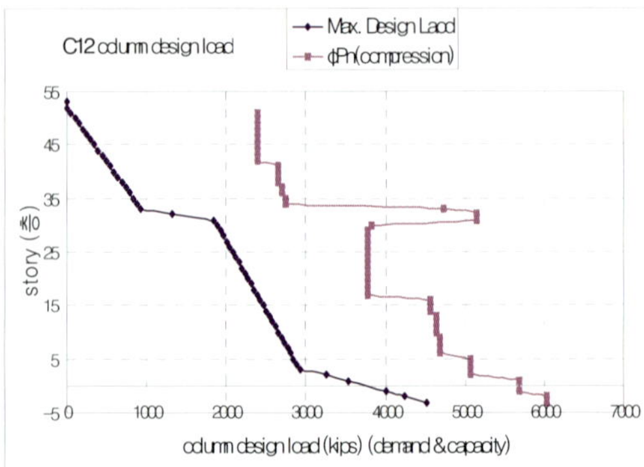
C12 column design load
Max. Design Load
ϕPn(compression)
story (층)
column design load (kips) (demand & capacity)

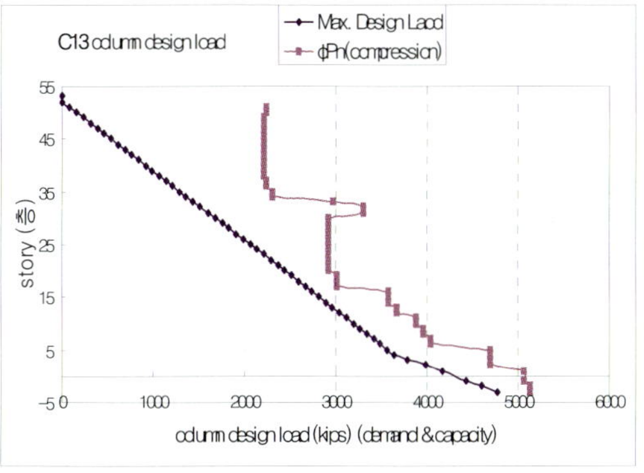
C13 column design load
Max. Design Laod
ϕPn(compression)
story (층)
column design load (kips) (demand & capacity)

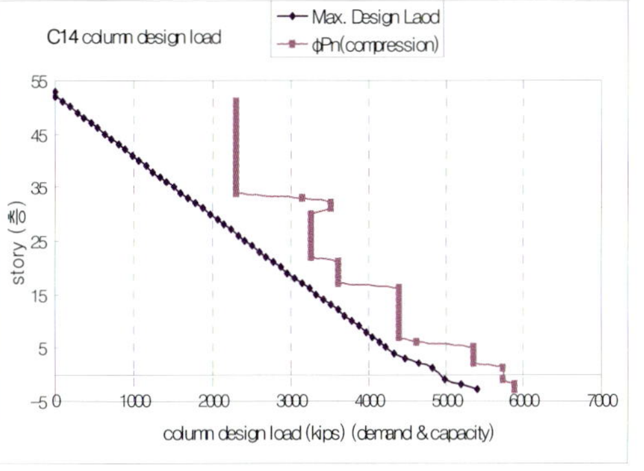
C14 column design load
Max. Design Laod
ϕPn(compression)
story (층)
column design load (kips) (demand & capacity)

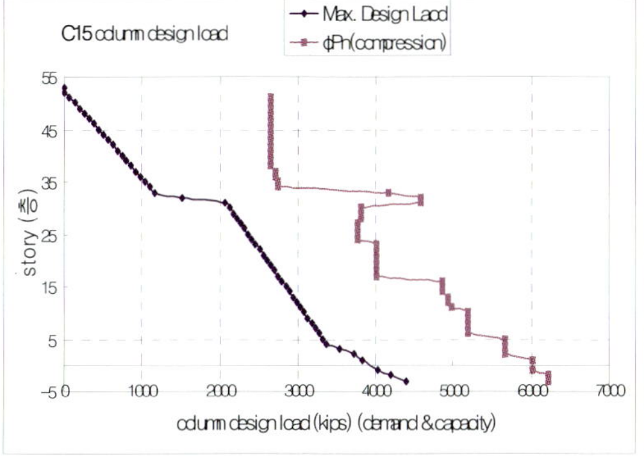
C15 column design load
Max. Design Laod
ϕPn(compression)
story (층)
column design load (kips) (demand & capacity)

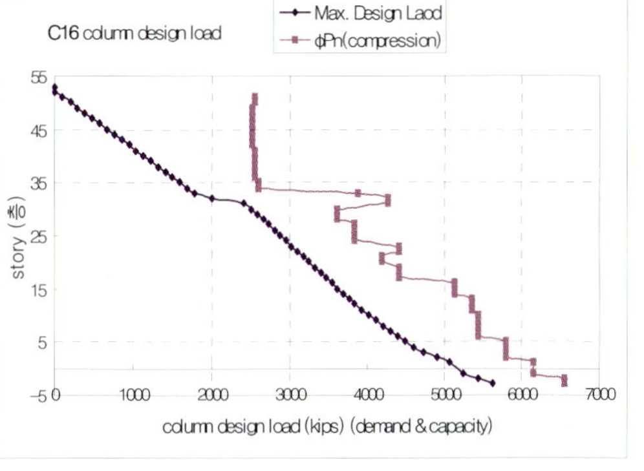
C16 column design load
Max. Design Laod
ϕPn(compression)
story (층)
column design load (kips) (demand & capacity)

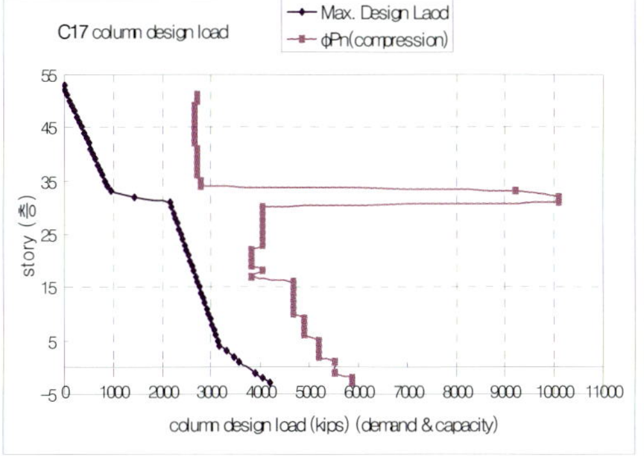
C17 column design load
Max. Design Laod
ϕPn(compression)
story (층)
column design load (kips) (demand & capacity)

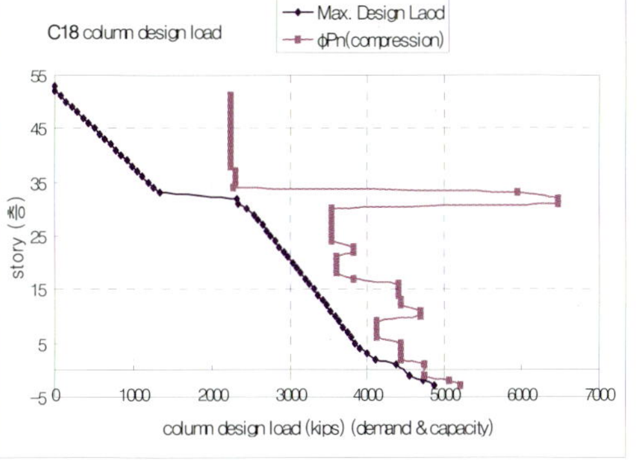
C18 column design load
Max. Design Laod
ϕPn(compression)
story (층)
column design load (kips) (demand & capacity)

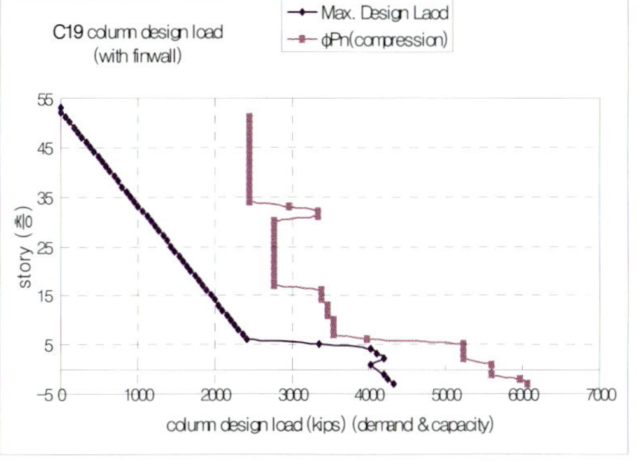
C19 column design load
(with finwall)
Max. Design Laod
ϕPn(compression)
story (층)
column design load (kips) (demand & capacity)

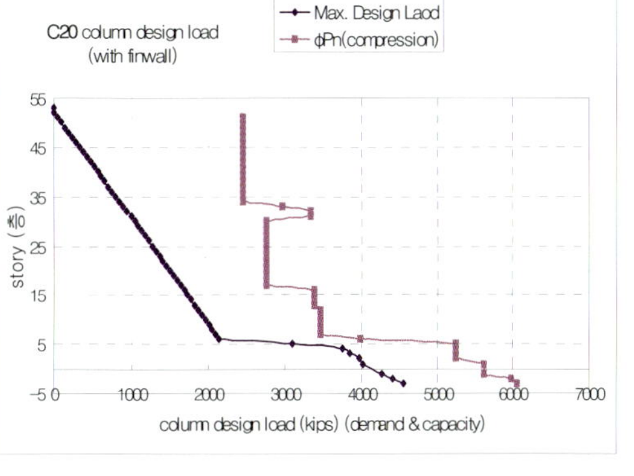
C20 column design load
(with finwall)
Max. Design Laod
ϕPn(compression)
story (층)
column design load (kips) (demand & capacity)

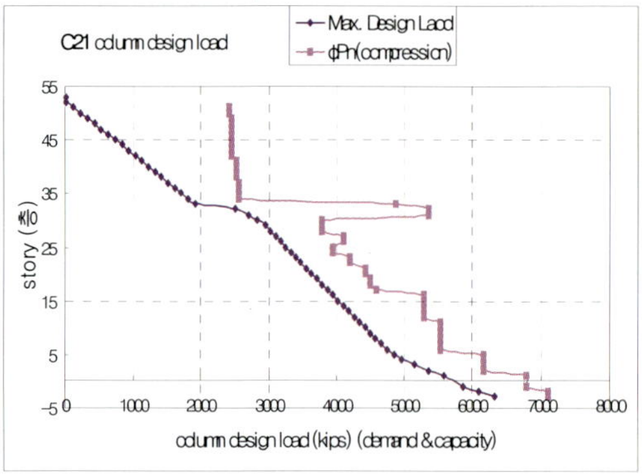
C21 column design load
Max. Design Laod
ϕPn(compression)
story (층)
column design load (kips) (demand & capacity)

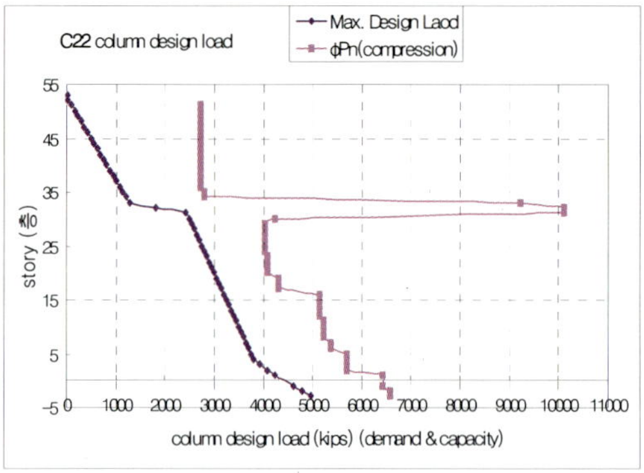
C22 column design load
Max. Design Laod
ϕPn(compression)
story (층)
column design load (kips) (demand & capacity)

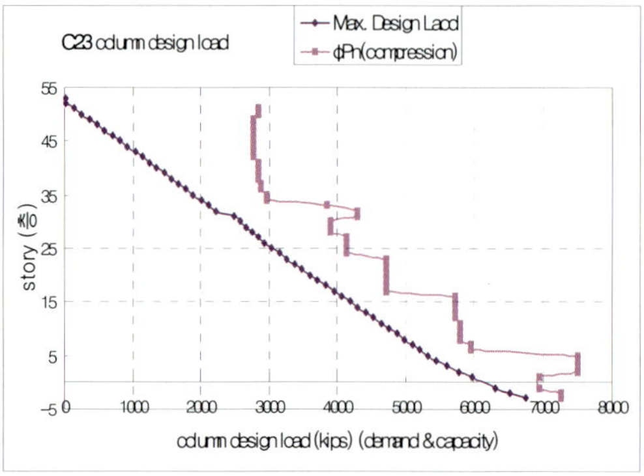
C23 column design load
Max. Design Laod
ϕPn(compression)
story (층)
column design load (kips) (demand & capacity)

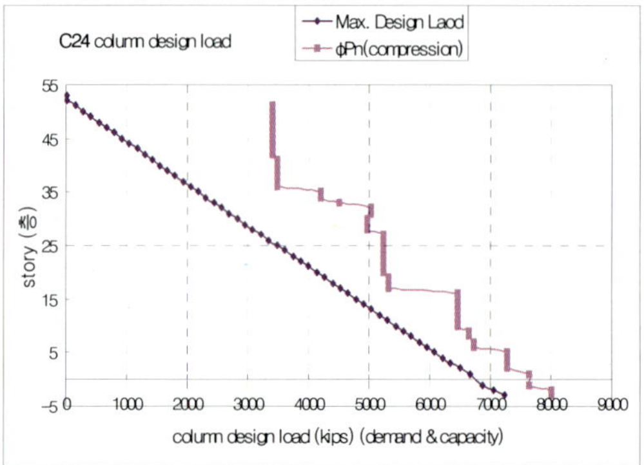
C24 column design load
Max. Design Laod
ϕPn(compression)
story (층)
column design load (kips) (demand & capacity)

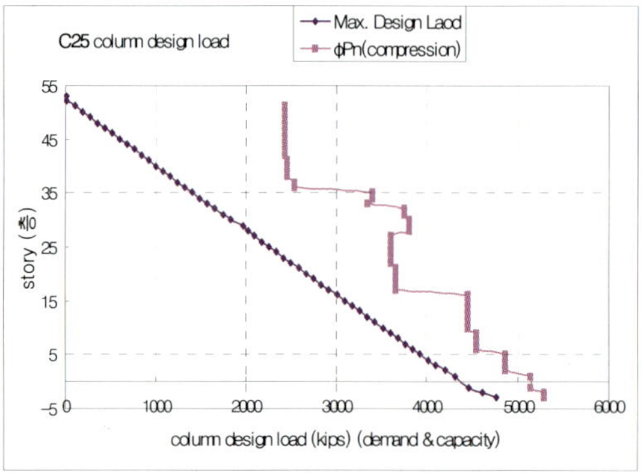
C25 column design load
Max. Design Laod
ϕPn(compression)
story (층)
column design load (kips) (demand & capacity)

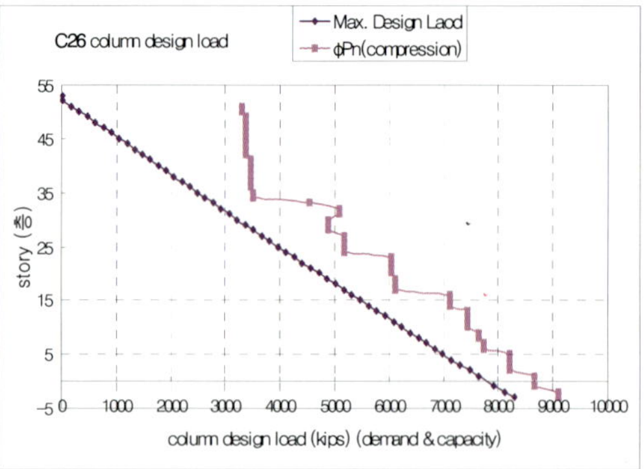
C26 column design load
Max. Design Laod
ϕPn(compression)
story (층)
column design load (kips) (demand & capacity)

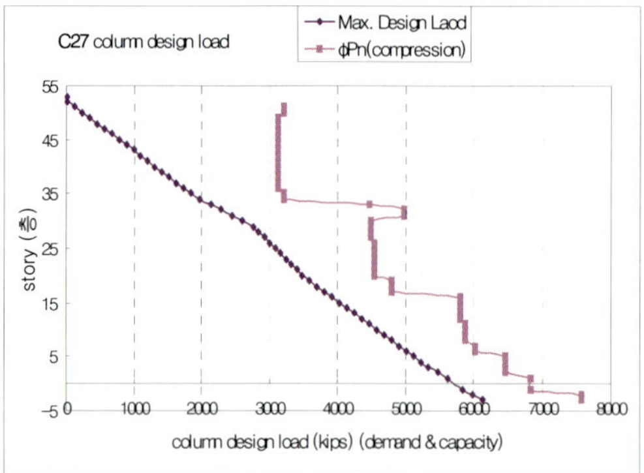
C27 column design load
Max. Design Laod
ϕPn(compression)
story (층)
column design load (kips) (demand & capacity)

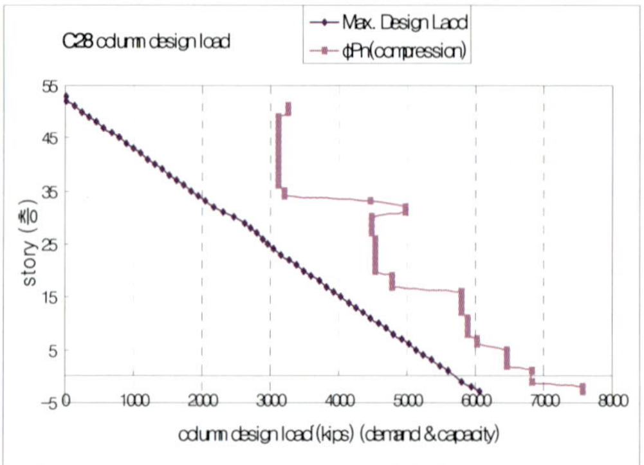
C28 column design load
Max. Design Laod
ϕPn(compression)
story (층)
column design load (kips) (demand & capacity)

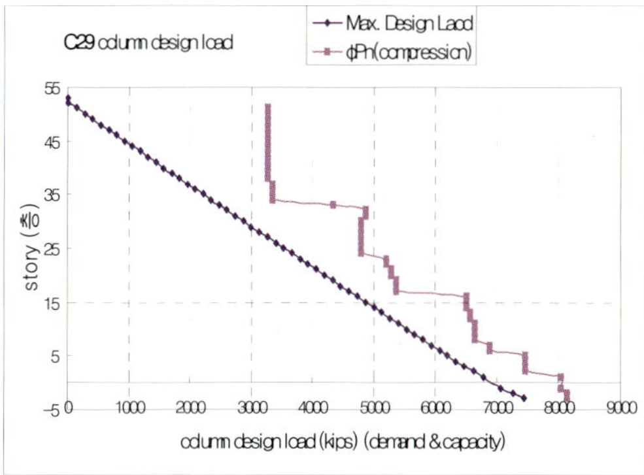

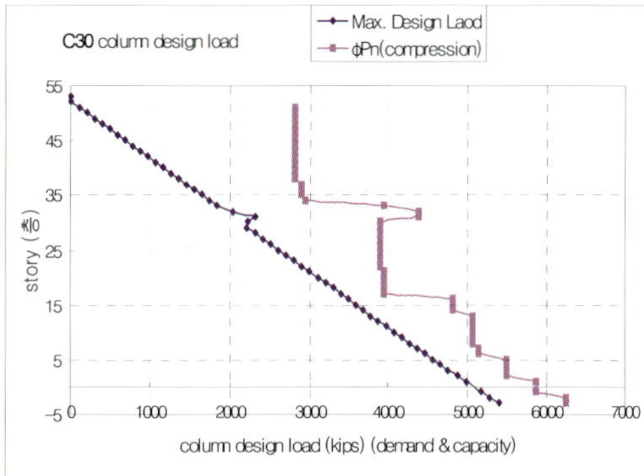

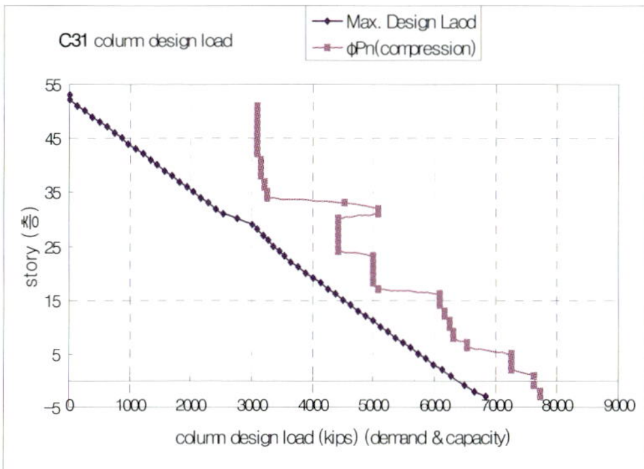

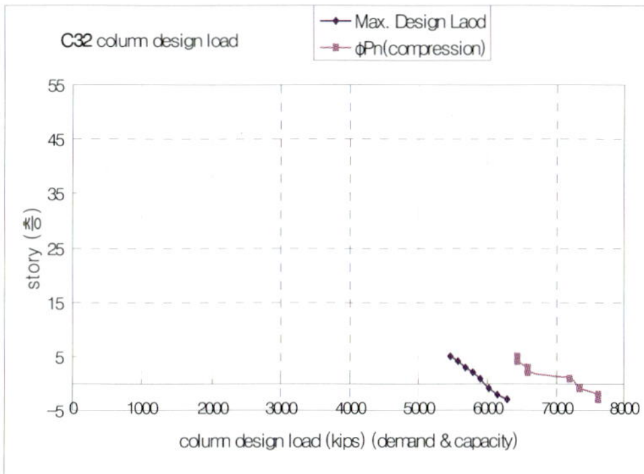

3.2.2 기둥축소(Column Shortening) 검토

I) 보정량 결정 및 적용

철근콘크리트 기둥의 보정량 결정은 완공 10년 후 기둥의 축소량에서 각 층의 시공 시 예상되는 축소량(이 값은 pre-installation shortening으로써 슬래브 타설시 자연적으로 보정되는 값)의 차이값을 계산한 결과(값"A"라고 칭함)를 정리하여 각층의 코아 벽체(core wall)의 축소량에서 값"A"를 비교하여 코아 벽체(core wall)와 기둥의 상대 차이값을 구한 후 그 값의 50% 수준(이론치보다 실제 축소량이 일반적으로 적게 나타나는 것을 고려함)에서 기둥축소(column shortening) 보정값을 정하는 것을 원칙으로 하였다.

계산 예> "B1" column shortening 계산 (roof에서 적용)

step-1. 완공 10년 후 total column shortening ≒ 175.4㎜

step-2. 354일 (5일 공정 적용 시 예상되는 시공시점) Column shortening

≒ 89.0㎜ (pre-installation shortening)

step-3. 완공 후 지붕 층에서 발생 예상되는 column shortening

≒ 175.4-89.0 = 86.4㎜

step-4. core wall의 shortening ≒ 46.1㎜

적용할 보정값 ≒ (86.4-46.1)×50% = 20.15㎜(20.0㎜적용)

※ core wall과 fin wall과 붙은 기둥은 shortening 보정을 고려하지 않음.

표 3. 기둥 축소량 보정값

	적용층수	타워 101	타워 102	타워 103	비고
		보정값	보정값	보정값	
1차 보정	15F	10㎜	10㎜ (일부기둥:5㎜)	15㎜	
2차 보정	25F	20㎜	15㎜ (일부기둥:10㎜)	20㎜	
3차 보정	35F	25㎜	20㎜ (일부기둥:15㎜)	25㎜	
4차 보정	45F	25㎜	20㎜ (일부기둥:15㎜)	25㎜	

ii) creep 및 shrinkage analysis

(creep and shrinkage prediction model for analysis and design of concrete structures model B3

- Report by ACI committee 209, creep and shrinkage in concrete 참조)

Model B3

$$\varepsilon(t) = J(t,t')\sigma + \varepsilon_{SH}(t,t_0)$$

t = time, representing the age of concrete, in days

t′ = age at loading, in days

t_0 = age when drying begins, in days (only $t_0 \le t'$ is considered)

J(t,t′) = compliance function = strain (creep plus elastic) at time t caused by a unit uniaxial constant stress applied at age t′ (always given in 10^{-6}/psi)

ε(t) = creep and shrinkage strain at time t

$\varepsilon_{SH}(t,t_0)$ = shrinkage strain at time t

σ = uniaxial stress

limitation

concrete strength : $2500 \le f'c \le 10000$psi

water/cement ratio : $0.3 \le w/c \le 0.85$

cement content of concrete : $10 \le c \le 45$ lb/ft^3

aggregate/cement ratio : $2.5 \le a/c \le 13.5$

Creep

$$J(t,t') = q_1 + C_0(t,t') + C_d(t,t',t_0)$$

q_1 = instantaneous strain due to stress = $1/E_0$

E_0 = asymptotic modulus = $1.5E_{28}$ ($E_{28} = 5700\sqrt{f_{ck}}$)

$C_0(t,t')$ = compliance function for basic creep only

$C_0(t,t') = q_2Q(t,t') + q_3\ln[1+(t-t')^n] + q_4\ln(t/t')$

$q_2 = 451.1c^{0.5}f'c^{-0.9}$; n = 0.1 ; m = 0.5

$q_3 = 0.29(w/c)^4q_2$; $q_4 = 0.14(a/c)^{-0.7}$

$Q(t,t') = Q_f(t')[1 + \{Q_f(t')/Z(t,t')\}^{r(t')}]^{-1/r(t')}$

여기서, $r(t') = 1.7(t')^{0.12} + 8$

$Z(t,t') = (t')^{-m}\ln[1+(t-t')^{n}]$

$Q_f(t') = [0.086(t')^{2/9} + 1.21(t')^{4/9}]^{-1}$

$C_d(t,t',t_0)$ = compliance function for additional creep due to drying

$C_d(t,t',t_0) = q_5[\exp\{-8H(t)\} - \exp\{-8H(t')\}]^{1/2}$, for $t' \geq t_0$

$q_5 = 7.57\times10^5 f'c^{-1} \mid \varepsilon_{SH\infty} \mid^{-0.6}$ (f'c단위:psi)

$H(t) = 1-(1-h)S(t)$: spatial average of pore relative humidity within the cross section

$S(t) = \tanh\sqrt{[(t-t_0)/\tau_{SH}]}$: time function for shrinkage

τ_{SH} = shrinkage half-time in days

h = relative humidity of the environment $(0 \leq h \leq 1.0)$

Shrinkage

$$\varepsilon_{SH}(t,t_0) = \varepsilon_{SH\infty}K_hS(t)$$

$\varepsilon_{SH\infty}$ = ultimate(final) shrinkage strain (always given in 10^{-6})

$S(t) = \tanh\sqrt{[(t-t_0)/\tau_{SH}]}$: time function for shrinkage

$\tau_{SH} = K_t(K_sD)^2$: shrinkage half-time in days

D = 2v/s : v/s=volume/surface ratio in inchs

K_s = 1.25 (rectangular column)

$K_t = 190.8t_0^{-0.08} f'c^{-1/4}$ DAY/in^2

$K_h = 1-h3$ for $h \leq 0.98$

$= -0.2$ for $h=1.0$

= linear interpolation for 0.98 〈h 〈1.0

$\varepsilon_{SH\infty} = \varepsilon_{S\infty}\,[E(607)/E(t_0+\tau_{SH})]$ $E(t) = E_{28}[t/(4+0.85t)]^{1/2}$

$\varepsilon_{S\infty} = \alpha_1\alpha_2[26w^{2.1}f'c^{-0.28} + 270]$ (10^{-6})

α_1 : cement type ; = 1.0 type Ⅰ ; = 0.85 type Ⅱ ; = 1.1 type Ⅲ

α_2 : curing method ; = 0.75 steam cure

; = 1.2 sealed during cured

; = 1.0 cured in water or h=100%

iii) 기둥 축소(column shortening)의 기본 이론 ("초고층건축 시공" 참조, 송도헌 저)

<탄성(elastic) 수축>

- 탄성수축량은 탄성계수에 반비례한다. 즉 탄성계수를 증가시키는 인자들이 축소량을 감소시킨다.

골재의 탄성계수, 배합비, 콘크리트의 재령은 그 크기가 증가할수록 탄성계수가 증가하게 되며, 물시멘트비는 그 값이 감소할수록 탄성계수가 증가하게 되어 수축량은 감소하게 된다.

또한 콘크리트 양생온도도 공기양생보다는 습윤 양생을 할수록 약 10% 수축량이 증가하는 경향을 보인다.

- 재령과 탄성계수의 관계

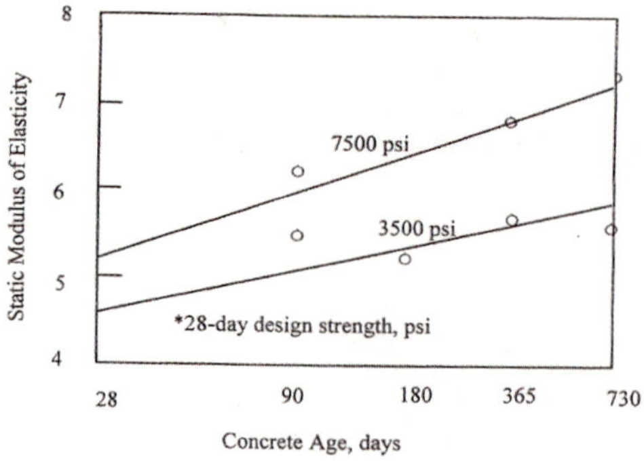

그림 15. 재령과 탄성계수

- 탄성수축량 해석을 위한 이론식

타설 전(임의의 층 슬래브를 설치할 시점) : $\Delta^e_{1,p} = \sum_{j=1}^{N}\sum_{i=j}^{N}\frac{P_i h_i}{A_{t,ij}E_{ct,ij}}$

타설 후(연속되는 구조체의 작용하중으로 인한 축소량) : $\Delta^e_{1,s} = \sum_{j=1}^{N}\sum_{i=N+1}^{N}\frac{P_i h_i}{A_{t,ij}E_{ct,ij}}$

N = 슬래브 콘크리트 타설층

n = 총 층수

i = 특정층, 혹은 하중 증가분

j = 특정 기둥

P = 하중

h = 층고

A_t = 시간에 따른 콘크리트 치환 단면적

E_{ct} = 시간에 따른 콘크리트의 탄성계수

- 탄성계수 시험

$E_{ct} = 33\omega^{1.5}\sqrt{f_{ct}}$

ω = 콘크리트 단위중량 (150lb/ft^3)

<creep>

- 시간에 따른 크리프 변형곡선

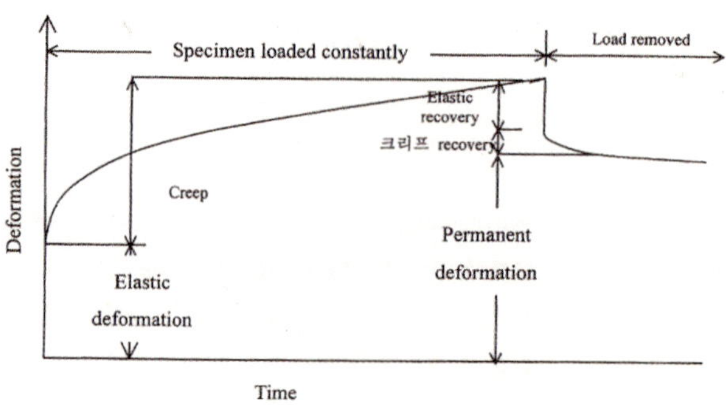

그림 16. 시간에 따른 크리프 변형곡선

- 주요 영향인자 :
  하중의 재하기간
  하중재하시의 재령
  상대습도 증가 시 수축량 감소
  콘크리트의 구성비
  온도 70°C 정도까지는 증가 시 수축량 증가
  콘크리트 강도의 40%까지 응력에 비례
- 재하기간과 크리프의 관계

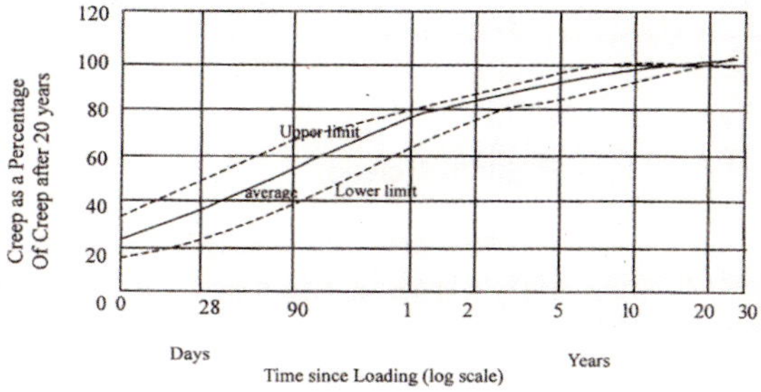

그림 17. 재하기간과 크리프의 관계

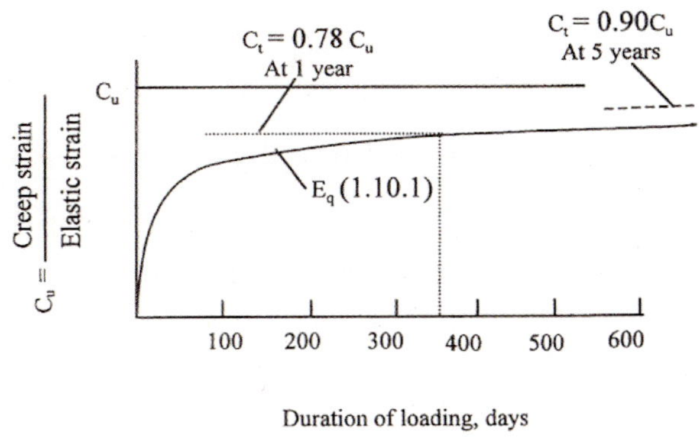

그림 18. 상대습도 40%, 재하시의 재령 7일인 경우의 관계곡선

- 상대습도와 크리프의 관계

상대습도가 100%인 경우 크리프의 영향은 매우 적다.

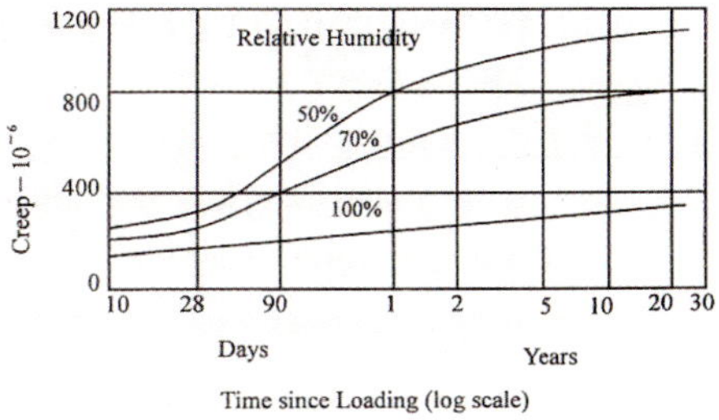

그림 19. 상대습도에 따른 크리프 변화곡선

- 크리프 수축량 예측을 위한 이론식

타설전(초기하중으로 인한 축소량) : $\Delta_{1,p}^{c}=\sum_{j=1}^{N}\sum_{i=j}^{n}\frac{P_i CR_{LA,ij}}{A_{t,ij}}\epsilon_{\infty c,j}h_j CR_{VS,j}CR_H CR_{t,j}CR_{R,ij}$

타설후(연속되는 구조체에 대한 축소량) :

$$\Delta_{1,s}^{c}=\sum_{j=1}^{N}\sum_{i=j}^{n}\frac{P_i CR_{LA,ij}}{A_{t,ij}}\epsilon_{\infty c,j}h_j CR_{VS,j}CR_H(1-CR_{t,j})CR_{R,ij}$$

$\epsilon_{\infty c}$ = 극한 크리프 변형도(1/psi)

CR_{LA} = 하중 재하기간에 따른 계수 = $2.3t_{LA}^{-0.25}$(t_{LA} 재하기간)

CR_{VS} = 부피 대 표면적비 계수 = [1.144(V:S)+0.934]/[0.1(V:S)+0.85]

CR_H = 상대습도 계수 = 1.4-0.01H (H:상대습도 %)

CR_t = 시간에 따른 크리프 계수 = $t^{0.6}/(10+t^{0.6})$

CR_R = 잔여 크리프 계수

<건조수축(shrinkage)>

하중의 재하와 무관하게 콘크리트 내의 수분 감소로 인한 체적의 감소 현상

- 타설 후 경과시간과 건조수축의 관계

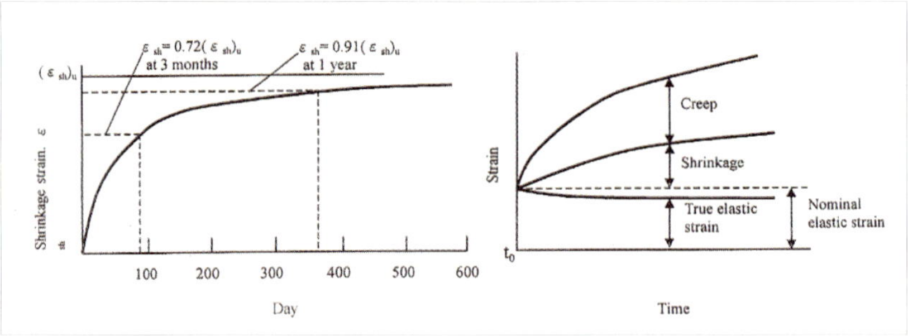

- 주요 영향인자
  - 양생후의 시간경과
  - 상대습도
  - 체적 대 표면적의 비율
- 건조수축량 예측을 위한 이론식

타설 전(슬래브 설치 시까지의 축소량) : $\Delta_{tp}^{s}=\sum_{j=1}^{N}h_j\epsilon_{\infty,sj}SH_H SH_{VS,j}SH_{t,j}SH_{Rj}$

타설 후(슬래브 설치 후의 축소량) : $\Delta_{1,p}^{c}=\sum_{j=1}^{N}h_j\epsilon_{\infty,sj}SH_H SH_{VS,j}(1-SH_{t,j})SH_{Rj}$

$\epsilon_{\infty c}$ = 극한 건조수축 변형도

SH_{VS} = 부피 대 표면적비 계수 = [0.034(V:S)+0.944]/[0.177(V:S)+0.734]

SH_H = 상대습도 계수 = 1.4-0.01H (H:상대습도 %)

SH_t = 시간에 따른 건조수축 계수 = t/(t+35)

SH_R = 평균 잔여건조수축계수

V:S = 부피:표면적 (단위:inch)

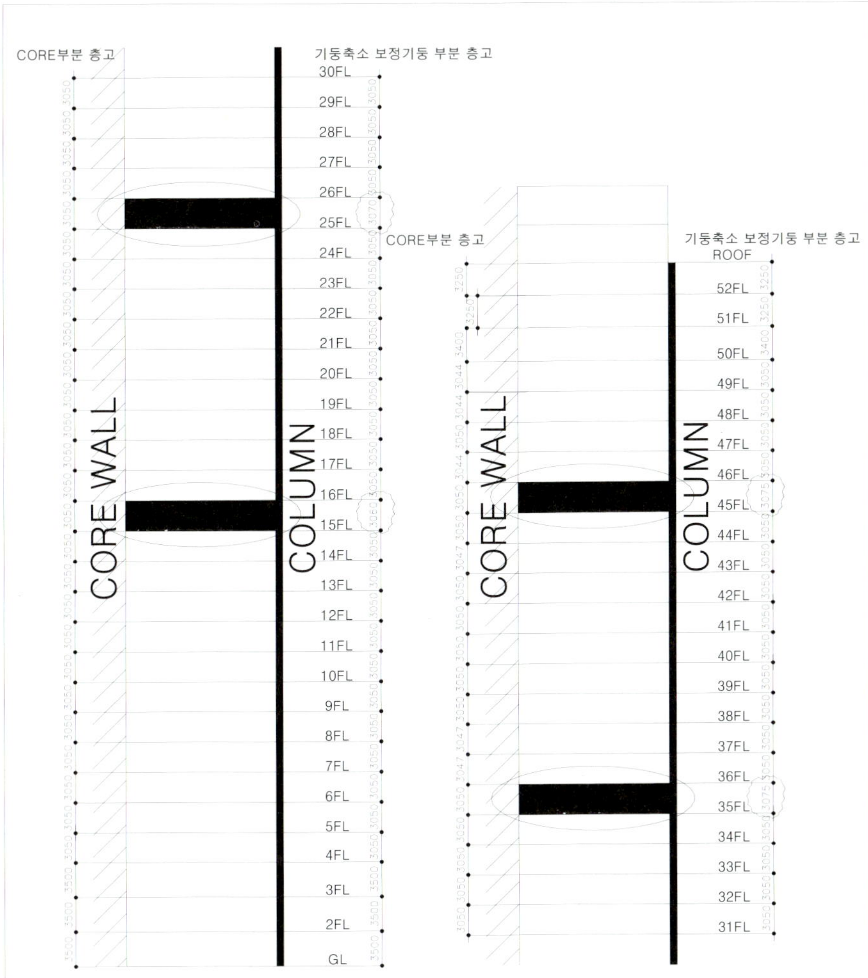

그림 20. 타워 101 기둥 축소(column shortening) 보정 시공 예

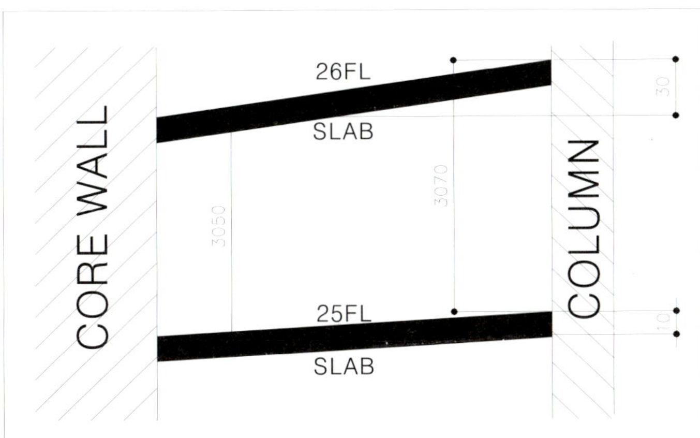

그림 21. 타워 101 25층에서 기둥 축소(column shortening) 보정 적용 예

타워 101 column and core shortening summary										
column mark	floor	column shortening (㎜)								
		0.25년	0.5년	0.75년	1.0년	2.0년	3.0년	4.0년	5.0년	10.0년
A1	51	1.0	17.6	61.1	104.5	139.8	154.9	165.0	172.4	**195.9**
A2	51	0.9	17.3	59.2	97.8	132.8	147.4	156.9	163.9	**186.5**
A3	51	0.8	15.7	51.7	84.0	114.0	127.3	136.2	142.8	**164.0**
A4	51	0.9	17.9	61.3	101.8	138.2	153.2	163.1	170.3	**193.6**
A5	51	1.0	17.5	58.9	96.0	129.2	143.2	152.3	159.1	**181.0**
A6	51	1.0	16.9	56.9	96.2	127.8	142.2	151.9	159.0	**181.5**
A7	51	1.1	16.9	55.5	89.9	121.2	134.6	143.3	149.9	**170.9**
A8	51	1.2	18.0	60.5	100.7	136.5	151.4	161.2	168.4	**191.4**
A9	51	1.2	15.8	50.4	81.6	108.9	120.2	127.7	133.2	**151.2**
A10	51	1.0	16.6	50.6	81.6	112.6	126.4	135.6	142.5	**163.6**
A11	51	1.2	15.7	50.1	81.2	108.3	119.6	127.0	132.5	**150.5**
A12	51	1.1	17.9	60.5	100.6	136.2	151.1	160.8	168.0	**191.0**
A13	51	1.1	16.9	55.4	89.9	121.1	134.5	143.2	149.7	**170.8**
A14	51	1.6	17.5	57.7	97.0	128.6	143.1	152.8	159.9	**182.4**
A15	51	1.1	17.5	58.8	96.0	129.1	143.1	152.2	159.0	**180.9**
A16	51	1.1	18.0	60.9	101.7	137.9	152.9	162.8	170.0	**193.1**
A17	51	0.9	15.8	51.8	84.5	114.7	128.1	137.0	143.7	**165.0**
A18	51	1.2	17.7	59.3	97.6	132.4	146.8	156.3	163.3	**185.7**
A19	51	1.5	18.2	62.1	106.0	141.3	156.8	167.1	174.6	**198.3**
A20	51	1.0	18.2	60.6	98.4	131.6	145.5	154.7	161.6	**183.7**
A21	51	1.6	20.0	64.9	103.5	135.3	149.7	159.1	166.2	**188.9**
A22	51	1.0	18.4	45.2	70.0	93.8	105.3	113.2	119.1	**137.2**
A23	51	1.2	17.1	56.0	93.4	126.4	140.1	149.2	155.9	**177.4**
A24	51	1.0	16.7	51.2	84.1	115.3	129.3	138.5	145.4	**166.7**
A25	51	1.3	17.2	56.1	93.6	126.5	140.3	149.4	156.1	**177.5**
A26	51	1.2	18.9	45.9	71.0	95.1	106.8	114.6	120.6	**138.9**
A27	51	1.1	18.9	63.7	102.2	133.9	148.1	157.4	164.5	**187.1**
A28	51	0.9	18.2	59.0	97.9	130.8	144.7	153.9	160.7	**182.7**
CORE	51	0.7	13.1	40.2	65.8	86.8	95.6	101.8	106.6	**122.7**
* absolute column shortening including : creep, shrinkage and elastic effects										

타워 102 column and core shortening summary										
column mark	floor	column shortening (㎜)								
		0.25년	0.5년	0.75년	1.0년	2.0년	3.0년	4.0년	5.0년	10.0년
B1	49	1.3	17.5	53.0	92.3	123.0	137.1	146.7	153.6	175.4
B2	49	1.0	17.2	55.0	90.9	123.3	137.6	147.1	154.2	176.6
B3	49	0.8	17.2	54.3	92.5	125.5	139.4	148.7	155.5	177.4
B4	49	1.0	17.7	58.7	100.5	134.6	149.6	159.7	167.0	190.3
B5	49	0.8	18.1	58.5	100.8	136.6	151.3	160.9	167.9	190.6
B6	49	0.8	17.8	57.2	96.9	130.7	145.1	154.8	161.8	184.4
B7	49	0.6	16.9	59.6	102.5	137.8	152.5	162.4	169.7	192.9
B8	49	1.1	18.3	58.4	98.0	134.0	149.1	159.1	166.4	189.7
B9	49	1.2	18.4	60.8	104.0	140.1	155.3	165.5	172.8	196.4
B10	49	1.0	18.7	60.2	104.1	140.8	155.7	165.5	172.6	195.5
B11	49	1.1	17.4	59.5	102.9	136.8	151.8	161.8	169.2	192.5
B12	49	1.0	18.3	57.4	98.2	133.8	148.1	157.6	164.5	186.7
B13	49	1.3	17.0	53.9	88.8	120.1	134.2	143.6	150.5	172.5
B14	49	1.4	17.2	53.1	92.4	123.4	137.5	147.1	154.0	175.9
B15	49	1.1	18.2	59.2	99.4	134.0	148.4	158.0	165.0	187.6
B16	49	1.4	18.6	55.3	98.0	130.7	145.3	155.0	162.1	184.6
B17	49	1.2	17.4	56.0	95.8	131.3	145.9	155.6	162.7	185.3
B18	49	1.2	14.5	44.8	73.7	96.9	108.2	116.0	121.8	140.7
B19	49	1.0	13.8	45.0	73.8	97.3	108.7	116.5	122.4	141.4
B20	49	1.0	17.6	54.4	94.0	128.7	143.1	152.6	159.5	181.7
B21	49	1.5	17.1	56.8	97.4	130.4	145.0	154.7	161.8	184.4
B22	49	1.4	19.0	58.1	98.0	131.8	146.0	155.4	162.3	184.5
B23	49	0.9	16.7	55.1	95.0	132.8	147.3	156.8	163.7	186.0
B24	49	1.0	17.6	54.7	93.7	130.7	145.2	154.8	161.7	184.1
B25	49	0.6	16.5	57.0	99.3	138.7	153.3	162.9	169.8	192.2
B26	49	0.7	14.6	44.9	76.4	106.0	117.8	125.7	131.6	150.6
B27	49	0.9	16.0	48.7	82.7	114.6	127.1	135.4	141.5	161.3
B28	49	0.9	17.1	57.0	100.2	140.0	154.7	164.4	171.4	193.8
B29	49	1.0	17.5	54.4	93.1	129.9	144.3	153.8	160.8	183.1
B30	49	0.9	16.6	54.7	94.4	131.9	146.2	155.7	162.6	184.7
CORE	49	0.7	13.1	40.2	66.0	87.4	96.3	102.6	107.5	123.8

* absolute column shortening including : creep, shrinkage and elastic effects

타워 103 column and core shortening summary										
column mark	floor	column shortening (㎜)								
		0.25년	0.5년	0.75년	1.0년	2.0년	3.0년	4.0년	5.0년	10.0년
C1	48	1.7	19.8	57.1	96.3	127.7	142.0	151.7	158.8	181.2
C2	48	1.2	18.3	55.4	92.0	124.5	139.0	148.7	155.8	178.3
C3	48	1.0	18.1	56.9	96.6	131.6	146.2	155.9	162.9	185.7
C4	48	1.6	17.6	52.1	91.2	121.7	136.0	145.5	152.4	174.0
C5	48	1.0	17.7	55.4	93.7	127.4	141.5	150.8	157.6	179.6
C6	48	1.5	16.9	50.2	84.6	117.7	132.2	141.9	148.9	171.0
C7	48	1.2	16.9	51.2	84.6	114.7	128.6	137.9	144.8	166.4
C8	48	1.0	20.9	57.8	95.1	125.9	139.7	149.1	156.0	178.2
C9	48	1.2	17.4	52.9	87.8	118.7	132.7	142.2	149.2	171.2
C10	48	1.6	18.9	59.7	101.8	137.3	152.9	163.2	170.7	194.5
C11	48	1.4	18.5	56.3	94.8	128.3	142.5	151.8	158.6	180.6
C12	48	2.0	18.7	53.2	91.0	120.2	134.0	143.3	150.2	171.6
C13	48	1.3	18.9	59.2	99.7	136.4	152.2	162.7	170.4	194.5
C14	48	1.1	18.8	59.5	101.5	138.9	154.6	165.0	172.6	196.6
C15	48	1.4	18.5	55.7	96.5	128.7	143.2	152.9	160.0	182.5
C16	48	1.0	17.5	54.4	93.1	127.4	141.8	151.3	158.3	180.7
C17	48	1.8	17.9	52.6	87.0	114.5	127.5	136.4	142.9	163.7
C18	48	1.1	18.2	54.0	90.2	120.7	134.5	143.7	150.6	172.4
C19	48	1.2	15.0	47.3	78.7	104.6	116.8	125.1	131.4	151.3
C20	48	1.3	14.8	45.9	75.8	99.1	110.5	118.4	124.3	143.4
C21	48	1.1	17.8	56.1	96.7	131.9	146.6	156.3	163.3	186.0
C22	48	1.6	18.3	56.8	97.0	129.3	143.7	153.4	160.5	182.9
C23	48	1.1	17.8	57.3	98.9	134.4	149.0	158.7	165.8	188.4
C24	48	0.9	17.1	54.3	92.5	128.4	142.2	151.4	158.1	179.7
C25	48	1.0	16.9	52.2	87.9	122.5	136.5	145.9	152.8	174.9
C26	48	0.9	17.3	55.5	96.5	134.6	148.9	158.4	165.3	187.4
C27	48	0.9	16.6	52.1	88.6	123.2	136.9	146.0	152.7	174.3
C28	48	0.8	16.5	52.1	88.6	123.3	137.1	146.2	152.9	174.5
C29	48	0.9	17.0	54.8	94.5	131.4	145.5	154.8	161.5	183.3
C30	48	0.9	18.0	56.8	96.3	131.0	145.5	155.2	162.3	185.1
C31	48	0.9	16.8	54.0	93.0	129.7	143.9	153.3	160.2	182.4
CORE	48	0.6	9.3	26.8	44.9	61.8	69.1	74.3	78.3	91.8

* absolute column shortening including : creep, shrinkage and elastic effects

3.3 코아 월(Core Wall) 설계

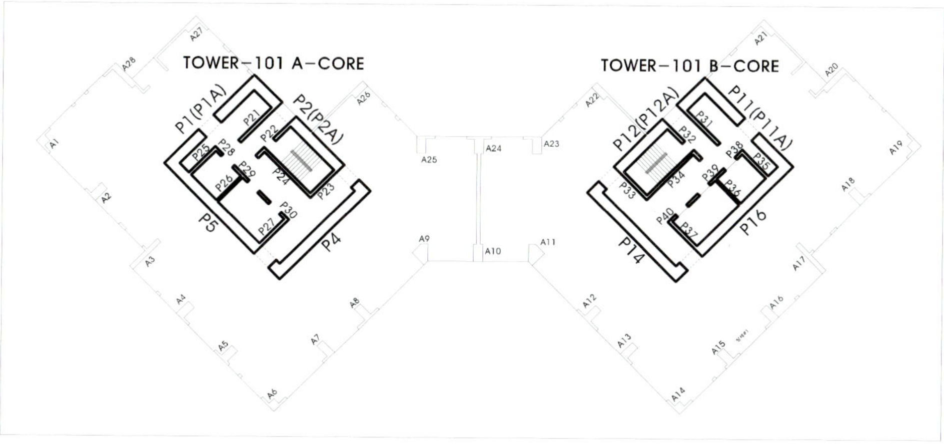

타워 101 a-core main wall demand & capacity									
pier	story	thk (mm)	demand			capacity			비고
			Pu,t (kip)	Pu,c (kip)	Mu (kip-ft)	φ Pn,t (kip)	φ Pn,c (kip)	φ Mn (kip-ft)	
P1	B3F	1100	-11272	27266	54996	16416	71146	374986	1kip = 1000lb = 453kgf 1ft = 12in = 30.48cm 1kip-ft = 0.138tf-m
	1F	1100	-14979	30772	86028	16416	71146	374986	
	20F	900	96	6853	5246	983	13212	24845	
	40F	550	404	1958	1620	496	7051	13062	
	ROOF	550	421	1105	2274	1171	20083	103510	
P1A	B3F	1100	–	–	–	–	–	–	
	1F	1100	–	–	–	–	–	–	
	20F	900	-1966	10118	7141	2184	17824	46952	
	40F	550	280	2633	2008	586	9203	22069	
	ROOF	550	–	–	–	–	–	–	
P2	B3F	1100	-6883	28738	171424	15441	88421	587107	
	1F	1100	-13461	34595	215779	17554	89624	597069	
	20F	900	-1249	7466	13632	1413	21200	62763	
	40F	550	284	2016	3259	721	11321	33223	
	ROOF	550	-70	421	1169	983	11472	34336	
P2A	B3F	1100	–	–	–	–	–	–	
	1F	1100	–	–	–	–	–	–	
	20F	900	-1929	5433	3317	2304	11627	21171	
	40F	550	-250	1399	1272	405	5787	8864	
	ROOF	550	-487	854	1803	553	5872	9243	
P4	B3F	1100	-11775	36111	73895	19504	75645	417245	
	1F	1100	-17855	39470	118125	21780	76941	425970	
	20F	900	-4190	20111	68305	6143	42937	264215	
	40F	550	1103	5693	18700	1306	22080	124961	
	ROOF	550	76	1115	16616	1306	22080	124961	
P5	B3F	1100	-2375	27193	80192	15441	72264	400165	
	1F	1100	-7523	30106	103002	17066	73190	401664	
	20F	900	-752	14721	57255	2334	39476	214276	
	40F	550	848	4384	11373	1216	21099	114171	
	ROOF	550	-191	1228	5021	1216	21099	114171	

타워 101 B-core main wall demand & capacity									
pier	story	thk (㎜)	demand			capacity			비고
			Pu,t (kip)	Pu,c (kip)	Mu (kip-ft)	φ Pn,t (kip)	φ Pn,c (kip)	φ Mn (kip-ft)	
P11	B3F	1100	-11911	27440	66883	20642	73552	388675	1kip = 1000lb = 453kgf 1ft = 12in = 30.48cm 1kip-ft = 0.138tf-m
	1F	1100	-16291	31633	98023	25030	76051	404357	
	20F	900	-214	6558	6191	1229	13352	25896	
	40F	550	395	1946	1827	496	7051	13062	
	ROOF	550	435	1073	2311	1171	20083	103510	
P11A	B3F	1100	-	-	-	-	-	-	
	1F	1100	-	-	-	-	-		
	20F	900	-1836	10087	8583	2432	17816	46173	
	40F	550	277	2518	2020	586	9203	22069	
	ROOF	550	-	-	-	-	-	-	
P12	B3F	1100	-1357	24587	30375	10565	58525	260424	
	1F	1100	-4232	27360	45617	10565	58525	260424	
	20F	900	-937	8059	12239	1413	21200	62763	
	40F	550	283	2039	3262	721	11321	33223	
	ROOF	550	-88	442	1239	983	11472	34336	
P12A	B3F	1100	-	-	-	-	-	-	
	1F	1100	-	-	-	-	-	-	
	20F	900	-1855	5563	3159	2304	11627	21171	
	40F	550	-250	1293	1274	405	5787	8864	
	ROOF	550	-647	721	1899	728	5973	9694	
P14	B3F	1100	-4926	31828	67066	14059	69805	365152	
	1F	1100	-11127	35316	95164	16253	71054	372993	
	20F	900	-3266	20426	72516	3882	42095	249036	
	40F	550	1092	5680	18704	1306	22080	124961	
	ROOF	550	67	1110	15548	1306	22080	124961	
P16	B3F	1100	-8404	29909	154641	18529	90180	601182	
	1F	1100	-16151	34452	199826	21536	91891	615177	
	20F	900	-1387	14195	55528	2334	39476	214276	
	40F	550	840	4371	11428	1216	21099	114171	
	ROOF	550	-62	1362	4798	1216	21099	114171	

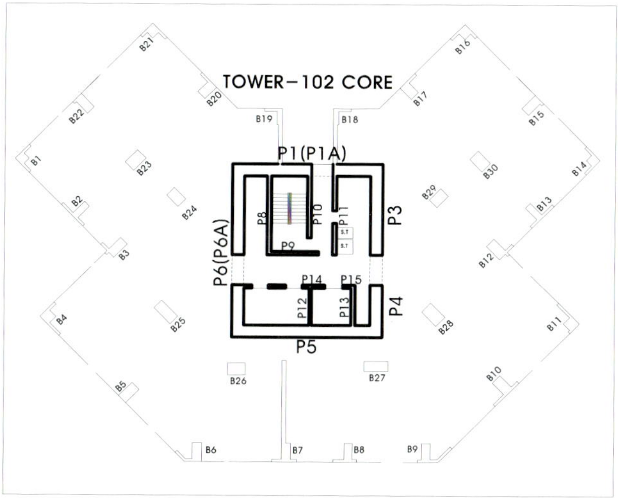

타워 102 core main wall demand & capacity									
pier	story	thk (㎜)	demand			capacity			비고
			Pu,t (kip)	Pu,c (kip)	Mu (kip-ft)	φ Pn,t (kip)	φ Pn,c (kip)	φ Mn (kip-ft)	
P1	B3F	1100	-8074	18089	58319	14953	68525	342119	
	1F	1100	-12447	21615	92582	17066	69728	349364	
	20F	900	575	5168	7299	1413	20935	55408	
	40F	500	153	1576	3456	721	10201	27057	
	ROOF	500	83	840	6308	1306	19847	102950	
P1A	B3F	1100	–	–	–	–	–	–	
	1F	1100	–	–	–	–	–	–	
	20F	900	287	2986	4322	983	12532	20265	
	40F	500	-5	952	1548	450	6080	9779	
	ROOF	500	–	–	–	–	–	–	
P3	B3F	1100	-3542	19890	8216	9833	42817	131999	
	1F	1100	-7000	22076	17465	9833	42817	131999	1kip = 1000lb = 453kgf
	20F	900	1222	8002	6360	1659	25306	80612	
	40F	500	111	2631	3038	811	12309	39433	
	ROOF	500	314	1145	14832	1532	23465	143759	
P4	B3F	1100	-2829	11786	683	5851	24104	42170	
	1F	1100	-5742	13993	1631	7152	24845	42317	1ft = 12in = 30.48㎝
	20F	900	367	3980	3650	1106	14227	25868	
	40F	500	-99	1263	1332	496	6895	12514	
	ROOF	500	–	–	–	–	–	–	
P5	B3F	1100	-3785	25530	58904	10077	65749	319914	
	1F	1100	-7676	28499	90912	12190	66952	327159	
	20F	900	2653	8462	28790	2457	40679	207442	1kip-ft = 0.138tf-m
	40F	500	577	2851	15123	1261	19821	102113	
	ROOF	500	278	702	4332	1306	19847	102950	
P6	B3F	1100	-11790	21840	86839	19179	81894	496086	
	1F	1100	-16537	26579	120799	24380	84855	517760	
	20F	900	294	3542	3646	1106	14227	25868	
	40F	500	-217	1245	1348	496	6895	12514	
	ROOF	500	211	969	14581	1532	23465	143759	
P6A	B3F	1100	–	–	–	–	–	–	
	1F	1100	–	–	–	–	–	–	
	20F	900	440	7490	6337	1659	25306	80612	
	40F	500	-167	2368	3061	901	12361	40221	
	ROOF	500	–	–	–	–	–	–	

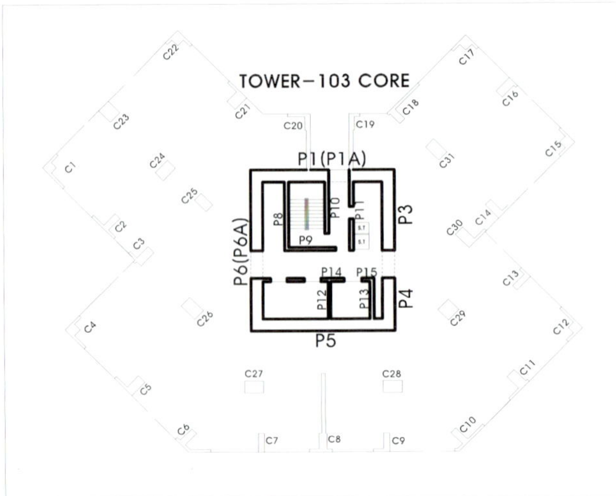

타워 103 core main wall demand & capacity									
pier	story	thk (㎜)	demand			capacity			비고
			Pu,t (kip)	Pu,c (kip)	Mu (kip-ft)	φ Pn,t (kip)	φ Pn,c (kip)	φ Mn (kip-ft)	
P1	B3F	1100	-2181	12382	58855	13978	65084	309607	
	1F	1100	-6130	15241	86106	13978	65084	309607	
	20F	900	949	4746	6743	1167	20682	58925	
	40F	500	128	1487	3624	766	10172	29558	
	ROOF	500	-270	607	1905	766	10172	29558	
P1A	B3F	1100	-	-	-	-	-	-	
	1F	1100	-	-	-	-	-	-	
	20F	900	432	2592	3005	676	10922	16717	
	40F	500	-19	870	1362	450	5382	8454	
	ROOF	500	-251	391	333	450	5382	8454	
P3	B3F	1100	-1421	16061	3678	5851	35934	95223	1kip = 1000lb = 453kgf
	1F	1100	-4931	18163	12103	5851	35934	95233	
	20F	900	1595	6609	5782	1229	22039	66827	
	40F	500	62	2321	2487	766	10815	33362	
	ROOF	500	-358	764	1731	766	10815	33362	
P4	B3F	1100	-1554	10370	1116	4287	23865	43420	
	1F	1100	-4392	12308	2531	4287	23865	43420	1ft = 12in = 30.48㎝
	20F	900	413	3900	3185	860	14087	27592	
	40F	500	-127	1253	1205	541	6921	13842	
	ROOF	500	-279	482	223	541	6921	13842	
P5	B3F	1100	-523	22607	61003	8902	61860	289998	
	1F	1100	-4451	25285	102854	8902	61860	289998	
	20F	900	2157	9796	25368	2150	38616	203507	
	40F	500	537	2908	13377	1261	18903	100901	1kip-ft = 0.138tf-m
	ROOF	500	340	763	3946	1261	18903	100901	
P6	B3F	1100	-12954	19191	52984	17066	74921	412496	
	1F	1100	-18869	23415	73927	21780	77605	430405	
	20F	900	219	3819	3354	860	14087	27592	
	40F	500	-282	1257	1298	541	6921	13842	
	ROOF	500	-381	493	306	541	6921	13842	
P6A	B3F	1100	-	-	-	-	-	-	
	1F	1100	-	-	-	-	-	-	
	20F	900	624	5742	6055	1229	22039	66827	
	40F	500	-278	1948	2581	1351	11152	35653	
	ROOF	500	-412	655	1822	766	10815	33362	

3.4 벨트 월(Belt Wall) 설계 – 타워 102,103 해당

i) 벨트 월 설계(belt wall design) (BW1A ; RWDI01(풍하중 load comb. case))

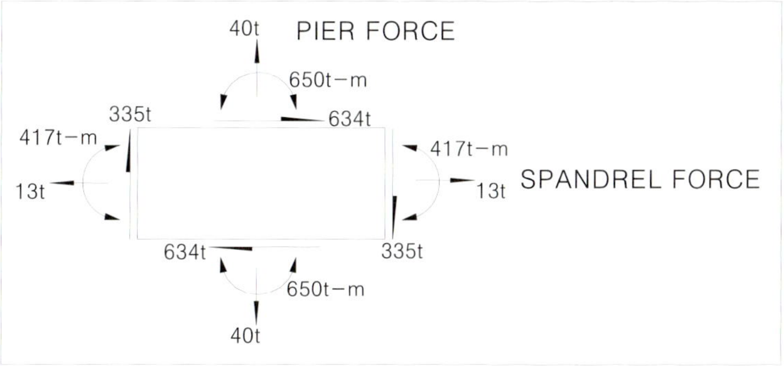

material properties :

f_{ck} = 400kgf/㎠ ; f_y = 4000kgf/㎠(HD25이하), 5000kgf/㎠(HD29이상)

wall properties :

l_w = 6.58m = 259in ; h_w = 3.0m = 118.1in ; t_w = 0.60m = 23.6in

gravity force :

tributary area = 9.3㎡

상부 floor load : DL=310kgf/㎡, LL=200kgf/㎡

P_{DL} = 9.3×310 = 2883kgf = 2.9tonf

P_{LL} = 9.3×200 = 1860kgf = 1.9tonf

P_{SW} = 6.58×0.6×3.05×2.4tonf/㎥ = 28.9tonf(self weight)

<u>factored force : 0.75(1.4DL + 1.7LL + 1.7WL) - wall top & bottom</u>

P_u =1.275×40 = 51tonf = 112455lb

V_u = 1.275×634 = 809tonf = 1783845lb

M_u = 1.275×650 = 829tonf-m = 7.20×10^7lb-in

design for horizontal shear :

*. ACI318 chapter 11-10 special provisions for walls의 Eq.11-29, 11-30참조

11.10.6- V_c shall be permitted to be the lesser of the values computed from Eq.(11-29) and (11-30).

$$V_c = 3.3\sqrt{f'_c}\ hd + \frac{N_u d}{4\,l_w} \quad (11\text{-}29)\ \text{or}$$

$$V_c = \left[\ 0.6\sqrt{f'_c} + \frac{l_w\left(1.25\sqrt{f'_c} + 0.2\dfrac{N_u}{l_w h}\right)}{\dfrac{M_u}{V_u} - \dfrac{l_w}{2}}\ \right] hd \quad (11\text{-}30)$$

where l_w is the overall length of the wall, and N_u is positive for compression and negative for tension. If $(M_u/V_u - l_w/2)$ is negative, Eq.(11-30) shall not apply

V_c = $3.3\sqrt{5690}(23.6)(0.8)(259) + \frac{(-112455)(0.8\times259)}{4\times(259)}$ = 1194736 lb

$(M_u/V_u - l_w/2)$ = 7.2×10^7/1783845 - 259/2 = -89 $\leq$ 0

∴ Eq.(11-30) does not apply

V_c = 1194736 lb

$V_s = \frac{V_u}{\phi}$ - V_c = 1783845/0.85 - 1194736 = 903905 lb

$A_v = \frac{V_s s}{f_y d}$ (per 1.0ft) = $\frac{903905(12)}{56900(0.8\times259)}$ = 0.92in^2/ft

⇒ 2-HD19@6in(150㎜)

ρ = $\frac{4\times0.44}{12\times23.6}$ = 0.0062 $\geq$ 0.0025 o.k

factored force : 0.75(1.4DL + 1.7LL + 1.7WL) - wall left & right

gravity load :

ω_{DL} = 2.9tonf/6.58m = 0.44tonf/m

ω_{LL} = 1.9tonf/6.58m = 0.29tonf/m

ω_{SW} = 28.9tonf/6.58m = 4.39tonf/m

ω_{ULT} = 1.4(0.44+4.39) + 1.7(0.29) = 7.255ton/m

0.75(1.4DL+1.7LL+1.7WL)

P_u = 0.75(1.7×13) = 16.6tonf = 36548 lb

M_u = 0.75(7.255×6.58^2/12+1.7×417) = 551tonf-m = 4.78×10^{7}lb-in

V_u = 0.75(7.255×6.58/2 + 1.7×335) = 445tonf = 981184 lb

V_c = $3.3\sqrt{5690}(23.6)(0.8)(118) + \frac{(-36548)(0.8\times118)}{4\times(118)}$ = 547257 lb

$(M_u/V_u - l_w/2)$ = 4.78×10^7/981184 - 118/2 = -10.3 $\leq$ 0

∴ Eq.(11-30) does not apply

V_c = 547257 lb

$V_s = \frac{V_u}{\phi}$ - V_c = 981184/0.85 - 547257 = 607077 lb

$A_v = \frac{V_s s}{f_y d}$ (per 1.0ft) = $\frac{607077(12)}{56900(0.8\times118)}$ = 1.36in^2/ft

⇒ 2-HD19@6in(150㎜) ; A_v = 1.76in^2/ft o.k

ρ = $\frac{4\times0.44}{12\times23.6}$ **= 0.0062**

ρ_n = 0.0025 + 0.5(2.5 - h_w/l_w)(ρ_h - 0.0025)

= 0.0025 + 0.5(2.5 - 118/259)(0.0062-0.0025) = 0.0063

$\rho_{h,req}$ = 0.92/(12×23.6) = 0.0032

∴ 2-HD19@150 (ρ_v = 0.0062 $\geq$ $\rho_{h,req}$) o.k

<u>check reinforcement design for axial and bending</u>

vertical reinf. : 2-HD19@150

$\phi P_n = 0.80\phi[0.85f_{ck}(A_g - A_{st}) + f_y A_{st}]$

$A_g = 259 \times 23.6 = 6112 in^2$

$A_{st} = 259/6 \times 2 \times 0.44 = 38.0 in^2$

$\phi P_n = 0.80(0.65)[0.85(5690)(6112-38) + 56900(38)] = 16400333$ lb (압축)

$\phi P_n = \phi A_{st} f_y = 0.9(56900)(38) = 1945980$ lb (인장)

bending design :

$M_u = 7.20 \times 10^7$ lb-in

$d = 0.8(259) = 207.2$ in

$T = M_u/d = 7.20 \times 10^7/207.2 = 347490$ lb

$A_s = T/\phi f_y = 347490/(0.9 \times 71120) = 5.43\ in^2 \Rightarrow$ 5-HD32 (in B6, B7 column)

horizontal reinf. : 2-HD19@150

$\phi P_n = 0.80\phi[0.85f_{ck}(A_g - A_{st}) + f_y A_{st}]$

$A_g = 118 \times 23.6 = 2785 in^2$

$A_{st} = 118/6 \times 2 \times 0.44 = 17.3 in^2$

$\phi P_n = 0.80(0.65)[0.85(5690)(2785-17.3) + 56900(17.3)] = 7472583$ lb (압축)

$\phi P_n = \phi A_{st} f_y = 0.9(56900)(17.3) = 885933$ lb (인장)

bending design :

$M_u = 4.78 \times 10^7$ lb-in

$d = 0.8(118) = 94.4$ in

$T = M_u/d = 4.78 \times 10^7/94.4 = 506356$ lb

$A_s = T/\phi f_y = 506355/(0.9 \times 71120) = 7.91\ in^2 \Rightarrow$ 8-HD29 (in 슬래브 above and below)

<u>design for torsion</u>

horizontal axis :

$T_u = 1.275(2.0)$tonf-m $= 2.55$tonf-m $= 221379$ lb-in

check if torsional reinf. is needed

$B_0 = 23.6 - 0.75 \times 2 - 1 = 21.1$ in

$H_0 = 118 - 0.75 \times 2 - 1 = 115.5$ in

$A_{cp} = 23.6 \times 118 = 2785\ in^2$

$P_{cp} = 2(23.6 + 118) = 283$ in

$$\sqrt{f'_c}\left(\frac{A_{cp}^2}{P_{cp}}\right)\sqrt{1+\frac{N_u}{4A_g\sqrt{f'_c}}} = 0.85\sqrt{5690}\left(\frac{2785^2}{283}\right)\sqrt{1+\frac{-28665}{4(118)(23.6)\sqrt{5690}}}$$

$= 1727038$ lb-in $\geq T_u$ ∴torsional reinf. is not needed.

if torsional reif. is needed $\Rightarrow$ use $\dfrac{A_t}{s} = \dfrac{T_u}{2\phi A_o f_{yt} cot\theta}$

θ = 45° ; fyt = fy ;ϕ = 0.85 ;$A_o = 0.85A_{oh}$;$A_{oh}=B_o\times H_o$=21.1×115.5=2437in²

vertical axis :

T_u = 1.275(20.8)tonf-m = 26.5tonf-m = 2302341 lb-in

check if torsional reinf. is needed

B_0 = 23.6 - 0.75×2 -1 = 21.1 in

H_0 = 259 - 0.75×2 -1 = 256.5 in

A_{cp} = 23.6×259 = 6113 in²

P_{cp} = 2(23.6 + 259) = 565 in

$$\phi\sqrt{f'_c}\left(\frac{A_{cp}^2}{P_{cp}}\right)\sqrt{1+\frac{N_u}{4A_g\sqrt{f'_c}}} = 0.85\sqrt{5690}\left(\frac{6113^2}{565}\right)\sqrt{1+\frac{-112455}{4(259)(23.6)\sqrt{5690}}}$$

= 4109358 lb-in $\geq$ T_u $\therefore$torsional reinf. is not needed.

check cross section : ACI318 Eq.(11-18)

horizontal shear (torsion about vertical axis)

$$\sqrt{\left(\frac{V_u}{b_wd}\right)^2+\left(\frac{T_up_h}{1.7A_{oh}^2}\right)^2} \leq \phi\left(\frac{V_c}{b_wd}+8\sqrt{f'_c}\right)$$

V_u = 1783845 lb

b_w = 23.6 in ; d = 0.8×259 = 207.2 in

T_u = 2302341 lb-in

p_h = 2(21.1+256.5) = 555 in

A_{oh} = 21.1×256.5 = 5412 in²

V_c = 1194736 lb

$f'_c(f_{ck})$ = 5690 psi

$$\sqrt{\left(\frac{V_u}{b_wd}\right)^2+\left(\frac{T_up_h}{1.7A_{oh}^2}\right)^2} = [\{1783845/(23.6)(207.2)\}^2+\{(2302341)(555)/1.7(5412)^2\}^2]^{1/2}$$

$= (133079+659)^{1/2} = 366$

$$\phi\left(\frac{V_c}{b_wd}+8\sqrt{f'_c}\right) = 0.85\{1194736/(23.6)(207.2)+8\sqrt{5690}\}$$

= 534 $\geq$ 366 o.k

vertical shear (torsion about horizontal axis)

V_u = 981184 lb

b_w = 23.6 in ; d = 0.8×118 = 94.4 in

T_u = 221379 lb-in

p_h = 2(21.1+115.5) = 273.2 in

A_{oh} = 21.1×115.5 = 2437 in²

V_c = 547257 lb

$f'_c(f_{ck})$ = 5690 psi

$$\sqrt{(\frac{V_u}{b_w d})^2 + (\frac{T_u p_h}{1.7A_{oh}^2})^2} = [\{981184/(23.6)(94.4)\}^2+\{(221379)(273.2)/1.7(2437)^2\}^2]^{1/2}$$

$$= (193969+36)^{1/2} = 440$$

$$\phi(\frac{V_c}{b_w d} + 8\sqrt{f_c}) = 0.85\{547257/(23.6)(94.4)+8\sqrt{5690}\} = 722 \geq 440 \quad \text{o.k}$$

3.5 벨트 월(Belt Wall) 슬래브 설계 – 타워 102,103 해당

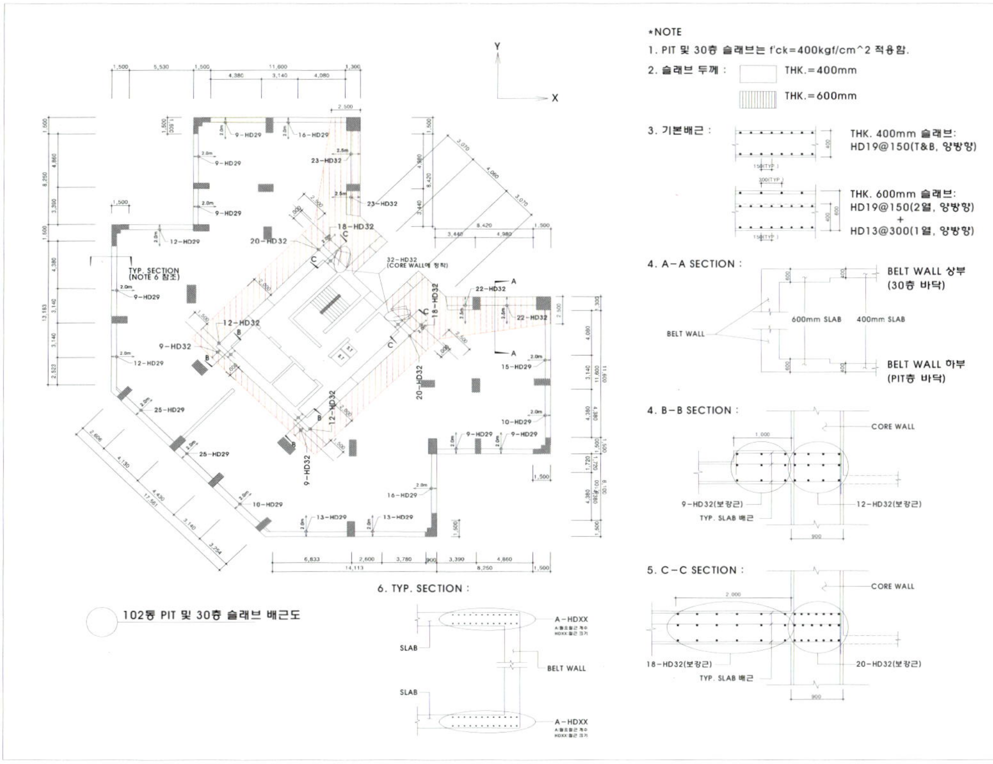

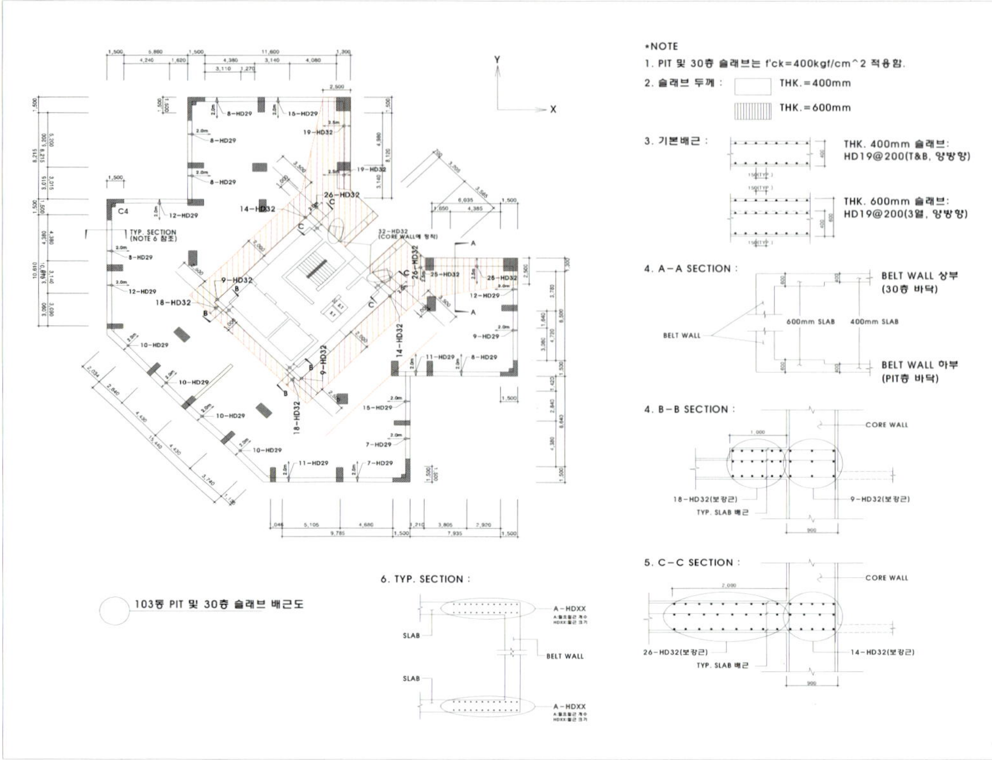

i) 타워 102 벨트 월(belt wall) 상부 슬래브 계산 (for RWDI 1)

<u>In plane shear check</u>

P_x = 7853 kips

P_y = 2208 kps

T = 59720 kips-ft

슬래브 THK. = 400㎜ = 15.74 in

cover ≃ 1.0 in

d = 15.74 - 1.0 = 14.74 in

f_{ck} = 400kgf/㎠ = 5690 psi

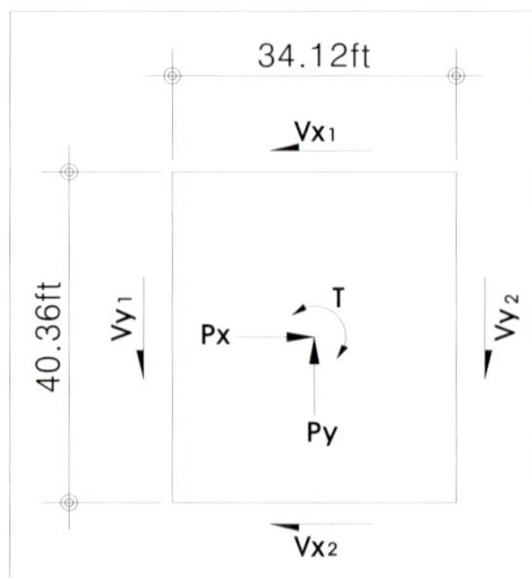

$V_{x,max} = P_x/2 + T/40.36$

$$= 7853/2 + \frac{59720 \times \dfrac{40.36}{40.36+34.12}}{40.36}$$

= 4729 kips

V_u = 1.275x(4729) = 6029 kips

$V_{y,max} = P_y/2 + T/34.12$

$$= 2208/2 + \frac{59720 \times \dfrac{34.12}{40.36+34.12}}{34.12}$$

= 1906 kips

V_u = 1.275x(1906) = 2430 kips

$\phi v_c = 0.85 \times 2\sqrt{5690} = 128$ psi

$L_x = \dfrac{6029 \times 10^3}{128 \times 14.74}$ = 3195 in = 81.2m (Drag Strut Length)

$L_y = \dfrac{2430 \times 10^3}{128 \times 14.74}$ = 1288 in = 32.7m (Drag Strut Length)

typical reinforcement :

HD19@200㎜ top & bottom (each way)

$V_s = \dfrac{0.44(56.9)(12)}{200/25.4} \times (cos45^\circ + sin45^\circ) \times 2$ = 107.9 kip/ft

$V_c = 2\sqrt{5690} \times 14.76 \times 12 \times \dfrac{1}{1000}$ = 26.7 kip/ft

$V_n = V_s + V_c$ = 107.9 + 26.7 = 134.6 kip/ft

$L_x = \dfrac{6029}{0.85 \times 134.6}$ = 52.7 ft = 16.2m (drag strut length include V_s)

$L_y = \dfrac{2430}{0.85 \times 134.6}$ = 21.2 ft = 6.5m (drag strut length include V_s)

In x direction :

⇒ Drags and ties are the same in length on two sides.

⇒ each side receive 1/4 of V_u.

P = 6029 × 1/4 = 1507 kips

design for tension :

$T = \phi A_s f_y$

HD25 : $A_s = \dfrac{1507}{0.9(56.90)}$ = 29.4 in^2 ⇒ 38-HD25

HD29 : $A_s = \dfrac{1507}{0.9(71.13)}$ = 23.5 in^2 ⇒ 24-HD29

ii) 타워 102 drag strut design (for RWDI 1)

assumption :

- 1/2 V_u from core resisted by slab along core and 1/2 resisted by drag struts.
- Tension drags and compression struts carry same force if applied forces are parallel to drags and struts.

V_{ux} = 6029 kips (each side)

V_{uy} = 2430 kips (each side)

$L_{core,x}$ = 34.12 ft (centerline)

$L_{core,y}$ = 40.36 ft (centerline)

check core shear stress :

$$v_x = \frac{6029 \times 1/2 \times 10^3}{34.12 \times 12 \times 14.74} = 499.5 \text{ psi} \le \phi 10\sqrt{f_{ck}} = 641 \text{ psi} \quad \text{o.k}$$

$$v_y = \frac{2430 \times 1/2 \times 10^3}{40.36 \times 12 \times 14.74} = 170.2 \text{ psi} \le \phi 10\sqrt{f_{ck}} = 641 \text{ psi} \quad \text{o.k}$$

drag strut length :

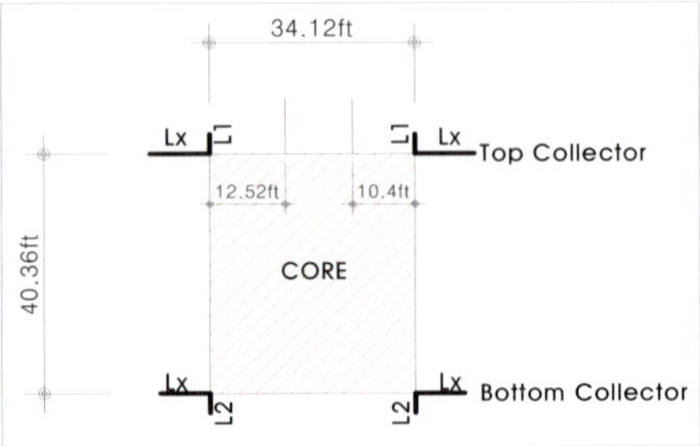

<u>bottom collector</u>

set Lx = 2.5m

shear plane length = 10.4+2.5×4

= 20.4m = 66.9ft

$$v_u/\phi = \frac{6029}{0.85(66.9 \times 12)(14.76)}$$

$$= 599 \text{ psi} \le \phi 10\sqrt{f_{ck}} = 754 \text{ psi}$$

$$V_c = 2\sqrt{5690} \times 12 \times 14.76 = 26.7 \text{ kip/ft}$$

$$V_s = \frac{6029}{0.85} \times \frac{1}{66.9} - 26.7 = 79.3 \text{ kip/ft}$$

$\le$ V_s from Typ reinf. = 107.9 kip/ft (HD19@200, T&B)

$\Rightarrow$ No additional rebar required.

$$T_u = 2 \times [0.85 \times 599 \times 14.76 \times (2.5 \times 3.281 \times 12)] \times \frac{1}{1000} = 1479 \text{ kips}$$

$$A_s = \frac{1479}{0.9(71.12)} = 23.11 \text{ in}^2 \Rightarrow \text{24-HD29}$$

<u>top collector</u>

set Lx = 3.0m

shear plane length = 12.57+10.4+(4×3×3.281) = 62.34 ft

$$v_u/\phi = \frac{6029}{0.85(62.34 \times 12)(14.76)} = 642 \text{ psi} \le \phi 10\sqrt{f_{ck}} = 754 \text{ psi}$$

$$V_c = 2\sqrt{5690} \times 12 \times 14.76 = 26.7 \text{ kip/ft}$$

$$V_s = \frac{6029}{0.85} \times \frac{1}{62.34} - 26.7 = 87.1 \text{ kip/ft}$$

$\le$ V_s from Typ reinf. = 107.9 kip/ft (HD19@200, T&B)

$\Rightarrow$ No additional rebar required.

$$T_u = 2 \times [0.85 \times 642 \times 14.76 \times (3 \times 3.281 \times 12)] \times \frac{1}{1000} = 1903 \text{ kips}$$

$$A_s = \frac{1903}{0.9(71.12)} = 23.11 \text{ in}^2 \Rightarrow \text{30-HD29}$$

<u>L1 = 0.0m ; L2 = 1.0m (left & right collector)</u>

shear plane length = 40.36+(2×1×3.281)+(2×0×3.281) = 46.9 ft

$$v_u/\phi = \frac{2430}{0.85(46.9 \times 12)(14.76)} = 344 \text{ psi} \le \phi 10\sqrt{f_{ck}} = 754 \text{ psi}$$

$$V_c = 2\sqrt{5690} \times 12 \times 14.76 = 26.7 \text{ kip/ft}$$

$$V_s = \frac{2430}{0.85} \times \frac{1}{46.9} - 26.7 = 34.2 \text{ kip/ft}$$

$\leq$ V_s from Typ reinf. = 107.9 kip/ft (HD19@200, T&B)

$\Rightarrow$ No additional rebar required.

$$T_u = 2 \times [0.85 \times 344 \times 14.76 \times (1 \times 3.281 \times 12)] \times \frac{1}{1000} = 340 \text{ kips}$$

$$A_s = \frac{340}{0.9(71.12)} = 5.31 \text{ in}^2 \Rightarrow \text{6-HD29}$$

타워 102 슬래브 above belt walls (thk. = 400㎜) concrete properties : f_{ck} = 400kgf/㎠(5690psi) ; ΦV_c = 9.0kgf/㎠(128.2psi) ; $V_{n,max}$ = 754psi typical 슬래브 reinforcement : top−HD19@150㎜ ; bottom−HD19@150㎜													
load comb.	P_x (kips)	P_y (kips)	T (kip−ft)	V_{ux} (kips)	V_{uy} (kips)	drag strut length		drag strut length (include V_s)					
						L_x (m)	L_y (m)	V_c (kip/ft)	V_s (kip/ft)	V_n (kip/ft)	L_x (m)	L_y (m)
RWDI01	7853	2209	59720	5815	2217	78.0	29.7	27	144	171	12.2	4.7
RWDI02	7829	1892	56058	5750	1965	77.1	26.4	27	144	171	12.1	4.1
RWDI03	7969	3720	60918	5905	3196	79.2	42.9	27	144	171	12.4	6.7
RWDI04	7939	3725	57192	5835	3149	78.3	42.2	27	144	171	12.3	6.6
RWDI05	8781	2788	61618	6432	2612	86.3	35.0	27	144	171	13.5	5.5
RWDI06	8826	2782	67206	6537	2683	87.7	36.0	27	144	171	13.7	5.6
RWDI07	8690	1892	60672	6361	2028	85.3	27.2	27	144	171	13.4	4.3
RWDI08	8735	1899	66261	6466	2108	86.7	28.3	27	144	171	13.6	4.4
RWDI09	2541	5941	21961	1917	4084	25.7	54.8	27	144	171	4.0	8.6
RWDI10	2496	5934	16372	1813	4005	24.3	53.7	27	144	171	3.8	8.4
RWDI11	3169	6235	21759	2315	4269	31.1	57.3	27	144	171	4.9	9.0
RWDI12	3172	6234	22069	2321	4273	31.1	57.3	27	144	171	4.9	9.0
RWDI13	4464	5921	29860	3250	4179	43.6	56.1	27	144	171	6.8	8.8
RWDI14	4509	5914	35449	3355	4250	45.0	57.0	27	144	171	7.0	8.9
RWDI15	2487	6246	15999	1802	4198	24.2	56.3	27	144	171	3.8	8.8
RWDI16	2520	6250	20035	1878	4256	25.2	57.1	27	144	171	3.9	8.9
RWDI17	2616	3135	25012	2006	2337	26.9	31.4	27	144	171	4.2	4.9
RWDI18	2555	1874	14708	1828	1394	24.5	18.7	27	144	171	3.8	2.9
RWDI19	2714	1857	26021	2082	1536	27.9	20.6	27	144	171	4.4	3.2
RWDI20	2634	2182	15527	1890	1601	25.4	21.5	27	144	171	4.0	3.4
RWDI21	4389	3116	26809	3161	2349	42.4	31.5	27	144	171	6.6	4.9
RWDI22	2699	1860	24158	2048	1513	27.5	20.3	27	144	171	4.3	3.2
RWDI23	4291	1877	25800	3085	1546	41.4	20.7	27	144	171	6.5	3.2
RWDI24	2619	2197	23339	1986	1716	26.6	23.0	27	144	171	4.2	3.6
SPECRSA	6635	3600	40617	4780	2845	64.1	38.2	27	144	171	10.0	6.0

타워 102 슬래브 above belt walls (thk. = 600㎜) concrete properties : fck = 400kgf/㎠(5690psi) ; ΦVc = 9.0kgf/㎠(128.2psi) ; Vn,max = 754psi typical 슬래브 reinforcement : top-HD19@150㎜ ; bottom-HD19@150㎜											
load comb.	Px (kips)	Py (kips)	T (kip-ft)	Vux (kips)	Vuy (kips)	drag strut length		drag strut length (include Vs)			
						Lx (m)	Ly (m)	Vc (kip/ft)	Vs (kip/ft)	Vn (kip/ft)	Lx (m)	Ly (m)
RWDI01	7853	2209	59720	6029	2430	52.7	21.3	41	144	185	11.7	4.7
RWDI02	7829	1892	56058	5951	2166	52.1	18.9	41	144	185	11.5	4.2
RWDI03	7969	3720	60918	6123	3414	53.6	29.9	41	144	185	11.9	6.6
RWDI04	7939	3725	57192	6040	3354	52.8	29.3	41	144	185	11.7	6.5
RWDI05	8781	2788	61618	6653	2832	58.2	24.8	41	144	185	12.9	5.5
RWDI06	8826	2782	67206	6777	2924	59.3	25.6	41	144	185	13.1	5.7
RWDI07	8690	1892	60672	6578	2245	57.6	19.6	41	144	185	12.8	4.4
RWDI08	8735	1899	66261	6703	2345	58.6	20.5	41	144	185	13.0	4.5
RWDI09	2541	5941	21961	1996	4163	17.5	36.4	41	144	185	3.9	8.1
RWDI10	2496	5934	16372	1871	4063	16.4	35.6	41	144	185	3.6	7.9
RWDI11	3169	6235	21759	2393	4347	20.9	38.0	41	144	185	4.6	8.4
RWDI12	3172	6234	22069	2400	4352	21.0	38.1	41	144	185	4.7	8.4
RWDI13	4464	5921	29860	3357	4286	29.4	37.5	41	144	185	6.5	8.3
RWDI14	4509	5914	35449	3481	4377	30.5	38.3	41	144	185	6.8	8.5
RWDI15	2487	6246	15999	1859	4255	16.3	37.2	41	144	185	3.6	8.3
RWDI16	2520	6250	20035	1949	4328	17.1	37.9	41	144	185	3.8	8.4
RWDI17	2616	3135	25012	2096	2427	18.3	21.2	41	144	185	4.1	4.7
RWDI18	2555	1874	14708	1881	1447	16.5	12.7	41	144	185	3.6	2.8
RWDI19	2714	1857	26021	2176	1630	19.0	14.3	41	144	185	4.2	3.2
RWDI20	2634	2182	15527	1945	1657	17.0	14.5	41	144	185	3.8	3.2
RWDI21	4389	3116	26809	3257	2445	28.5	21.4	41	144	185	6.3	4.7
RWDI22	2699	1860	24158	2134	1599	18.7	14.0	41	144	185	4.1	3.1
RWDI23	4291	1877	25800	3177	1638	27.8	14.3	41	144	185	6.2	3.2
RWDI24	2619	2197	23339	2069	1800	18.1	15.7	41	144	185	4.0	3.5
SPECRSA	6635	3600	40617	4925	2991	43.1	26.2	41	144	185	9.6	5.8

타워 102 슬래브 below belt walls (thk. = 400㎜) concrete properties : fck = 400kgf/㎠(5690psi) ; ΦVc = 9.0kgf/㎠(128.2psi) ; Vn,max = 754psi typical 슬래브 reinforcement : Top-HD19@150㎜ ; Bottom-HD19@150㎜											
load comb.	Px (kips)	Py (kips)	T (kip-ft)	Vux (kips)	Vuy (kips)	drag strut length		drag strut length (include Vs)			
						Lx (m)	Ly (m)	Vc (kip/ft)	Vs (kip/ft)	Vn (kip/ft)	Lx (m)	Ly (m)
RWDI01	7971	2403	59720	5890	2341	79.0	31.4	27	144	171	12.4	4.9
RWDI02	7958	2070	56058	5832	2079	78.2	27.9	27	144	171	12.3	4.4
RWDI03	8228	3831	60918	6070	3267	81.4	43.8	27	144	171	12.8	6.9
RWDI04	8202	3836	57192	6003	3220	80.5	43.2	27	144	171	12.6	6.8
RWDI05	9043	2843	61618	6599	2647	88.5	35.5	27	144	171	13.9	5.6
RWDI06	9082	2835	67206	6700	2717	89.9	36.5	27	144	171	14.1	5.7
RWDI07	8840	2079	60672	6457	2147	86.6	28.8	27	144	171	13.6	4.5
RWDI08	8879	2087	66261	6558	2228	88.0	29.9	27	144	171	13.8	4.7
RWDI09	2453	6274	21961	1861	4297	25.0	57.7	27	144	171	3.9	9.0
RWDI10	2414	6267	16372	1760	4217	23.6	56.6	27	144	171	3.7	8.9
RWDI11	3387	6525	21759	2454	4454	32.9	59.8	27	144	171	5.2	9.4
RWDI12	3389	6525	22069	2459	4458	33.0	59.8	27	144	171	5.2	9.4
RWDI13	4705	6182	29860	3403	4345	45.7	58.3	27	144	171	7.2	9.1
RWDI14	4744	6174	35449	3504	4416	47.0	59.2	27	144	171	7.4	9.3
RWDI15	2398	6594	15999	1745	4420	23.4	59.3	27	144	171	3.7	9.3
RWDI16	2426	6600	20035	1818	4479	24.4	60.1	27	144	171	3.8	9.4
RWDI17	2593	3325	25012	1991	2458	26.7	33.0	27	144	171	4.2	5.2
RWDI18	2572	1997	14708	1839	1472	24.7	19.8	27	144	171	3.9	3.1
RWDI19	2809	1925	26021	2143	1580	28.8	21.2	27	144	171	4.5	3.3
RWDI20	2748	2268	15527	1962	1656	26.3	22.2	27	144	171	4.1	3.5
RWDI21	4565	3232	26809	3273	2424	43.9	32.5	27	144	171	6.9	5.1
RWDI22	2796	1928	24158	2110	1556	28.3	20.9	27	144	171	4.4	3.3
RWDI23	4348	2018	25800	3121	1636	41.9	21.9	27	144	171	6.6	3.4
RWDI24	2620	2338	23339	1986	1806	26.6	24.2	27	144	171	4.2	3.8
SPECRSA	6805	3671	40617	4888	2890	65.6	38.8	27	144	171	10.3	6.1

타워 102 슬래브 below belt walls (thk. = 600㎜)
concrete properties : f_{ck} = 400kgf/㎠(5690psi) ; ϕV_c = 9.0kgf/㎠(128.2psi) ; $V_{n,max}$ = 754psi
typical 슬래브 reinforcement : top−HD19@150㎜ ; bottom−HD19@150㎜

load comb.	P_x (kips)	P_y (kips)	T (kip−ft)	V_{ux} (kips)	V_{uy} (kips)	drag strut length		drag strut length (include V_s)				
						L_x (m)	L_y (m)	V_c (kip/ft)	V_s (kip/ft)	V_n (kip/ft)	L_x (m)	L_y (m)
RWDI01	7971	2403	59720	6104	2555	53.4	22.4	41	144	185	11.8	5.0
RWDI02	7958	2070	56058	6033	2279	52.8	19.9	41	144	185	11.7	4.4
RWDI03	8228	3831	60918	6288	3485	55.0	30.5	41	144	185	12.2	6.8
RWDI04	8202	3836	57192	6208	3425	54.3	30.0	41	144	185	12.0	6.6
RWDI05	9043	2843	61618	6820	2867	59.7	25.1	41	144	185	13.2	5.6
RWDI06	9082	2835	67206	6940	2958	**60.7**	25.9	41	144	185	**13.5**	5.7
RWDI07	8840	2079	60672	6674	2364	58.4	20.7	41	144	185	12.9	4.6
RWDI08	8879	2087	66261	6795	2465	59.5	21.6	41	144	185	13.2	4.8
RWDI09	2453	6274	21961	1940	4376	17.0	38.3	41	144	185	3.8	8.5
RWDI10	2414	6267	16372	1819	4275	15.9	37.4	41	144	185	3.5	8.3
RWDI11	3387	6525	21759	2532	4532	22.2	39.7	41	144	185	4.9	8.8
RWDI12	3389	6525	22069	2538	4537	22.2	39.7	41	144	185	4.9	8.8
RWDI13	4705	6182	29860	3510	4452	30.7	39.0	41	144	185	6.8	8.6
RWDI14	4744	6174	35449	3631	4543	31.8	39.7	41	144	185	7.0	8.8
RWDI15	2398	6594	15999	1803	4478	15.8	39.2	41	144	185	3.5	8.7
RWDI16	2426	6600	20035	1890	4550	16.5	**39.8**	41	144	185	3.7	**8.8**
RWDI17	2593	3325	25012	2081	2548	18.2	22.3	41	144	185	4.0	4.9
RWDI18	2572	1997	14708	1892	1525	16.6	13.3	41	144	185	3.7	3.0
RWDI19	2809	1925	26021	2236	1673	19.6	14.6	41	144	185	4.3	3.2
RWDI20	2748	2268	15527	2018	1712	17.7	15.0	41	144	185	3.9	3.3
RWDI21	4565	3232	26809	3369	2519	29.5	22.0	41	144	185	6.5	4.9
RWDI22	2796	1928	24158	2196	1643	19.2	14.4	41	144	185	4.3	3.2
RWDI23	4348	2018	25800	3214	1728	28.1	15.1	41	144	185	6.2	3.4
RWDI24	2620	2338	23339	2070	1890	18.1	16.5	41	144	185	4.0	3.7
SPECRSA	6805	3671	40617	5033	3035	44.0	26.6	41	144	185	9.8	5.9

타워 103 슬래브 above belt walls (thk. = 400㎜)
concrete properties : f_{ck} = 400kgf/㎠(5690psi) ; ϕV_c = 9.0kgf/㎠(128.2psi) ; $V_{n,max}$ = 754psi
typical 슬래브 reinforcement : top−HD19@200㎜ ; bottom−HD19@200㎜

load comb.	P_x (kips)	P_y (kips)	T (kip−ft)	V_{ux} (kips)	V_{uy} (kips)	drag strut length		drag strut length (include V_s)				
						L_x (m)	L_y (m)	V_c (kip/ft)	V_s (kip/ft)	V_n (kip/ft)	L_x (m)	L_y (m)
RWDI01	3853	2279	50654	6077	2204	81.5	29.6	27	108	135	16.2	5.9
RWDI02	8341	2274	47858	6027	2159	80.9	29.0	27	108	135	16.1	5.8
RWDI03	8542	1753	50367	6193	1865	83.1	25.0	27	108	135	16.5	5.0
RWDI04	8531	1758	47571	6144	1827	82.4	24.5	27	108	135	16.4	4.9
RWDI05	8534	1757	48393	6158	1838	82.6	24.7	27	108	135	16.4	4.9
RWDI06	8542	1753	50367	6193	1865	**83.1**	25.0	27	108	135	**16.5**	5.0
RWDI07	8318	2852	48721	6025	2541	80.8	34.1	27	108	135	16.0	6.8
RWDI08	8326	2855	50695	6080	2572	81.3	34.5	27	108	135	16.1	6.8
RWDI09	3991	5174	26436	2936	3690	39.4	49.5	27	108	135	7.8	9.8
RWDI10	3978	5168	23475	2884	3643	38.7	48.9	27	108	135	7.7	9.7
RWDI11	2812	5767	15428	2021	3905	27.1	52.4	27	108	135	5.4	10.4
RWDI12	2803	5771	13454	1987	3878	26.7	52.0	27	108	135	5.3	10.3
RWDI13	2775	5195	13165	1964	3507	26.4	47.1	27	108	135	5.2	9.3
RWDI14	2787	5189	16127	2016	3547	27.0	47.6	27	108	135	5.4	9.4
RWDI15	3531	5747	21699	2573	3985	34.5	53.5	27	108	135	6.9	10.6
RWDI16	3540	5750	23673	2608	4017	35.0	**53.9**	27	108	135	6.9	**10.7**
RWDI17	2455	2014	17958	1831	1550	24.6	20.8	27	108	135	4.9	4.1
RWDI18	4529	2283	24101	3245	1813	43.5	24.3	27	108	135	8.6	4.8
RWDI19	2831	1730	17689	1939	1366	26.0	16.3	27	108	135	5.2	3.6
RWDI20	4719	1749	23814	3361	1468	45.1	19.7	27	108	135	9.0	3.9
RWDI21	2619	2030	11746	1844	1468	24.7	19.7	27	108	135	4.9	3.9
RWDI22	2659	2306	17977	1962	1737	26.3	23.3	27	108	135	5.2	4.6
RWDI23	2444	1714	12013	1736	1271	23.3	17.1	27	108	135	4.6	3.4
RWDI24	2470	1727	18264	1846	1372	24.8	18.4	27	108	135	4.9	3.7
SPECRSA	6735	4162	31355	4759	3118	63.8	41.6	27	108	135	12.7	8.3

타워 103 슬래브 above belt walls (thk. = 600㎜)
concrete properties : f_{ck} = 400kgf/㎠(5690psi) ; ϕV_c = 9.0kgf/㎠(128.2psi) ; $V_{n,max}$ = 754psi
typical 슬래브 reinforcement : top-HD19@100㎜ ; bottom-HD19@200㎜

Load Comb.	P_x (kips)	P_y (kips)	T (kip-ft)	V_{ux} (kips)	V_{uy} (kips)	drag strut length		drag strut length (include V_s)				
						L_x (m)	L_y (m)	V_c (kip/ft)	V_s (kip/ft)	V_n (kip/ft)	L_x (m)	L_y (m)
RWDI01	3853	2279	50654	6077	2204	53.2	19.3	41	162	203	10.7	3.9
RWDI02	8341	2274	47858	6027	2159	52.7	18.9	41	162	203	10.7	3.8
RWDI03	8542	1753	50367	6193	1865	54.2	16.3	41	162	203	10.9	3.3
RWDI04	8531	1758	47571	6144	1827	53.8	16.0	41	162	203	10.9	3.2
RWDI05	8534	1757	48393	6158	1838	53.9	16.1	41	162	203	10.9	3.2
RWDI06	8542	1753	50367	6193	1865	**54.2**	16.3	41	162	203	**10.9**	3.3
RWDI07	8318	2852	48721	6025	2541	52.7	22.2	41	162	203	10.6	4.5
RWDI08	8326	2855	50695	6080	2572	53.0	22.5	41	162	203	10.7	4.5
RWDI09	3991	5174	26436	2936	3690	25.7	32.3	41	162	203	5.2	6.5
RWDI10	3978	5168	23475	2884	3643	25.2	31.9	41	162	203	5.1	6.4
RWDI11	2812	5767	15428	2021	3905	17.7	34.2	41	162	203	3.6	6.9
RWDI12	2803	5771	13454	1987	3878	17.4	33.9	41	162	203	3.5	6.9
RWDI13	2775	5195	13165	1964	3507	17.2	30.7	41	162	203	3.5	6.2
RWDI14	2787	5189	16127	2016	3547	17.6	31.0	41	162	203	3.6	6.3
RWDI15	3531	5747	21699	2573	3985	22.5	34.9	41	162	203	4.5	7.0
RWDI16	3540	5750	23673	2608	4017	22.8	**35.1**	41	162	203	4.6	**7.1**
RWDI17	2455	2014	17958	1831	1550	16.0	13.6	41	162	203	3.2	2.7
RWDI18	4529	2283	24101	3245	1813	28.4	16.9	41	162	203	5.7	3.2
RWDI19	2831	1730	17689	1939	1366	17.0	11.9	41	162	203	3.4	2.4
RWDI20	4719	1749	23814	3361	1468	29.4	12.8	41	162	203	5.9	2.6
RWDI21	2619	2030	11746	1844	1468	16.1	12.8	41	162	203	3.3	2.6
RWDI22	2659	2306	17977	1962	1737	17.2	15.2	41	162	203	3.5	3.1
RWDI23	2444	1714	12013	1736	1271	15.2	11.1	41	162	203	3.1	2.2
RWDI24	2470	1727	18264	1846	1372	16.1	12.0	41	162	203	3.3	2.4
SPECRSA	6735	4162	31355	4759	3118	41.6	27.3	41	162	203	8.4	5.5

타워 103 슬래브 below belt walls (thk. = 400㎜)
concrete properties : f_{ck} = 400kgf/㎠(5690psi) ; ϕV_c = 9.0kgf/㎠(128.2psi) ; $V_{n,max}$ = 754psi
typical 슬래브 reinforcement : top-HD19@200㎜ ; bottom-HD19@200㎜

load comb.	P_x (kips)	P_y (kips)	T (kip-ft)	V_{ux} (kips)	V_{uy} (kips)	drag strut length		drag strut length (include V_s)				
						L_x (m)	L_y (m)	V_c (kip/ft)	V_s (kip/ft)	V_n (kip/ft)	L_x (m)	L_y (m)
RWDI01	8444	2268	50654	6134	2197	82.3	29.5	27	108	135	16.3	5.9
RWDI02	8437	2259	47658	6088	2150	81.7	28.8	27	108	135	16.2	5.7
RWDI03	8644	1959	50367	6258	1996	84.0	26.8	27	108	135	16.7	5.3
RWDI04	8637	1968	47571	6212	1960	83.3	26.3	27	108	135	16.5	5.2
RWDI05	8639	1965	48393	6225	1971	83.5	26.4	27	108	135	16.6	5.2
RWDI06	8644	1959	50367	6258	1996	**84.0**	26.8	27	108	135	**16.7**	5.3
RWDI07	8410	2865	48721	6084	2549	81.6	34.2	27	108	135	16.2	6.8
RWDI08	8416	2872	50695	6117	2583	82.1	34.6	27	108	135	16.3	6.9
RWDI09	4024	5363	26436	2958	3811	39.7	51.1	27	108	135	7.9	10.1
RWDI10	4016	5354	23475	2909	3761	39.0	50.5	27	108	135	7.7	10.0
RWDI11	2855	6080	15426	2049	4105	27.5	55.1	27	108	135	5.5	10.9
RWDI12	2850	6087	13454	2016	4080	27.1	54.7	27	108	135	5.4	10.9
RWDI13	2820	5484	13166	1993	3691	26.7	49.5	27	108	135	5.3	9.8
RWDI14	2828	5474	16127	2042	3729	27.4	50.0	27	108	135	5.4	9.9
RWDI15	3562	5967	21699	2592	4126	34.8	55.4	27	108	135	6.9	11.0
RWDI16	3567	5974	23673	2625	4159	35.2	**55.8**	27	108	135	7.0	**11.1**
RWDI17	2475	2078	17956	1844	1591	24.7	21.3	27	108	135	4.9	4.2
RWDI18	4583	2322	24101	3279	1838	44.0	24.7	27	108	135	8.7	4.9
RWDI19	2660	1847	17689	1958	1440	26.3	19.3	27	108	135	5.2	3.8
RWDI20	4783	1905	23814	3402	1567	45.6	21.0	27	108	135	9.1	4.2
RWDI21	2659	2168	11746	1869	1556	25.1	20.9	27	108	135	5.0	4.1
RWDI22	2690	2450	17977	1981	1829	26.6	24.5	27	108	135	5.3	4.9
RWDI23	2473	1757	12013	1755	1296	23.5	17.4	27	108	135	4.7	3.5
RWDI24	2490	1777	18264	1858	1404	24.9	18.8	27	108	135	4.9	3.7
SPECRSA	6810	4224	31355	4807	3158	64.5	42.4	27	108	135	12.8	8.4

<table>
<tr><td colspan="14">타워 103 슬래브 below belt walls (thk. = 600㎜)
concrete properties : fck = 400kgf/㎠(5690psi) ; ΦVc = 9.0kgf/㎠(128.2psi) ; Vn,max = 754psi
typical 슬래브 reinforcement : top–HD19@100㎜ ; bottom–HD19@200㎜</td></tr>
<tr><td rowspan="2">load comb.</td><td rowspan="2">Px (kips)</td><td rowspan="2">Py (kips)</td><td rowspan="2">T (kip–ft)</td><td rowspan="2">Vux (kips)</td><td rowspan="2">Vuy (kips)</td><td colspan="2">drag strut length</td><td colspan="5">drag strut length (include Vs)</td></tr>
<tr><td>Lx (m)</td><td>Ly (m)</td><td>Vc (kip/ft)</td><td>Vs (kip/ft)</td><td>Vn (kip/ft)</td><td>Lx (m)</td><td>Ly (m)</td></tr>
<tr><td>RWDI01</td><td>8444</td><td>2268</td><td>50654</td><td>6134</td><td>2197</td><td>53.7</td><td>19.2</td><td>41</td><td>162</td><td>203</td><td>10.8</td><td>3.9</td></tr>
<tr><td>RWDI02</td><td>8437</td><td>2259</td><td>47658</td><td>6088</td><td>2150</td><td>53.5</td><td>18.8</td><td>41</td><td>162</td><td>203</td><td>10.8</td><td>3.8</td></tr>
<tr><td>RWDI03</td><td>8644</td><td>1959</td><td>50367</td><td>6258</td><td>1996</td><td>54.8</td><td>17.5</td><td>41</td><td>162</td><td>203</td><td>11.1</td><td>3.5</td></tr>
<tr><td>RWDI04</td><td>8637</td><td>1968</td><td>47571</td><td>6212</td><td>1960</td><td>54.3</td><td>17.1</td><td>41</td><td>162</td><td>203</td><td>11.0</td><td>3.5</td></tr>
<tr><td>RWDI05</td><td>8639</td><td>1965</td><td>48393</td><td>6225</td><td>1971</td><td>54.5</td><td>17.2</td><td>41</td><td>162</td><td>203</td><td>11.0</td><td>3.5</td></tr>
<tr><td>RWDI06</td><td>8644</td><td>1959</td><td>50367</td><td>6258</td><td>1996</td><td>54.8</td><td>17.5</td><td>41</td><td>162</td><td>203</td><td>11.1</td><td>3.5</td></tr>
<tr><td>RWDI07</td><td>8410</td><td>2865</td><td>48721</td><td>6084</td><td>2549</td><td>53.2</td><td>22.3</td><td>41</td><td>162</td><td>203</td><td>10.8</td><td>4.6</td></tr>
<tr><td>RWDI08</td><td>8416</td><td>2872</td><td>50695</td><td>6117</td><td>2583</td><td>53.5</td><td>22.6</td><td>41</td><td>162</td><td>203</td><td>10.8</td><td>4.6</td></tr>
<tr><td>RWDI09</td><td>4024</td><td>5363</td><td>26436</td><td>2958</td><td>3811</td><td>25.9</td><td>33.3</td><td>41</td><td>162</td><td>203</td><td>5.2</td><td>6.7</td></tr>
<tr><td>RWDI10</td><td>4016</td><td>5354</td><td>23475</td><td>2909</td><td>3761</td><td>25.4</td><td>32.9</td><td>41</td><td>162</td><td>203</td><td>5.1</td><td>6.6</td></tr>
<tr><td>RWDI11</td><td>2855</td><td>6080</td><td>15426</td><td>2049</td><td>4105</td><td>17.9</td><td>35.9</td><td>41</td><td>162</td><td>203</td><td>3.6</td><td>7.3</td></tr>
<tr><td>RWDI12</td><td>2850</td><td>6087</td><td>13454</td><td>2016</td><td>4080</td><td>17.6</td><td>35.7</td><td>41</td><td>162</td><td>203</td><td>3.6</td><td>7.2</td></tr>
<tr><td>RWDI13</td><td>2820</td><td>5484</td><td>13166</td><td>1993</td><td>3691</td><td>17.4</td><td>32.3</td><td>41</td><td>162</td><td>203</td><td>3.5</td><td>6.5</td></tr>
<tr><td>RWDI14</td><td>2828</td><td>5474</td><td>16127</td><td>2042</td><td>3729</td><td>17.9</td><td>32.6</td><td>41</td><td>162</td><td>203</td><td>3.6</td><td>6.6</td></tr>
<tr><td>RWDI15</td><td>3562</td><td>5967</td><td>21699</td><td>2592</td><td>4126</td><td>22.7</td><td>36.1</td><td>41</td><td>162</td><td>203</td><td>4.6</td><td>7.3</td></tr>
<tr><td>RWDI16</td><td>3567</td><td>5974</td><td>23673</td><td>2625</td><td>4159</td><td>23.0</td><td>36.4</td><td>41</td><td>162</td><td>203</td><td>4.6</td><td>7.4</td></tr>
<tr><td>RWDI17</td><td>2475</td><td>2078</td><td>17956</td><td>1844</td><td>1591</td><td>16.1</td><td>13.9</td><td>41</td><td>162</td><td>203</td><td>3.3</td><td>2.8</td></tr>
<tr><td>RWDI18</td><td>4583</td><td>2322</td><td>24101</td><td>3279</td><td>1838</td><td>28.7</td><td>16.1</td><td>41</td><td>162</td><td>203</td><td>5.8</td><td>3.2</td></tr>
<tr><td>RWDI19</td><td>2660</td><td>1847</td><td>17689</td><td>1958</td><td>1440</td><td>17.1</td><td>12.6</td><td>41</td><td>162</td><td>203</td><td>3.6</td><td>2.5</td></tr>
<tr><td>RWDI20</td><td>4783</td><td>1905</td><td>23814</td><td>3402</td><td>1567</td><td>29.8</td><td>13.7</td><td>41</td><td>162</td><td>203</td><td>6.0</td><td>2.8</td></tr>
<tr><td>RWDI21</td><td>2659</td><td>2168</td><td>11746</td><td>1869</td><td>1556</td><td>16.4</td><td>13.6</td><td>41</td><td>162</td><td>203</td><td>3.3</td><td>2.8</td></tr>
<tr><td>RWDI22</td><td>2690</td><td>2450</td><td>17977</td><td>1981</td><td>1829</td><td>17.3</td><td>16.0</td><td>41</td><td>162</td><td>203</td><td>3.5</td><td>3.2</td></tr>
<tr><td>RWDI23</td><td>2473</td><td>1757</td><td>12013</td><td>1755</td><td>1296</td><td>15.4</td><td>11.4</td><td>41</td><td>162</td><td>203</td><td>3.1</td><td>2.3</td></tr>
<tr><td>RWDI24</td><td>2490</td><td>1777</td><td>18264</td><td>1858</td><td>1404</td><td>16.3</td><td>12.3</td><td>41</td><td>162</td><td>203</td><td>3.3</td><td>2.5</td></tr>
<tr><td>SPECRSA</td><td>6810</td><td>4224</td><td>31355</td><td>4807</td><td>3158</td><td>42.1</td><td>27.6</td><td>41</td><td>162</td><td>203</td><td>8.5</td><td>5.6</td></tr>
</table>

3.6 스터드레일(STUDRAIL) 설계

i) - 뚫림 전단(punching shear) 계산식

$$\nu_u = \frac{V_u}{A_c} + \frac{\gamma_{vx} M_{ux} C_x}{J_{xx}} + \frac{\gamma_{vy} M_{uy} C_y\ y}{J_{yy}}$$

A_c - area of concrete of assumed critical section

J_c - property of assumed critical section analogous to polar moment of inertia = $\int \rho^2 dA$

γ_{vx}, γ_{vy} - portion of moment being transferred through shear eccentricity

$\gamma_v = (1 - \gamma_f)$

- 스터드(Stud) 간격 결정식

V_u / ϕ

$\frac{A_v f_y d}{V_s}$; A_v = No. of rails X cross section area of each stud

- Determination of shear STUDRAIL length involves iterations to ensure shear stress at critical section d/2 outside of the last stud to be below $2\sqrt{f_{ck}}$. DECON is used to perform STUDRAIL design with selected as design code.

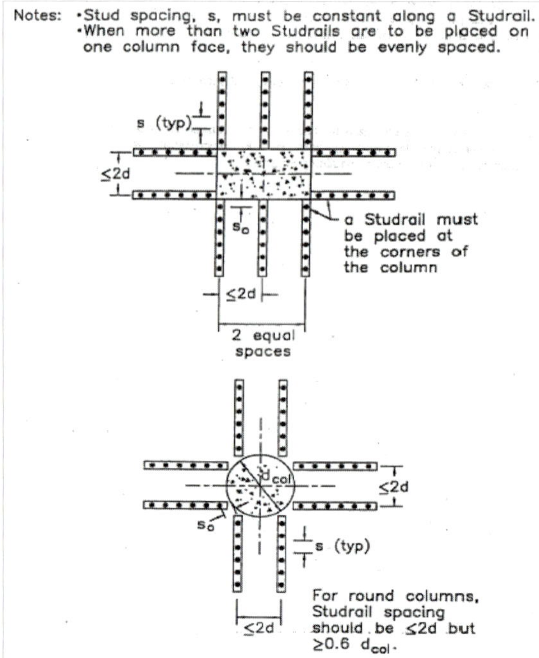

그림 22. typical arrangements of STUDRAILs (plan view)

ii) DECON STUDRAIL design program calculation sample (타워 101 A2기둥)

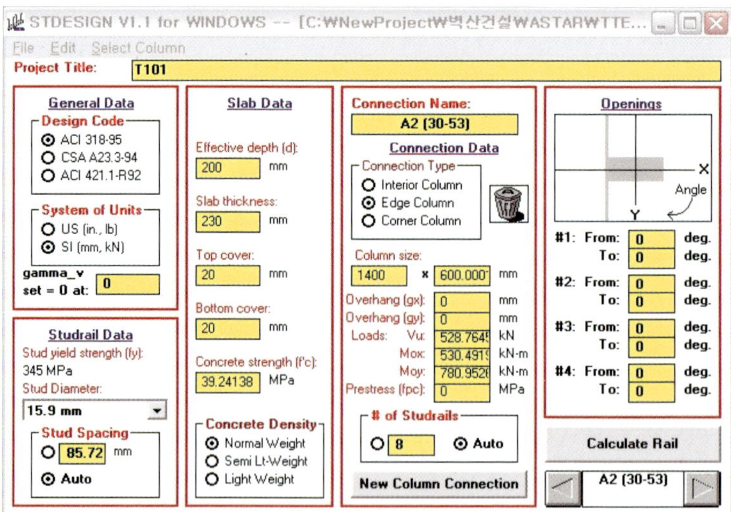

그림 23. DECON STUDRAIL design input data

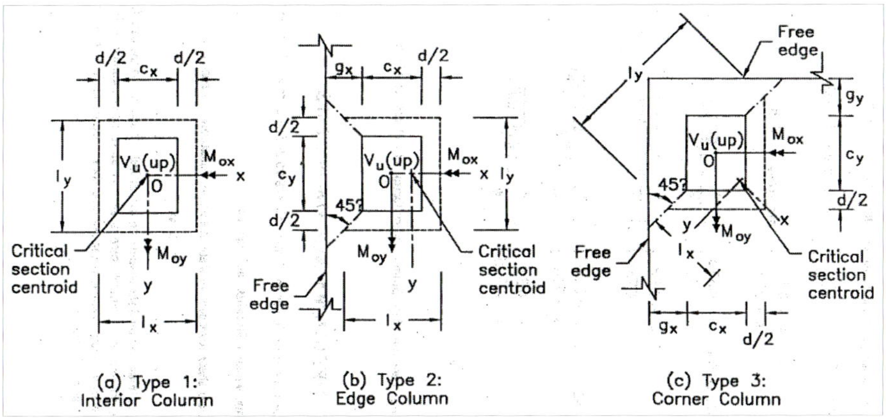

그림 24. definition of slab-column connection parameter sand critical section at d/2 from column face

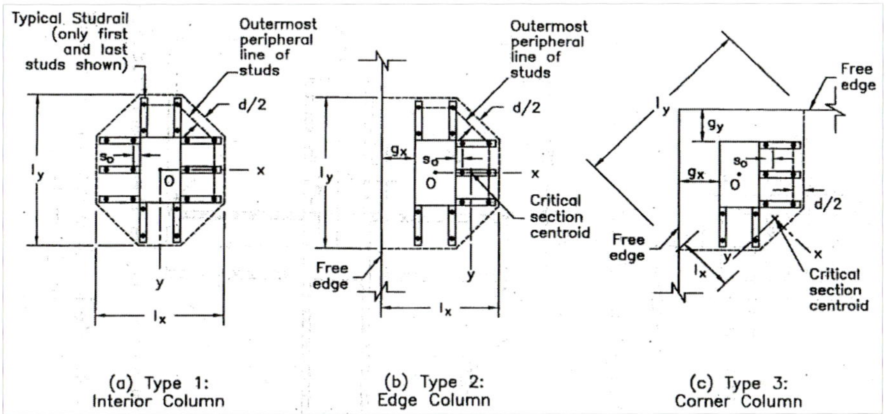

그림 25. typical arrangements of studrails and location of critical section outside shear reinforced zone

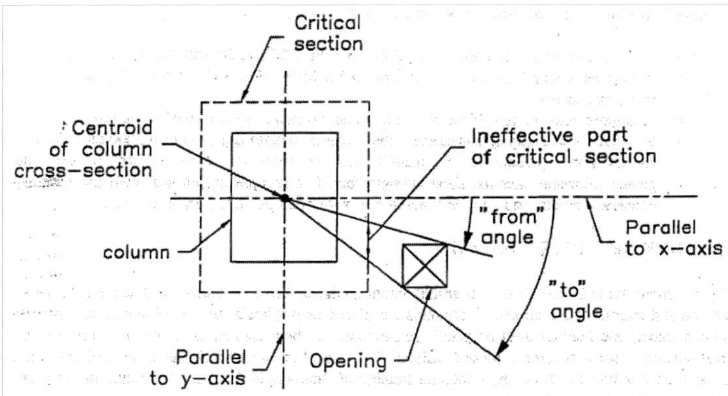

그림 26. slab with opening

Design Parameters

DESIGN PARAMETERS AT d/2 FROM COLUMN FACE:

Column centroid: Xo = -207.89 mm
Yo = 0.00 mm

Critical Section Area: Ac = 760000.0 mm^2

Moments of Inertia: Jx = 1.05E+11 mm^4
Jy = 1.84E+11 mm^4
Jxy = 0.00E+00 mm^4

Maximum shear stress: vu = 2.393 MPa at x = 592.11 mm
y = 400.00 mm

Shear resistance: ϕvn = 1.588 MPa

DESIGN PARAMETERS OUTSIDE SHEAR REINFORCED ZONE:

Column centroid: Xo = -610.82 mm
Yo = 0.00 mm

Critical Section Area: Ac = 1142254.0 mm^2

Moments of Inertia: Jx = 9.46E+11 mm^4
Jy = 5.41E+11 mm^4
Jxy = 0.00E+00 mm^4

Maximum shear stress: vu = .885 MPa at x = 889.18 mm
y = 341.42 mm

Shear resistance: ϕvn = 0.905 MPa

Close

그림 27. STUDRAIL design parameter

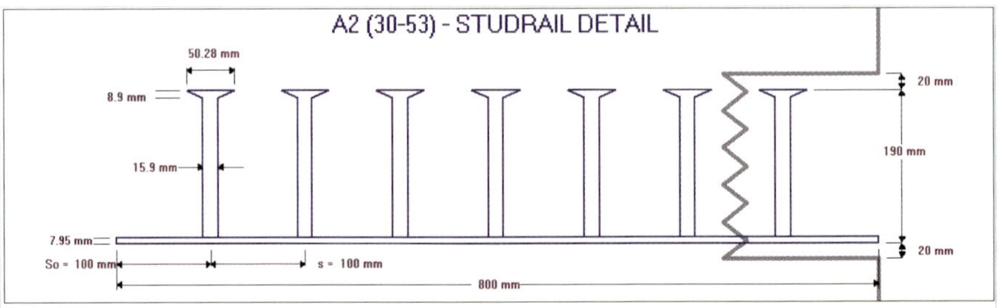

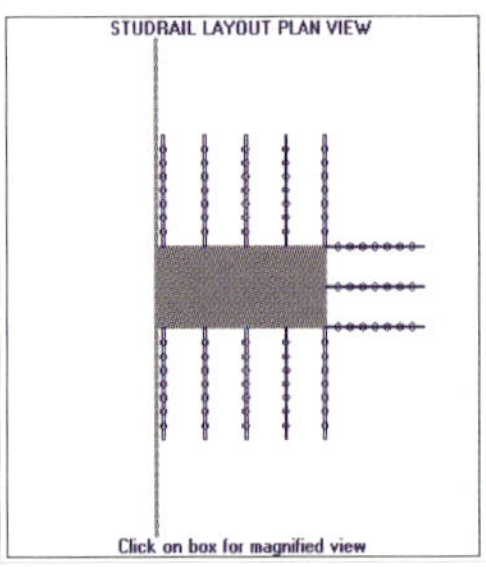

Number of rails/column	13
Number of studs/rail	7
Stud diameter	15.9 mm
Stud spacing, s	100 mm
Distance to first stud, So	100 mm
Overall height of rail	190 mm
Top cover	20 mm
Bottom cover	20 mm

그림 28. STUDRAIL design output

iii) 타워 101 뚫림 전단(punching shear)요약

story	A1		A2		A3		A4		A5		A6	
	Vu (psi)	Vu /φ Vn	Vu (psi)	Vu /φ Vn	Vu (psi)	Vu /φ Vn	Vu (psi)	Vu /φ Vn	Vu (psi)	Vu /φ Vn	Vu (psi)	Vu /φ Vn
RF	136	0.59	244	1.14	100	0.66	210	1.02	230	1.12	78	0.34
52	136	0.59	244	1.14	109	0.67	210	1.02	230	1.12	78	0.34
51	194	0.85	253	1.06	194	1.05	249	1.21	321	1.56	92	0.40
50	194	0.85	230	1.02	187	1.03	241	1.17	290	1.41	92	0.40
49	194	0.85	229	1.01	178	1.00	241	1.17	294	1.43	92	0.40
48	194	0.85	229	1.01	176	0.99	242	1.17	294	1.43	92	0.40
47	194	0.85	229	1.01	175	0.98	242	1.18	294	1.43	93	0.40
46	194	0.85	229	1.01	174	0.96	242	1.18	294	1.43	93	0.40
45	194	0.85	229	1.01	174	0.96	242	1.18	294	1.43	93	0.40
44	194	0.85	228	1.01	173	0.93	242	1.18	294	1.43	93	0.41
43	194	0.85	228	1.01	173	0.91	242	1.18	294	1.43	93	0.41
42	194	0.85	228	1.01	173	0.88	242	1.18	293	1.43	93	0.41
41	194	0.85	227	1.01	172	0.85	241	1.17	293	1.42	93	0.41
40	194	0.85	226	1.00	171	0.82	241	1.17	292	1.42	93	0.41
39	194	0.85	225	1.00	170	0.78	240	1.17	291	1.42	93	0.41
38	194	0.85	224	1.00	169	0.75	239	1.16	290	1.41	93	0.41
37	194	0.85	223	0.99	169	0.73	238	1.16	289	1.40	93	0.41
36	194	0.85	222	0.99	168	0.72	237	1.15	287	1.40	93	0.41
35	194	0.85	220	0.99	168	0.74	235	1.14	287	1.39	93	0.40
34	194	0.85	217	1.00	168	0.76	250	1.21	284	1.38	93	0.40
33	194	0.85	215	1.00	168	0.79	245	1.19	282	1.37	92	0.40
32	194	0.85	216	1.01	169	0.81	244	1.19	279	1.36	92	0.40
31	194	0.85	218	1.02	171	0.91	242	1.18	274	1.33	92	0.40
30	194	0.85	226	1.06	173	1.07	236	1.15	266	1.30	91	0.40
29	194	0.85	204	0.90	149	0.76	216	1.00	242	1.12	91	0.40
28	194	0.85	197	0.91	154	0.77	192	0.89	238	1.10	91	0.40
27	194	0.85	198	0.91	155	0.80	195	0.91	237	1.10	90	0.39
26	194	0.85	197	0.91	156	0.82	193	0.90	235	1.09	90	0.39
25	194	0.85	197	0.91	157	0.86	192	0.89	233	1.08	90	0.39
24	194	0.85	198	0.92	158	0.90	189	0.88	231	1.07	90	0.39
23	194	0.85	197	0.92	158	0.93	188	0.87	229	1.06	89	0.39
22	194	0.85	196	0.91	161	0.93	187	0.87	227	1.05	89	0.39
21	194	0.85	197	0.91	161	0.98	184	0.85	223	1.04	88	0.39
20	194	0.85	199	0.92	162	1.03	186	0.86	221	1.02	88	0.38
19	194	0.85	200	0.93	163	1.08	179	0.83	217	1.01	87	0.38
18	194	0.85	200	0.93	170	1.14	177	0.82	214	0.99	87	0.38
17	194	0.85	201	0.93	179	1.19	174	0.81	210	0.98	86	0.38
16	231	0.94	205	0.89	186	1.16	175	0.76	204	0.88	97	0.40
15	231	0.94	207	0.90	200	1.24	173	0.75	201	0.87	96	0.39
14	231	0.94	212	0.92	217	1.35	171	0.74	200	0.87	97	0.40
13	231	0.94	208	0.90	211	1.31	171	0.74	199	0.86	96	0.39
12	231	0.94	206	0.90	229	1.43	168	0.73	198	0.86	96	0.39
11	232	0.94	221	0.96	298	1.86	182	0.79	219	0.95	94	0.39
10	231	0.94	219	0.95	319	1.99	184	0.80	220	0.95	93	0.38
9	233	0.94	224	0.97	338	2.11	188	0.82	222	0.97	93	0.38
8	235	0.94	232	1.01	358	2.23	196	0.85	228	0.99	93	0.38
7	241	0.97	240	1.05	383	2.39	201	0.88	231	1.01	94	0.38
6	245	0.97	249	1.09	419	2.61	208	0.91	235	1.03	94	0.38
5	255	1.01	267	1.17	482	3.00	224	0.98	249	1.09	94	0.38
4	266	1.07	282	1.23	541	3.37	247	1.08	266	1.16	94	0.38
3	259	1.06	225	0.98	362	2.26	179	0.78	201	0.88	94	0.38

story	A7		A8		A9		A11		A12		A13	
	Vu (psi)	Vu /φ Vn	Vu (psi)	Vu /φ Vn	Vu (psi)	Vu /φ Vn	Vu (psi)	Vu /φ Vn	Vu (psi)	Vu /φ Vn	Vu (psi)	Vu /φ Vn
RF	220	1.02	184	0.89	204	1.00	193	0.95	186	0.91	212	0.98
52	220	1.02	184	0.89	204	1.00	193	0.95	186	0.91	212	0.98
51	251	1.16	256	1.25	176	0.86	159	0.78	257	1.25	253	1.17
50	230	1.06	250	1.22	174	0.85	159	0.78	252	1.22	236	1.09
49	233	1.07	250	1.22	175	0.86	159	0.78	252	1.23	237	1.09
48	233	1.07	251	1.22	175	0.86	159	0.78	252	1.23	237	1.09
47	233	1.07	251	1.22	176	0.86	159	0.78	253	1.23	238	1.10
46	233	1.07	251	1.22	176	0.86	159	0.78	253	1.23	237	1.10
45	233	1.07	251	1.22	176	0.86	159	0.78	254	1.23	238	1.10
44	232	1.07	251	1.22	177	0.87	159	0.78	253	1.23	238	1.10
43	232	1.07	251	1.22	177	0.87	159	0.78	253	1.23	237	1.10
42	232	1.07	251	1.22	178	0.87	159	0.78	253	1.23	237	1.09
41	231	1.06	250	1.22	178	0.87	159	0.78	253	1.23	236	1.09
40	230	1.06	249	1.21	179	0.88	159	0.78	252	1.23	236	1.09
39	229	1.06	249	1.21	179	0.88	159	0.78	252	1.22	235	1.08
38	228	1.05	248	1.20	179	0.88	159	0.78	251	1.22	234	1.08
37	226	1.04	247	1.20	180	0.88	159	0.78	250	1.21	232	1.07
36	224	1.04	245	1.19	180	0.89	159	0.78	248	1.21	231	1.06
35	222	1.03	243	1.18	181	0.89	159	0.78	247	1.20	229	1.06
34	220	1.02	242	1.17	181	0.89	159	0.78	245	1.19	226	1.04
33	217	1.00	239	1.16	182	0.89	159	0.78	243	1.18	224	1.03
32	214	0.99	237	1.15	182	0.89	159	0.78	240	1.17	220	1.02
31	210	0.97	233	1.13	183	0.90	159	0.78	237	1.15	217	1.00
30	203	0.94	227	1.11	185	0.91	167	0.79	231	1.12	209	0.96
29	211	0.97	206	0.95	176	0.86	157	0.76	209	0.97	217	1.00
28	207	0.95	203	0.94	178	0.87	154	0.76	206	0.95	213	0.98
27	205	0.95	202	0.94	177	0.87	154	0.76	205	0.95	212	0.98
26	203	0.94	199	0.93	177	0.87	154	0.76	203	0.94	210	0.97
25	202	0.93	206	0.95	177	0.87	154	0.76	209	0.97	209	0.96
24	200	0.92	197	0.92	177	0.87	154	0.76	202	0.94	206	0.95
23	197	0.91	196	0.91	177	0.87	155	0.76	201	0.93	204	0.94
22	196	0.90	195	0.90	176	0.86	155	0.76	198	0.92	201	0.93
21	192	0.89	192	0.89	176	0.86	156	0.76	196	0.91	198	0.92
20	190	0.88	189	0.88	176	0.86	157	0.76	193	0.90	195	0.90
19	191	0.88	186	0.86	175	0.86	158	0.76	191	0.88	192	0.89
18	191	0.88	183	0.85	175	0.86	160	0.77	188	0.87	192	0.89
17	192	0.88	180	0.83	175	0.86	161	0.78	184	0.86	193	0.89
16	190	0.82	181	0.79	182	0.84	172	0.78	186	0.81	190	0.83
15	184	0.80	178	0.77	182	0.84	174	0.79	183	0.80	184	0.80
14	191	0.83	177	0.77	186	0.85	183	0.82	182	0.79	191	0.83
13	187	0.81	177	0.77	183	0.84	177	0.80	182	0.79	188	0.82
12	189	0.82	173	0.75	184	0.85	179	0.82	179	0.78	190	0.82
11	208	0.90	174	0.76	204	0.94	203	0.92	175	0.76	208	0.90
10	208	0.90	175	0.76	205	0.94	203	0.93	176	0.76	209	0.91
9	212	0.92	179	0.78	210	0.97	206	0.94	180	0.78	212	0.92
8	215	0.93	182	0.79	214	0.98	208	0.95	183	0.79	216	0.94
7	219	0.95	186	0.81	230	1.04	220	1.00	187	0.81	219	0.95
6	224	0.97	191	0.83	238	1.08	228	1.03	192	0.83	225	0.97
5	237	1.03	204	0.88	257	1.16	245	1.11	204	0.89	237	1.03
4	258	1.12	223	0.97	277	1.25	262	1.18	227	0.98	258	1.12
3	220	0.96	186	0.81	221	1.00	213	0.96	178	0.77	211	0.92

story	A14		A15		A16		A17		A18		A19	
	Vu (psi)	Vu /φ Vn	Vu (psi)	Vu/ φ Vn	Vu (psi)	Vu /φ Vn	Vu (psi)	Vu /φ Vn	Vu (psi)	Vu /φ Vn	Vu (psi)	Vu /φ Vn
RF	79	0.35	220	1.07	151	0.74	94	0.62	248	1.26	90	0.39
52	79	0.35	220	1.07	151	0.74	94	0.62	248	1.26	90	0.39
51	90	0.39	314	1.53	252	1.23	170	1.13	303	1.54	191	0.83
50	91	0.40	291	1.41	243	1.18	167	1.11	292	1.48	191	0.83
49	91	0.40	294	1.43	244	1.19	162	1.08	292	1.48	191	0.83
48	91	0.40	294	1.43	244	1.19	160	1.07	292	1.48	191	0.83
47	91	0.40	294	1.43	244	1.19	159	1.06	292	1.48	191	0.83
46	91	0.40	294	1.43	245	1.19	157	1.04	292	1.48	191	0.83
45	92	0.40	294	1.43	245	1.19	154	1.03	292	1.48	191	0.83
44	92	0.40	294	1.43	245	1.19	151	1.01	292	1.48	191	0.83
43	92	0.40	294	1.43	245	1.19	147	0.98	292	1.48	191	0.83
42	92	0.40	294	1.43	245	1.19	143	0.95	291	1.48	191	0.83
41	92	0.40	293	1.43	244	1.19	142	0.92	291	1.47	191	0.83
40	92	0.40	292	1.42	244	1.19	141	0.89	290	1.47	191	0.83
39	92	0.40	291	1.42	243	1.18	140	0.87	289	1.47	191	0.83
38	92	0.40	290	1.41	242	1.18	139	0.85	288	1.46	191	0.83
37	92	0.40	289	1.40	241	1.17	138	0.83	286	1.45	191	0.83
36	92	0.40	287	1.40	240	1.16	138	0.80	284	1.44	191	0.83
35	91	0.40	285	1.38	238	1.16	137	0.77	284	1.44	191	0.83
34	91	0.40	282	1.37	236	1.15	137	0.77	283	1.44	191	0.83
33	91	0.40	279	1.36	233	1.14	137	0.79	281	1.43	191	0.83
32	91	0.40	276	1.34	231	1.12	138	0.82	279	1.41	191	0.83
31	90	0.39	271	1.32	227	1.10	140	0.91	276	1.40	191	0.83
30	90	0.39	262	1.27	218	1.06	162	1.08	278	1.41	191	0.83
29	90	0.39	241	1.12	200	0.93	117	0.77	230	1.07	191	0.83
28	89	0.39	237	1.10	197	0.91	119	0.78	230	1.07	191	0.83
27	89	0.39	236	1.09	196	0.91	121	0.80	229	1.06	191	0.83
26	89	0.39	234	1.08	194	0.90	124	0.82	228	1.06	191	0.83
25	89	0.39	232	1.08	192	0.89	128	0.85	227	1.05	191	0.83
24	89	0.39	230	1.07	191	0.89	132	0.88	225	1.05	191	0.83
23	88	0.38	227	1.06	189	0.88	138	0.92	223	1.04	191	0.83
22	88	0.38	225	1.04	187	0.87	144	0.96	223	1.03	191	0.83
21	87	0.38	222	1.03	184	0.85	151	1.00	220	1.02	191	0.83
20	86	0.38	219	1.01	186	0.86	157	1.05	220	1.02	191	0.83
19	86	0.37	215	1.00	179	0.83	164	1.09	217	1.00	191	0.83
18	85	0.37	212	0.98	176	0.82	172	1.15	214	0.99	191	0.83
17	85	0.37	208	0.96	173	0.80	180	1.20	212	0.98	191	0.83
16	95	0.39	201	0.87	173	0.75	187	1.16	213	0.93	228	0.93
15	95	0.39	198	0.86	170	0.74	200	1.25	212	0.92	228	0.93
14	96	0.39	199	0.86	167	0.72	217	1.35	213	0.93	228	0.93
13	95	0.39	195	0.85	167	0.73	211	1.32	210	0.91	228	0.93
12	94	0.38	196	0.85	164	0.71	230	1.43	207	0.90	228	0.93
11	93	0.38	218	0.95	181	0.79	298	1.86	221	0.96	228	0.93
10	92	0.37	218	0.95	183	0.79	319	1.99	220	0.95	228	0.93
9	92	0.37	221	0.96	187	0.81	337	2.10	219	0.95	228	0.93
8	92	0.37	227	0.98	195	0.84	357	2.23	222	0.96	228	0.93
7	92	0.38	230	1.00	201	0.88	381	2.37	223	0.97	233	0.95
6	92	0.38	234	1.02	208	0.91	415	2.59	230	1.01	233	0.95
5	92	0.38	248	1.08	223	0.97	495	3.08	248	1.08	239	0.97
4	92	0.38	262	1.14	247	1.08	572	3.56	263	1.15	250	1.02
3	92	0.38	209	0.91	163	0.71	368	2.29	214	0.94	244	0.99

story	A20		A21		A23		A25		A27		A28	
	Vu (psi)	Vu /φ Vn	Vu (psi)	Vu /φ Vn	Vu (psi)	Vu /φ Vn	Vu (psi)	Vu /φ Vn	Vu (psi)	Vu /φ Vn	Vu (psi)	Vu /φ Vn
RF	104	0.58	–	–	121	0.56	152	0.70	–	–	158	0.88
52	104	0.58	–	–	121	0.56	152	0.70	–	–	158	0.88
51	239	1.33	358	1.67	184	0.85	139	0.64	357	1.67	241	1.34
50	240	1.33	390	1.82	185	0.86	130	0.60	394	1.84	242	1.34
49	239	1.33	387	1.81	186	0.86	131	0.61	390	1.82	241	1.34
48	240	1.33	387	1.81	187	0.87	132	0.61	390	1.82	242	1.34
47	240	1.33	387	1.80	187	0.87	132	0.61	390	1.82	242	1.34
46	240	1.33	386	1.80	188	0.87	133	0.62	389	1.82	242	1.35
45	240	1.34	386	1.80	189	0.87	133	0.62	390	1.82	242	1.35
44	240	1.33	385	1.80	189	0.88	134	0.62	388	1.81	242	1.35
43	240	1.33	384	1.79	190	0.88	134	0.62	387	1.81	242	1.35
42	240	1.33	383	1.79	190	0.88	134	0.62	386	1.80	242	1.34
41	239	1.33	381	1.78	191	0.88	135	0.63	385	1.80	241	1.34
40	239	1.33	380	1.77	191	0.89	135	0.63	383	1.79	241	1.34
39	238	1.32	378	1.76	191	0.89	135	0.63	381	1.78	240	1.34
38	237	1.32	376	1.75	191	0.89	135	0.63	379	1.77	239	1.33
37	236	1.31	373	1.74	191	0.89	135	0.63	376	1.76	238	1.32
36	235	1.31	370	1.73	191	0.89	135	0.63	373	1.74	237	1.32
35	234	1.30	367	1.71	190	0.88	135	0.63	370	1.73	236	1.31
34	232	1.29	363	1.70	190	0.88	135	0.62	366	1.71	234	1.30
33	230	1.28	359	1.68	189	0.88	134	0.62	362	1.69	232	1.29
32	228	1.27	358	1.67	188	0.87	133	0.62	357	1.67	230	1.28
31	225	1.25	358	1.67	187	0.87	132	0.61	357	1.67	229	1.27
30	225	1.25	358	1.67	186	0.86	132	0.61	357	1.67	231	1.28
29	223	1.24	343	1.60	182	0.85	133	0.62	345	1.61	225	1.25
28	222	1.23	336	1.57	181	0.85	132	0.62	339	1.58	224	1.24
27	221	1.23	334	1.56	180	0.85	132	0.62	337	1.57	223	1.24
26	221	1.23	331	1.55	179	0.84	129	0.60	334	1.56	222	1.23
25	221	1.23	328	1.53	184	0.86	146	0.68	330	1.54	223	1.24
24	221	1.23	325	1.52	184	0.86	129	0.60	325	1.52	224	1.25
23	221	1.23	322	1.50	182	0.85	131	0.62	323	1.51	224	1.24
22	221	1.23	322	1.50	180	0.85	130	0.61	322	1.50	225	1.25
21	221	1.23	322	1.50	179	0.84	128	0.60	321	1.50	225	1.25
20	221	1.23	322	1.50	177	0.83	127	0.60	321	1.50	225	1.25
19	221	1.23	322	1.50	175	0.82	126	0.59	321	1.50	225	1.25
18	221	1.23	322	1.50	172	0.81	124	0.58	321	1.50	225	1.25
17	221	1.23	322	1.50	170	0.80	122	0.57	321	1.50	225	1.25
16	215	1.12	363	1.59	167	0.73	128	0.56	362	1.58	221	1.15
15	215	1.12	363	1.59	165	0.72	128	0.56	362	1.58	221	1.15
14	215	1.12	363	1.59	169	0.74	128	0.56	362	1.58	226	1.17
13	215	1.12	363	1.59	166	0.73	128	0.56	362	1.58	223	1.16
12	215	1.12	363	1.59	163	0.72	128	0.56	362	1.58	223	1.16
11	238	1.24	363	1.59	159	0.70	128	0.56	362	1.58	252	1.27
10	244	1.27	363	1.59	153	0.67	128	0.56	362	1.58	255	1.30
9	250	1.30	372	1.62	147	0.65	128	0.56	362	1.58	261	1.33
8	257	1.33	403	1.76	142	0.62	128	0.56	362	1.58	266	1.37
7	379	2.04	400	1.75	117	0.51	117	0.51	378	1.65	390	2.10
6	400	2.15	428	1.87	117	0.51	117	0.51	402	1.76	411	2.21
5	443	2.38	474	2.07	117	0.51	117	0.51	443	1.93	459	2.47
4	504	2.71	510	2.23	117	0.51	117	0.51	476	2.08	524	2.82
3	387	2.08	454	1.98	117	0.51	117	0.51	440	1.92	394	2.12

iv) 타워 102 뚫림 전단(punching shear) 요약

story	B1		B2		B3		B4		B5		B6	
	Vu (psi)	Vu /φ Vn	Vu (psi)	Vu /φ Vn	Vu (psi)	Vu /φ Vn	Vu (psi)	Vu /φ Vn	Vu (psi)	Vu /φ Vn	Vu (psi)	Vu /φ Vn
RF	201	0.88	222	1.18	127	0.62	105	0.46	196	0.97	222	1.13
49	204	0.89	231	1.22	127	0.62	105	0.46	198	0.98	234	1.19
48	204	0.89	231	1.22	127	0.62	105	0.46	198	0.98	233	1.18
47	205	0.89	233	1.24	127	0.62	105	0.46	199	0.99	234	1.19
46	206	0.90	235	1.25	127	0.62	105	0.46	199	0.99	234	1.19
45	206	0.90	238	1.26	127	0.62	105	0.46	199	0.99	234	1.19
44	207	0.90	241	1.28	127	0.62	105	0.46	200	0.99	234	1.19
43	208	0.91	244	1.30	127	0.62	105	0.46	200	0.99	234	1.19
42	208	0.91	248	1.31	127	0.62	105	0.46	200	0.99	233	1.18
41	209	0.91	251	1.33	127	0.62	105	0.46	200	0.99	233	1.18
40	209	0.91	255	1.35	127	0.62	105	0.46	200	0.99	232	1.18
39	210	0.92	258	1.37	127	0.62	105	0.46	201	0.99	234	1.19
38	210	0.92	262	1.38	127	0.62	105	0.46	200	0.99	234	1.19
37	210	0.92	265	1.41	127	0.62	105	0.46	200	0.99	233	1.18
36	209	0.91	268	1.42	127	0.62	105	0.46	200	0.99	231	1.17
35	208	0.91	271	1.44	127	0.62	105	0.46	200	0.99	229	1.16
34	207	0.90	274	1.46	127	0.62	105	0.46	199	0.99	227	1.15
33	206	0.90	276	1.46	127	0.62	105	0.46	198	0.98	224	1.14
32	195	0.85	150	0.79	284	1.40	105	0.46	288	1.43	252	1.28
31	211	0.92	160	0.85	291	1.43	105	0.46	300	1.49	279	1.42
30	874	3.81	377	2.00	471	2.32	1064	4.64	442	2.19	567	2.87
PIT	1374	5.99	279	1.48	544	2.68	1315	5.74	644	3.19	809	4.11
29	244	1.07	161	0.79	266	1.33	114	0.50	253	1.30	263	1.29
28	227	0.99	156	0.77	260	1.30	114	0.50	239	1.22	238	1.17
27	205	0.89	111	0.54	117	0.59	114	0.50	163	0.84	165	0.81
26	205	0.89	111	0.54	117	0.59	114	0.50	163	0.84	165	0.81
25	205	0.89	111	0.54	117	0.59	114	0.50	163	0.84	165	0.81
24	205	0.89	111	0.54	117	0.59	114	0.50	163	0.84	165	0.81
23	205	0.89	111	0.54	117	0.59	114	0.50	163	0.84	165	0.81
22	205	0.89	111	0.54	117	0.59	114	0.50	163	0.84	165	0.81
21	205	0.89	111	0.54	117	0.59	114	0.50	163	0.84	165	0.81
20	205	0.89	111	0.54	117	0.59	114	0.50	163	0.84	165	0.81
19	205	0.89	111	0.54	117	0.59	114	0.50	163	0.84	165	0.81
18	205	0.89	111	0.54	117	0.59	114	0.50	163	0.84	165	0.81
17	205	0.89	111	0.54	117	0.59	114	0.50	163	0.84	165	0.81
16	205	0.89	111	0.54	117	0.59	114	0.50	163	0.84	165	0.81
15	205	0.89	111	0.54	117	0.59	114	0.50	163	0.84	165	0.81
14	181	0.74	114	0.52	122	0.58	113	0.46	167	0.80	153	0.72
13	181	0.74	114	0.52	122	0.58	113	0.46	167	0.80	153	0.72
12	181	0.74	114	0.52	122	0.58	113	0.46	167	0.80	153	0.72
11	181	0.74	114	0.52	122	0.58	113	0.46	167	0.80	153	0.72
10	181	0.74	114	0.52	122	0.58	113	0.46	167	0.80	153	0.72
9	181	0.74	114	0.52	122	0.58	113	0.46	167	0.80	153	0.72
8	181	0.74	114	0.52	122	0.58	113	0.46	167	0.80	153	0.72
7	181	0.74	114	0.52	122	0.58	113	0.46	167	0.80	153	0.72
6	181	0.74	114	0.52	122	0.58	113	0.46	167	0.80	153	0.72
5	181	0.74	114	0.52	122	0.58	113	0.46	167	0.80	153	0.72
4	181	0.74	114	0.52	122	0.58	113	0.46	167	0.80	153	0.72
3	181	0.74	114	0.52	122	0.58	113	0.46	167	0.80	153	0.72
2	181	0.74	114	0.52	122	0.58	113	0.46	167	0.80	153	0.72

story	B8		B9		B10		B11		B12		B13	
	Vu (psi)	Vu /φ Vn	Vu (psi)	Vu /φ Vn	Vu (psi)	Vu /φ Vn	Vu (psi)	Vu /φ Vn	Vu (psi)	Vu /φ Vn	Vu (psi)	Vu /φ Vn
RF	148	0.78	272	1.38	98	0.49	105	0.46	181	0.90	220	1.17
49	148	0.78	284	1.44	98	0.49	105	0.46	181	0.90	227	1.20
48	148	0.78	282	1.43	98	0.49	105	0.46	181	0.90	228	1.21
47	148	0.78	283	1.44	98	0.49	105	0.46	181	0.90	230	1.22
46	148	0.78	283	1.44	98	0.49	105	0.46	181	0.90	232	1.23
45	148	0.78	283	1.44	98	0.49	105	0.46	181	0.90	235	1.25
44	148	0.78	283	1.44	98	0.49	105	0.46	181	0.90	238	1.26
43	148	0.78	283	1.44	98	0.49	105	0.46	181	0.90	242	1.28
42	148	0.78	283	1.43	98	0.49	105	0.46	181	0.90	245	1.30
41	148	0.78	282	1.43	98	0.49	105	0.46	181	0.90	249	1.32
40	148	0.78	282	1.43	98	0.49	105	0.46	181	0.90	252	1.34
39	148	0.78	283	1.44	98	0.49	105	0.46	181	0.90	256	1.36
38	148	0.78	283	1.44	98	0.49	105	0.46	181	0.90	259	1.38
37	148	0.78	282	1.43	98	0.49	105	0.46	181	0.90	263	1.39
36	148	0.78	281	1.42	98	0.49	105	0.46	181	0.90	266	1.41
35	148	0.78	279	1.42	98	0.49	105	0.46	181	0.90	269	1.43
34	148	0.78	277	1.41	98	0.49	105	0.46	181	0.90	272	1.44
33	148	0.78	275	1.39	98	0.49	105	0.46	181	0.90	275	1.46
32	282	1.50	257	1.30	126	0.63	105	0.46	271	1.35	154	0.82
31	324	1.72	281	1.42	143	0.72	105	0.46	280	1.40	164	0.87
30	593	3.15	566	2.87	420	2.10	868	3.79	542	2.71	395	2.09
PIT	822	4.36	677	3.44	529	2.65	1279	5.58	655	3.27	302	1.60
29	290	1.42	253	1.25	110	0.57	113	0.49	232	1.20	170	0.90
28	253	1.24	233	1.15	101	0.52	113	0.49	225	1.16	169	0.90
27	139	0.69	186	0.92	96	0.49	113	0.49	151	0.78	120	0.64
26	139	0.69	186	0.92	96	0.49	113	0.49	151	0.78	120	0.64
25	139	0.69	186	0.92	96	0.49	113	0.49	151	0.78	120	0.64
24	139	0.69	186	0.92	96	0.49	113	0.49	151	0.78	120	0.64
23	139	0.69	186	0.92	96	0.49	113	0.49	151	0.78	120	0.64
22	139	0.69	186	0.92	96	0.49	113	0.49	151	0.78	120	0.64
21	139	0.69	186	0.92	96	0.49	113	0.49	151	0.78	120	0.64
20	139	0.69	186	0.92	96	0.49	113	0.49	151	0.78	120	0.64
19	139	0.69	186	0.92	96	0.49	113	0.49	151	0.78	120	0.64
18	139	0.69	186	0.92	96	0.49	113	0.49	151	0.78	120	0.64
17	139	0.69	186	0.92	96	0.49	113	0.49	151	0.78	120	0.64
16	139	0.69	186	0.92	96	0.49	113	0.49	151	0.78	120	0.64
15	139	0.69	186	0.92	96	0.49	113	0.49	151	0.78	120	0.64
14	133	0.62	175	0.83	94	0.45	115	0.47	153	0.74	114	0.52
13	133	0.62	175	0.83	94	0.45	115	0.47	153	0.74	114	0.52
12	133	0.62	175	0.83	94	0.45	115	0.47	153	0.74	114	0.52
11	133	0.62	175	0.83	94	0.45	115	0.47	153	0.74	114	0.52
10	133	0.62	175	0.83	94	0.45	115	0.47	153	0.74	114	0.52
9	133	0.62	175	0.83	94	0.45	115	0.47	153	0.74	114	0.52
8	133	0.62	175	0.83	94	0.45	115	0.47	153	0.74	114	0.52
7	133	0.62	175	0.83	94	0.45	115	0.47	153	0.74	114	0.52
6	133	0.62	175	0.83	94	0.45	115	0.47	153	0.74	114	0.52
5	133	0.62	175	0.83	94	0.45	115	0.47	153	0.74	114	0.52
4	133	0.62	175	0.83	94	0.45	115	0.47	153	0.74	114	0.52
3	133	0.62	175	0.83	94	0.45	115	0.47	153	0.74	114	0.52
2	133	0.62	175	0.83	94	0.45	115	0.47	153	0.74	114	0.52

story	B14		B15		B16		B17		B20		B21	
	Vu (psi)	Vu /φ Vn	Vu (psi)	Vu /φ Vn	Vu (psi)	Vu /φ Vn	Vu (psi)	Vu /φ Vn	Vu (psi)	Vu /φ Vn	Vu (psi)	Vu /φ Vn
RF	220	0.96	172	0.85	165	0.72	288	1.37	271	1.29	164	0.72
49	223	0.97	173	0.86	165	0.72	298	1.42	281	1.34	164	0.72
48	223	0.97	174	0.86	165	0.72	297	1.42	280	1.33	164	0.72
47	224	0.98	174	0.86	165	0.72	299	1.43	281	1.34	164	0.72
46	225	0.98	175	0.87	165	0.72	306	1.46	289	1.38	164	0.72
45	225	0.98	175	0.87	165	0.72	301	1.44	282	1.35	164	0.72
44	226	0.99	176	0.87	165	0.72	302	1.44	283	1.35	164	0.72
43	227	0.99	177	0.88	165	0.72	303	1.44	284	1.35	164	0.72
42	227	0.99	177	0.88	165	0.72	304	1.45	285	1.36	164	0.72
41	227	0.99	178	0.88	165	0.72	305	1.45	286	1.36	164	0.72
40	228	0.99	178	0.88	165	0.72	306	1.46	286	1.37	164	0.72
39	229	1.00	179	0.89	165	0.72	306	1.46	287	1.37	164	0.72
38	229	1.00	179	0.89	165	0.72	307	1.46	287	1.37	164	0.72
37	229	1.00	179	0.89	165	0.72	307	1.47	288	1.37	164	0.72
36	228	0.99	179	0.89	165	0.72	308	1.47	288	1.37	164	0.72
35	227	0.99	179	0.89	165	0.72	308	1.47	288	1.37	164	0.72
34	225	0.98	178	0.88	165	0.72	307	1.46	287	1.37	164	0.72
33	225	0.98	179	0.89	165	0.72	309	1.47	288	1.37	164	0.72
32	214	0.93	206	1.02	165	0.72	314	1.50	310	1.48	164	0.72
31	229	1.00	213	1.06	167	0.73	344	1.64	330	1.57	164	0.72
30	773	3.37	420	2.08	170	0.74	999	4.77	1004	4.79	657	2.87
PIT	1206	5.26	572	2.84	165	0.72	1256	5.99	1233	5.88	1152	5.03
29	229	1.00	186	0.95	215	0.94	286	1.42	274	1.36	216	0.94
28	213	0.93	181	0.92	215	0.94	271	1.34	264	1.31	216	0.94
27	179	0.78	148	0.75	215	0.94	169	0.84	165	0.82	216	0.94
26	179	0.78	148	0.75	215	0.94	169	0.84	165	0.82	216	0.94
25	179	0.78	148	0.75	215	0.94	169	0.84	165	0.82	216	0.94
24	179	0.78	148	0.75	215	0.94	169	0.84	165	0.82	216	0.94
23	179	0.78	148	0.75	215	0.94	169	0.84	165	0.82	216	0.94
22	179	0.78	148	0.75	215	0.94	169	0.84	165	0.82	216	0.94
21	179	0.78	148	0.75	215	0.94	169	0.84	165	0.82	216	0.94
20	179	0.78	148	0.75	215	0.94	169	0.84	165	0.82	216	0.94
19	179	0.78	148	0.75	215	0.94	169	0.84	165	0.82	216	0.94
18	179	0.78	148	0.75	215	0.94	169	0.84	165	0.82	216	0.94
17	179	0.78	148	0.75	215	0.94	169	0.84	165	0.82	216	0.94
16	179	0.78	148	0.75	215	0.94	169	0.84	165	0.82	216	0.94
15	179	0.78	148	0.75	215	0.94	169	0.84	165	0.82	216	0.94
14	203	0.83	152	0.72	205	0.84	167	0.77	164	0.76	204	0.83
13	203	0.83	152	0.72	205	0.84	167	0.77	164	0.76	204	0.83
12	203	0.83	152	0.72	205	0.84	167	0.77	164	0.76	204	0.83
11	203	0.83	152	0.72	205	0.84	167	0.77	164	0.76	204	0.83
10	203	0.83	152	0.72	205	0.84	167	0.77	164	0.76	204	0.83
9	203	0.83	152	0.72	205	0.84	167	0.77	164	0.76	204	0.83
8	203	0.83	152	0.72	205	0.84	167	0.77	164	0.76	204	0.83
7	203	0.83	152	0.72	205	0.84	167	0.77	164	0.76	204	0.83
6	203	0.83	152	0.72	205	0.84	167	0.77	164	0.76	204	0.83
5	203	0.83	152	0.72	205	0.84	167	0.77	164	0.76	204	0.83
4	203	0.83	152	0.72	205	0.84	167	0.77	164	0.76	204	0.83
3	203	0.83	152	0.72	205	0.84	167	0.77	164	0.76	204	0.83
2	203	0.83	152	0.72	205	0.84	167	0.77	164	0.76	204	0.83

story	B22		B23		B24		B25		B26		B27	
	Vu (psi)	Vu /φ Vn	Vu (psi)	Vu /φ Vn	Vu (psi)	Vu /φ Vn	Vu (psi)	Vu/ φ Vn	Vu (psi)	Vu /φ Vn	Vu (psi)	Vu /φ Vn
RF	168	0.83	196	0.88	99	0.43	124	0.61	286	1.29	313	1.58
49	168	0.83	200	0.90	99	0.43	124	0.61	320	1.44	336	1.70
48	168	0.83	200	0.90	99	0.43	124	0.61	317	1.43	335	1.69
47	168	0.83	201	0.91	99	0.43	124	0.61	321	1.45	339	1.71
46	168	0.83	203	0.91	99	0.43	124	0.61	325	1.46	342	1.73
45	168	0.83	204	0.92	99	0.43	124	0.61	330	1.49	346	1.75
44	168	0.83	205	0.92	99	0.43	124	0.61	335	1.51	350	1.77
43	168	0.83	206	0.93	99	0.43	124	0.61	340	1.53	355	1.80
42	169	0.83	207	0.93	99	0.43	124	0.61	346	1.56	359	1.82
41	169	0.83	208	0.94	99	0.43	124	0.61	352	1.59	364	1.84
40	170	0.83	209	0.94	99	0.43	124	0.61	357	1.61	368	1.86
39	170	0.84	211	0.95	99	0.43	124	0.61	370	1.67	377	1.91
38	170	0.84	212	0.95	99	0.43	124	0.61	378	1.70	383	1.94
37	170	0.84	213	0.96	99	0.43	124	0.61	382	1.72	385	1.95
36	170	0.84	213	0.96	99	0.43	124	0.61	387	1.74	388	1.97
35	170	0.84	213	0.96	99	0.43	124	0.61	392	1.76	391	1.98
34	170	0.83	214	0.96	99	0.43	124	0.61	395	1.78	393	1.99
33	169	0.83	214	0.96	99	0.43	124	0.61	400	1.80	392	1.98
32	203	1.00	358	1.61	560	2.42	376	1.84	352	1.59	387	1.96
31	211	1.04	367	1.65	554	2.39	376	1.84	361	1.62	392	1.98
30	484	2.38	239	1.08	405	1.75	276	1.35	260	1.17	298	1.51
PIT	669	3.29	239	1.08	414	1.79	283	1.38	271	1.22	307	1.55
29	188	0.96	307	1.43	470	2.12	329	1.61	343	1.60	351	1.72
28	180	0.92	302	1.41	479	2.16	330	1.61	356	1.66	364	1.78
27	150	0.76	116	0.54	85	0.38	107	0.52	121	0.56	119	0.58
26	150	0.76	116	0.54	85	0.38	107	0.52	121	0.56	119	0.58
25	150	0.76	116	0.54	85	0.38	107	0.52	121	0.56	119	0.58
24	150	0.76	116	0.54	85	0.38	107	0.52	121	0.56	119	0.58
23	150	0.76	116	0.54	85	0.38	107	0.52	121	0.56	119	0.58
22	150	0.76	116	0.54	85	0.38	107	0.52	121	0.56	119	0.58
21	150	0.76	116	0.54	85	0.38	107	0.52	121	0.56	119	0.58
20	150	0.76	116	0.54	85	0.38	107	0.52	121	0.56	119	0.58
19	150	0.76	116	0.54	85	0.38	107	0.52	121	0.56	119	0.58
18	150	0.76	116	0.54	85	0.38	107	0.52	121	0.56	119	0.58
17	150	0.76	116	0.54	85	0.38	107	0.52	121	0.56	119	0.58
16	150	0.76	116	0.54	85	0.38	107	0.52	121	0.56	119	0.58
15	150	0.76	116	0.54	85	0.38	107	0.52	121	0.56	119	0.58
14	152	0.72	116	0.51	84	0.35	104	0.48	119	0.52	118	0.54
13	152	0.72	116	0.51	84	0.35	104	0.48	119	0.52	118	0.54
12	152	0.72	116	0.51	84	0.35	104	0.48	119	0.52	118	0.54
11	152	0.72	116	0.51	84	0.35	104	0.48	119	0.52	118	0.54
10	152	0.72	116	0.51	84	0.35	104	0.48	119	0.52	118	0.54
9	152	0.72	116	0.51	84	0.35	104	0.48	119	0.52	118	0.54
8	152	0.72	116	0.51	84	0.35	104	0.48	119	0.52	118	0.54
7	152	0.72	116	0.51	84	0.35	104	0.48	119	0.52	118	0.54
6	152	0.72	116	0.51	84	0.35	104	0.48	119	0.52	118	0.54
5	152	0.72	116	0.51	84	0.35	104	0.48	119	0.52	118	0.54
4	152	0.72	116	0.51	84	0.35	104	0.48	119	0.52	118	0.54
3	152	0.72	116	0.51	84	0.35	104	0.48	119	0.52	118	0.54
2	152	0.72	116	0.51	84	0.35	104	0.48	119	0.52	118	0.54

story	B28		B29		B30		–		–		–	
	Vu (psi)	Vu /φ Vn	Vu (psi)	Vu /φ Vn	Vu (psi)	Vu /φ Vn	Vu (psi)	Vu /φ Vn	Vu (psi)	Vu /φ Vn	Vu (psi)	Vu /φ Vn
RF	179	0.81	81	0.38	187	0.87						
49	179	0.81	81	0.38	191	0.89						
48	179	0.81	81	0.38	192	0.89						
47	179	0.81	81	0.38	193	0.90						
46	179	0.81	81	0.38	194	0.91						
45	179	0.81	81	0.38	195	0.91						
44	179	0.81	81	0.38	196	0.92						
43	179	0.81	81	0.38	197	0.92						
42	179	0.81	81	0.38	198	0.93						
41	179	0.81	81	0.38	200	0.93						
40	179	0.81	81	0.38	201	0.94						
39	179	0.81	81	0.38	202	0.94						
38	179	0.81	81	0.38	203	0.95						
37	179	0.81	81	0.38	203	0.95						
36	179	0.81	81	0.38	204	0.95						
35	179	0.81	81	0.38	204	0.95						
34	179	0.81	81	0.38	205	0.96						
33	179	0.81	81	0.38	206	0.96						
32	518	2.33	449	2.12	312	1.46						
31	517	2.33	443	2.09	306	1.43						
30	366	1.65	306	1.44	200	0.93						
PIT	376	1.69	313	1.47	199	0.93						
29	460	2.15	374	1.83	260	1.25						
28	464	2.17	382	1.87	256	1.23						
27	156	0.73	77	0.37	111	0.54						
26	156	0.73	77	0.37	111	0.54	–	–	–	–	–	–
25	156	0.73	77	0.37	111	0.54						
24	156	0.73	77	0.37	111	0.54						
23	156	0.73	77	0.37	111	0.54						
22	156	0.73	77	0.37	111	0.54						
21	156	0.73	77	0.37	111	0.54						
20	156	0.73	77	0.37	111	0.54						
19	156	0.73	77	0.37	111	0.54						
18	156	0.73	77	0.37	111	0.54						
17	156	0.73	77	0.37	111	0.54						
16	156	0.73	77	0.37	111	0.54						
15	156	0.73	77	0.37	111	0.54						
14	155	0.68	77	0.35	111	0.50						
13	155	0.68	77	0.35	111	0.50						
12	155	0.68	77	0.35	111	0.50						
11	155	0.68	77	0.35	111	0.50						
10	155	0.68	77	0.35	111	0.50						
9	155	0.68	77	0.35	111	0.50						
8	155	0.68	77	0.35	111	0.50						
7	155	0.68	77	0.35	111	0.50						
6	155	0.68	77	0.35	111	0.50						
5	155	0.68	77	0.35	111	0.50						
4	155	0.68	77	0.35	111	0.50						
3	155	0.68	77	0.35	111	0.50						
2	155	0.68	77	0.35	111	0.50						

v) 타워 103 뚫림 전단(punching shear) 요약

story	C1		C2		C3		C4		C5		C6	
	Vu (psi)	Vu /φ Vn	Vu (psi)	Vu /φ Vn	Vu (psi)	Vu /φ Vn	Vu (psi)	Vu /φ Vn	Vu (psi)	Vu /φ Vn	Vu (psi)	Vu /φ Vn
RF	74	0.31	33	0.17	62	0.30	84	0.35	45	0.22	73	0.39
48	74	0.31	33	0.17	61	0.30	84	0.35	45	0.22	62	0.33
47	74	0.31	33	0.17	61	0.30	84	0.35	45	0.22	62	0.33
46	74	0.31	33	0.17	61	0.30	84	0.35	45	0.22	62	0.33
45	74	0.31	33	0.17	61	0.30	84	0.35	45	0.22	62	0.33
44	74	0.31	33	0.17	61	0.30	84	0.35	45	0.22	63	0.33
43	74	0.31	33	0.17	61	0.30	84	0.35	45	0.22	62	0.33
42	74	0.31	33	0.17	61	0.30	84	0.35	45	0.22	62	0.33
41	74	0.31	33	0.17	61	0.30	84	0.35	45	0.22	62	0.33
40	74	0.31	33	0.17	61	0.30	84	0.35	45	0.22	62	0.33
39	74	0.31	33	0.17	61	0.30	70	0.35	45	0.22	62	0.33
38	74	0.31	33	0.17	61	0.30	84	0.35	45	0.22	62	0.33
37	74	0.31	33	0.17	61	0.30	84	0.35	45	0.22	62	0.33
36	74	0.31	33	0.17	61	0.30	84	0.35	45	0.22	62	0.33
35	74	0.31	33	0.17	61	0.30	84	0.35	45	0.22	62	0.33
34	74	0.31	33	0.17	61	0.30	84	0.35	45	0.22	62	0.33
33	74	0.31	33	0.17	84	0.41	84	0.35	45	0.22	62	0.33
32	74	0.31	33	0.17	96	0.47	84	0.35	45	0.22	62	0.33
31	79	0.33	51	0.26	134	0.65	84	0.35	92	0.45	96	0.51
30	74	0.31	33	0.17	197	0.96	84	0.35	144	0.70	234	1.24
PIT	74	0.31	50	0.25	301	1.46	84	0.35	129	0.63	270	1.43
29	87	0.36	27	0.13	84	0.36	95	0.39	55	0.23	63	0.31
28	87	0.36	27	0.13	96	0.42	95	0.39	42	0.17	63	0.31
27	87	0.36	27	0.13	54	0.23	95	0.39	41	0.17	60	0.29
26	87	0.36	27	0.13	54	0.23	95	0.39	41	0.17	60	0.29
25	87	0.36	27	0.13	54	0.23	95	0.39	41	0.17	60	0.29
24	87	0.36	27	0.13	54	0.23	95	0.39	41	0.17	60	0.29
23	87	0.36	27	0.13	54	0.23	95	0.39	41	0.17	60	0.29
22	87	0.36	27	0.13	54	0.23	95	0.39	41	0.17	60	0.29
21	87	0.36	27	0.13	54	0.23	95	0.39	41	0.17	60	0.29
20	87	0.36	27	0.13	54	0.23	95	0.39	41	0.17	60	0.29
19	87	0.36	27	0.13	54	0.23	95	0.39	41	0.17	60	0.29
18	87	0.36	27	0.13	54	0.23	95	0.39	41	0.17	60	0.29
17	87	0.36	27	0.13	54	0.23	95	0.39	41	0.17	60	0.29
16	87	0.36	27	0.13	54	0.23	95	0.39	41	0.17	60	0.29
15	87	0.36	27	0.13	54	0.23	95	0.39	41	0.17	60	0.29
14	87	0.34	27	0.12	59	0.24	95	0.37	41	0.16	60	0.27
13	100	0.39	21	0.10	59	0.24	106	0.41	41	0.16	62	0.28
12	100	0.39	21	0.10	62	0.25	106	0.41	41	0.16	62	0.28
11	100	0.39	21	0.10	65	0.26	106	0.41	41	0.16	62	0.28
10	100	0.39	21	0.10	68	0.28	106	0.41	41	0.16	62	0.28
9	100	0.39	21	0.10	72	0.29	106	0.41	41	0.16	62	0.28
8	100	0.39	21	0.10	75	0.31	106	0.41	41	0.16	62	0.28
7	100	0.39	21	0.10	80	0.32	106	0.41	41	0.16	62	0.28
6	100	0.39	21	0.10	85	0.34	106	0.41	41	0.16	62	0.28
5	100	0.39	21	0.10	92	0.37	106	0.41	41	0.16	63	0.29
4	100	0.39	21	0.10	109	0.44	106	0.41	41	0.16	73	0.33
3	100	0.39	21	0.10	87	0.35	106	0.41	41	0.16	62	0.28

story	C7		C9		C10		C11		C12		C13	
	Vu (psi)	Vu /φ Vn	Vu (psi)	Vu /φ Vn	Vu (psi)	Vu /φ Vn	Vu (psi)	Vu /φ Vn	Vu (psi)	Vu /φ Vn	Vu (psi)	Vu /φ Vn
RF	42	0.22	37	0.20	101	0.53	41	0.20	71	0.30	55	0.29
48	40	0.21	35	0.18	77	0.41	41	0.20	60	0.25	53	0.28
47	40	0.21	35	0.18	80	0.43	41	0.20	62	0.26	53	0.28
46	40	0.21	35	0.18	80	0.42	41	0.20	62	0.26	53	0.28
45	40	0.21	35	0.18	80	0.42	41	0.20	62	0.26	53	0.28
44	38	0.20	32	0.17	80	0.42	41	0.20	62	0.26	53	0.28
43	40	0.21	35	0.18	80	0.42	41	0.20	61	0.26	53	0.28
42	40	0.21	35	0.18	79	0.42	41	0.20	61	0.26	53	0.28
41	40	0.21	35	0.18	79	0.42	41	0.20	61	0.25	53	0.28
40	40	0.21	35	0.18	79	0.42	41	0.20	61	0.25	53	0.28
39	40	0.21	35	0.18	75	0.40	41	0.20	62	0.26	53	0.28
38	40	0.21	35	0.18	78	0.41	41	0.20	60	0.25	53	0.28
37	40	0.21	35	0.18	76	0.41	41	0.20	59	0.25	53	0.28
36	40	0.21	35	0.18	76	0.40	41	0.20	59	0.24	53	0.28
35	40	0.21	35	0.18	74	0.39	41	0.20	57	0.24	53	0.28
34	40	0.21	35	0.18	76	0.40	41	0.20	60	0.25	53	0.28
33	40	0.21	35	0.18	66	0.35	41	0.20	56	0.23	56	0.30
32	40	0.21	35	0.18	67	0.35	43	0.21	56	0.23	87	0.46
31	78	0.41	83	0.44	139	0.74	93	0.45	269	1.12	98	0.52
30	119	0.63	120	0.64	258	1.37	146	0.71	505	2.10	242	1.28
PIT	185	0.98	188	1.00	314	1.66	124	0.61	454	1.89	250	1.33
29	46	0.23	43	0.22	84	0.41	54	0.23	141	0.59	61	0.31
28	39	0.20	39	0.20	66	0.32	40	0.17	66	0.27	61	0.31
27	39	0.20	35	0.18	64	0.31	39	0.16	66	0.27	51	0.26
26	39	0.20	35	0.18	64	0.31	39	0.16	66	0.27	51	0.26
25	39	0.20	35	0.18	64	0.31	39	0.16	66	0.27	51	0.26
24	39	0.20	35	0.18	64	0.31	39	0.16	66	0.27	51	0.26
23	39	0.20	35	0.18	64	0.31	39	0.16	66	0.27	51	0.26
22	39	0.20	35	0.18	64	0.31	39	0.16	66	0.27	51	0.26
21	39	0.20	35	0.18	64	0.31	39	0.16	66	0.27	51	0.26
20	39	0.20	35	0.18	64	0.31	39	0.16	66	0.27	51	0.26
19	39	0.20	35	0.18	64	0.31	39	0.16	66	0.27	51	0.26
18	39	0.20	35	0.18	64	0.31	39	0.16	66	0.27	51	0.26
17	39	0.20	35	0.18	64	0.31	39	0.16	66	0.27	51	0.26
16	39	0.20	35	0.18	64	0.31	39	0.16	66	0.27	51	0.26
15	39	0.20	35	0.18	64	0.31	39	0.16	66	0.27	51	0.26
14	39	0.18	35	0.17	64	0.29	39	0.15	68	0.27	53	0.25
13	38	0.18	36	0.17	66	0.30	41	0.16	77	0.30	54	0.26
12	38	0.18	36	0.17	66	0.30	41	0.16	80	0.31	56	0.27
11	38	0.18	36	0.17	67	0.30	41	0.16	82	0.32	58	0.28
10	38	0.18	36	0.17	69	0.31	41	0.16	85	0.33	60	0.29
9	38	0.18	36	0.17	71	0.32	41	0.16	88	0.34	62	0.30
8	38	0.18	36	0.17	73	0.33	41	0.16	91	0.35	64	0.31
7	38	0.18	36	0.17	76	0.35	41	0.16	94	0.37	67	0.32
6	38	0.18	38	0.18	79	0.36	41	0.16	97	0.38	69	0.33
5	41	0.20	42	0.20	82	0.37	41	0.16	99	0.39	70	0.33
4	50	0.24	52	0.25	95	0.43	41	0.16	116	0.45	82	0.39
3	47	0.22	47	0.22	88	0.40	41	0.16	92	0.36	74	0.35

story	C14		C15		C16		C17		C18		C21	
	Vu (psi)	Vu /φ Vn	Vu (psi)	Vu /φ Vn	Vu (psi)	Vu /φ Vn	Vu (psi)	Vu /φ Vn	Vu (psi)	Vu /φ Vn	Vu (psi)	Vu /φ Vn
RF	78	0.41	77	0.32	83	0.42	66	0.28	58	0.29	80	0.36
48	78	0.41	76	0.32	83	0.42	66	0.28	49	0.25	80	0.36
47	78	0.41	76	0.32	83	0.42	66	0.28	53	0.27	80	0.36
46	78	0.41	76	0.32	83	0.42	66	0.28	52	0.26	80	0.36
45	78	0.41	76	0.32	83	0.42	66	0.28	52	0.26	80	0.36
44	78	0.41	76	0.32	83	0.42	66	0.28	53	0.26	80	0.36
43	78	0.41	76	0.32	83	0.42	66	0.28	52	0.26	80	0.36
42	78	0.41	76	0.32	83	0.42	66	0.28	52	0.26	80	0.36
41	78	0.41	76	0.32	83	0.42	66	0.28	52	0.26	80	0.36
40	78	0.41	76	0.32	83	0.42	66	0.28	52	0.26	80	0.36
39	78	0.41	76	0.32	83	0.42	66	0.28	51	0.26	80	0.36
38	78	0.41	76	0.32	83	0.42	66	0.28	50	0.25	80	0.36
37	78	0.41	76	0.32	83	0.42	66	0.28	50	0.25	80	0.36
36	78	0.41	76	0.32	83	0.42	66	0.28	50	0.25	80	0.36
35	78	0.41	76	0.32	83	0.42	66	0.28	50	0.25	80	0.36
34	78	0.41	76	0.32	83	0.42	66	0.28	49	0.25	80	0.36
33	78	0.41	76	0.32	86	0.44	66	0.28	68	0.34	81	0.37
32	78	0.41	76	0.32	98	0.50	72	0.30	78	0.39	80	0.36
31	87	0.46	274	**1.14**	156	0.79	317	**1.32**	325	**1.62**	228	**1.03**
30	126	0.67	566	**2.36**	399	**2.02**	1052	**4.39**	192	0.96	198	0.90
PIT	152	0.80	338	**1.41**	375	**1.90**	1123	**4.68**	452	**2.26**	400	**1.82**
29	81	0.38	99	0.41	86	0.37	135	0.56	118	0.51	105	0.44
28	75	0.35	85	0.36	78	0.34	75	0.31	95	0.41	81	0.34
27	70	0.32	85	0.36	73	0.31	75	0.31	48	0.21	70	0.29
26	70	0.32	85	0.36	73	0.31	75	0.31	46	0.20	70	0.29
25	70	0.32	85	0.36	73	0.31	75	0.31	46	0.20	70	0.29
24	70	0.32	85	0.36	73	0.31	75	0.31	46	0.20	70	0.29
23	70	0.32	85	0.36	73	0.31	75	0.31	46	0.20	70	0.29
22	70	0.32	85	0.36	73	0.31	75	0.31	46	0.20	70	0.29
21	70	0.32	85	0.36	73	0.31	75	0.31	46	0.20	70	0.29
20	70	0.32	85	0.36	73	0.31	75	0.31	46	0.20	70	0.29
19	70	0.32	85	0.36	73	0.31	75	0.31	46	0.20	70	0.29
18	70	0.32	85	0.36	73	0.31	75	0.31	46	0.20	70	0.29
17	70	0.32	85	0.36	73	0.31	75	0.31	46	0.20	70	0.29
16	70	0.32	85	0.36	73	0.31	75	0.31	46	0.20	70	0.29
15	70	0.32	85	0.36	73	0.31	75	0.31	46	0.20	70	0.29
14	70	0.30	85	0.33	73	0.29	75	0.29	46	0.19	70	0.27
13	69	0.30	94	0.37	74	0.30	83	0.33	47	0.19	70	0.27
12	69	0.30	94	0.37	77	0.31	83	0.33	48	0.20	70	0.27
11	70	0.30	94	0.37	80	0.32	83	0.33	51	0.21	70	0.27
10	72	0.31	94	0.37	83	0.34	83	0.33	54	0.22	70	0.27
9	75	0.33	94	0.37	86	0.35	83	0.33	60	0.24	70	0.27
8	78	0.34	97	0.38	90	0.36	83	0.33	55	0.22	70	0.27
7	81	0.36	100	0.39	93	0.38	83	0.33	52	0.21	72	0.28
6	86	0.38	104	0.41	98	0.40	86	0.33	57	0.23	75	0.29
5	93	0.41	108	0.42	103	0.42	88	0.34	62	0.25	79	0.31
4	110	0.48	127	0.49	119	0.48	105	0.41	77	0.31	96	0.37
3	88	0.38	98	0.38	96	0.39	105	0.41	53	0.22	78	0.30

story	C22		C23		C24		C25		C26		C27	
	Vu (psi)	Vu /φ Vn	Vu (psi)	Vu /φ Vn	Vu (psi)	Vu /φ Vn	Vu (psi)	Vu /φ Vn	Vu (psi)	Vu /φ Vn	Vu (psi)	Vu /φ Vn
RF	86	0.36	85	0.41	63	0.26	40	0.18	60	0.27	124	0.58
48	86	0.36	85	0.41	63	0.26	40	0.18	67	0.30	80	0.38
47	86	0.36	85	0.41	63	0.26	40	0.18	67	0.30	89	0.42
46	86	0.36	85	0.41	63	0.26	40	0.18	67	0.30	87	0.41
45	86	0.36	85	0.41	63	0.26	40	0.18	67	0.30	88	0.41
44	86	0.36	85	0.41	63	0.26	40	0.18	70	0.31	88	0.41
43	86	0.36	85	0.41	63	0.26	40	0.18	67	0.30	88	0.41
42	86	0.36	85	0.41	63	0.26	40	0.18	67	0.30	88	0.41
41	86	0.36	85	0.41	63	0.26	40	0.18	67	0.30	88	0.41
40	86	0.36	85	0.41	63	0.26	40	0.18	67	0.30	88	0.41
39	86	0.36	85	0.41	63	0.26	40	0.18	67	0.30	88	0.41
38	86	0.36	85	0.41	63	0.26	40	0.18	67	0.30	87	0.41
37	86	0.36	85	0.41	63	0.26	40	0.18	67	0.30	87	0.41
36	86	0.36	85	0.41	63	0.26	40	0.18	67	0.30	87	0.40
35	86	0.36	85	0.41	63	0.26	40	0.18	67	0.30	86	0.40
34	86	0.36	85	0.41	63	0.26	40	0.18	67	0.30	87	0.40
33	86	0.36	85	0.41	63	0.26	63	0.29	90	0.40	90	0.42
32	86	0.36	85	0.41	65	0.27	130	0.59	136	0.61	106	0.50
31	266	1.11	114	0.55	70	0.29	116	0.53	147	0.66	138	0.65
30	976	4.07	235	1.14	105	0.44	107	0.49	193	0.87	286	1.34
PIT	775	3.23	229	1.11	169	0.70	210	0.95	253	1.13	300	1.40
29	112	0.46	79	0.33	59	0.25	113	0.47	100	0.42	102	0.43
28	97	0.40	79	0.33	59	0.25	98	0.41	85	0.35	64	0.27
27	97	0.40	74	0.31	56	0.23	36	0.15	58	0.24	47	0.19
26	97	0.40	74	0.31	56	0.23	36	0.15	58	0.24	46	0.19
25	97	0.40	74	0.31	56	0.23	36	0.15	58	0.24	46	0.19
24	97	0.40	74	0.31	56	0.23	36	0.15	58	0.24	46	0.19
23	97	0.40	74	0.31	56	0.23	36	0.15	58	0.24	46	0.19
22	97	0.40	74	0.31	56	0.23	36	0.15	58	0.24	46	0.19
21	97	0.40	74	0.31	56	0.23	36	0.15	58	0.24	46	0.19
20	97	0.40	74	0.31	56	0.23	36	0.15	58	0.24	46	0.19
19	97	0.40	74	0.31	56	0.23	36	0.15	58	0.24	46	0.19
18	97	0.40	74	0.31	56	0.23	36	0.15	58	0.24	46	0.19
17	97	0.40	74	0.31	56	0.23	36	0.15	58	0.24	46	0.19
16	97	0.40	74	0.31	56	0.23	36	0.15	58	0.24	46	0.19
15	97	0.40	74	0.31	56	0.23	36	0.15	58	0.24	46	0.19
14	97	0.38	74	0.29	56	0.22	36	0.14	58	0.22	48	0.19
13	108	0.42	73	0.28	55	0.22	36	0.14	57	0.22	49	0.19
12	108	0.42	73	0.28	55	0.22	36	0.14	57	0.22	51	0.20
11	108	0.42	73	0.28	55	0.22	37	0.14	57	0.22	53	0.21
10	108	0.42	73	0.28	55	0.22	38	0.15	58	0.23	55	0.22
9	108	0.42	73	0.28	55	0.22	40	0.15	60	0.23	57	0.22
8	108	0.42	73	0.28	55	0.22	41	0.16	63	0.24	59	0.23
7	108	0.42	73	0.28	56	0.22	43	0.17	65	0.25	62	0.24
6	110	0.43	73	0.28	59	0.23	45	0.18	68	0.27	64	0.25
5	118	0.46	73	0.28	64	0.25	47	0.18	70	0.27	66	0.26
4	120	0.47	73	0.28	77	0.30	55	0.22	83	0.32	74	0.29
3	108	0.42	73	0.28	66	0.26	48	0.19	79	0.31	66	0.26

story	C28		C29		C30		–		–		–	
	Vu (psi)	Vu /φ Vn	Vu (psi)	Vu /φ Vn	Vu (psi)	Vu /φ Vn	Vu (psi)	Vu /φ Vn	Vu (psi)	Vu /φ Vn	Vu (psi)	Vu /φ Vn
RF	102	0.47	59	0.25	30	0.15	–	–	–	–	–	–
48	64	0.30	59	0.25	30	0.15						
47	71	0.33	59	0.25	30	0.15						
46	70	0.33	59	0.25	30	0.15						
45	70	0.33	59	0.25	30	0.15						
44	70	0.33	59	0.25	30	0.15						
43	71	0.33	59	0.25	30	0.15						
42	71	0.33	59	0.25	30	0.15						
41	71	0.33	59	0.25	30	0.15						
40	70	0.33	59	0.25	30	0.15						
39	70	0.33	59	0.25	30	0.15						
38	70	0.33	59	0.25	30	0.15						
37	70	0.33	59	0.25	30	0.15						
36	69	0.32	59	0.25	30	0.15						
35	69	0.32	59	0.25	30	0.15						
34	69	0.32	59	0.25	30	0.15						
33	79	0.37	79	0.33	81	0.39						
32	97	0.45	128	0.53	86	0.42						
31	118	0.55	146	0.61	86	0.42						
30	262	1.22	130	0.54	153	0.75						
PIT	277	1.29	239	1.00	184	0.89						
29	84	0.35	98	0.41	78	0.35						
28	62	0.26	92	0.38	46	0.21						
27	45	0.19	54	0.23	29	0.13						
26	45	0.19	54	0.23	29	0.13						
25	45	0.19	54	0.23	29	0.13						
24	45	0.19	54	0.23	29	0.13						
23	45	0.19	54	0.23	29	0.13						
22	45	0.19	54	0.23	29	0.13						
21	45	0.19	54	0.23	29	0.13						
20	45	0.19	54	0.23	29	0.13						
19	45	0.19	54	0.23	29	0.13						
18	45	0.19	54	0.23	29	0.13						
17	45	0.19	54	0.23	29	0.13						
16	45	0.19	54	0.23	29	0.13						
15	45	0.19	54	0.23	29	0.13						
14	45	0.18	54	0.21	29	0.12						
13	44	0.17	54	0.21	30	0.13						
12	44	0.17	55	0.21	30	0.13						
11	44	0.17	57	0.22	31	0.13						
10	44	0.17	58	0.23	32	0.13						
9	44	0.17	60	0.24	33	0.14						
8	45	0.18	62	0.24	35	0.15						
7	47	0.18	64	0.25	36	0.15						
6	49	0.19	67	0.26	39	0.16						
5	51	0.20	69	0.27	42	0.18						
4	59	0.23	80	0.31	49	0.21						
3	50	0.20	68	0.27	38	0.16						

vi) STUDRAIL의 지진발생시 특성 (www.STUDRAILs.com 참고)

STUDRAIL이 뚫림 전단(punching shear)에 저항하고, 뚫림 전단균열(punching shear crack)을 억제하는데 주 역할을 하는 것뿐만 아니라 다음과 같은 특성도 고려할 수 있다.

지진 발생 시 플랫 플레이트 슬래브에 적절한 전단보강이 없는 경우에는 슬래브의 급격한 강성저하가 발생할 수 있다. 지진하중과 같은 반복하중(cyclic loading)하에서 불균형 모멘트(unbalanced moment)는 슬래브를 통해 기둥 주변(capital)의 위험 단면(critical section)으로 전달된다. 이러한 상황에서 위험 단면(critical section) 부분의 접합부는 취약한 상태가 된다.

STUDRAIL은 불균형 모멘트(unbalanced moment)에 견디는데 우수한 성능을 보이고, 다른 구조시스템이 파괴된 후에도 접합부의 안정성(stability)을 유지한다. 즉 STUDRAIL은 에너지 흡수효율이 높아 구조물의 연성거동을 유도하는데 큰 역할을 한다.

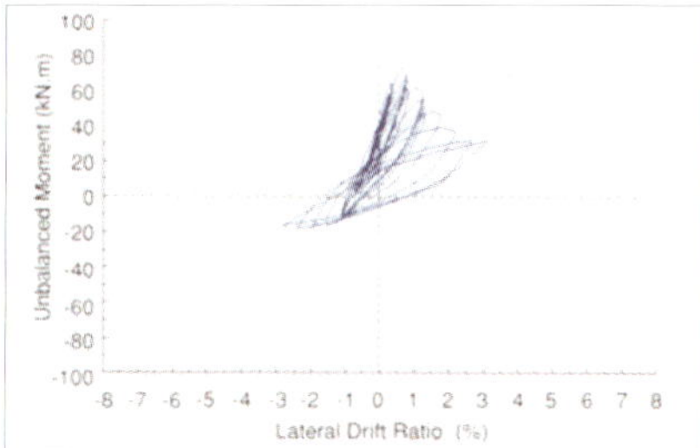

그림 29. without shear reinforcement

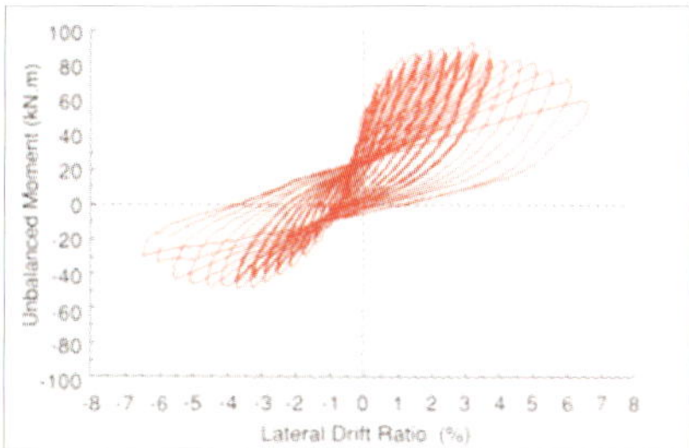

그림 30. with STUDRAILs

위의 그림과 같이 실험에서는 STUDRAIL이 에너지 흡수효율이 높아 연성거동 및 수평변위 저항 능력(lateral drift capacity)을 증대시키는데 큰 영향이 있음을 보여준다. 이 결과는 STUDRAIL이 안정되게 고정(anchorage)이 되고 특별한 스터드주두(stud head)를 갖는 접합부에서 충분한 강도를 유지함을 알 수 있다.

<table>
<tr><th colspan="3">STUDRAIL의 시공 절차</th></tr>
<tr><td>step 1</td><td>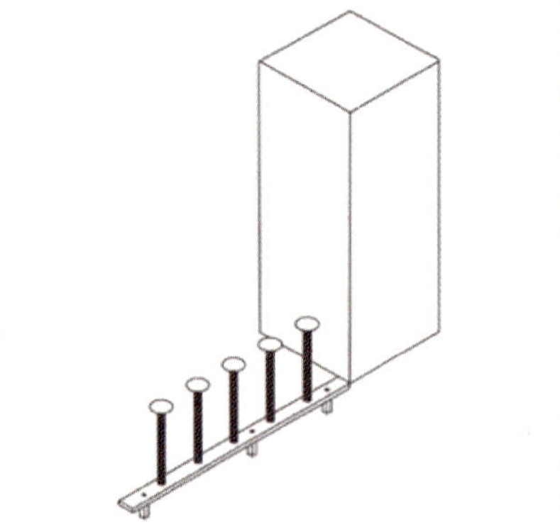</td><td>각각의 STUDRAIL에서 기본 Rail에 special chair를 접합한다.</td></tr>
<tr><td>step 2</td><td>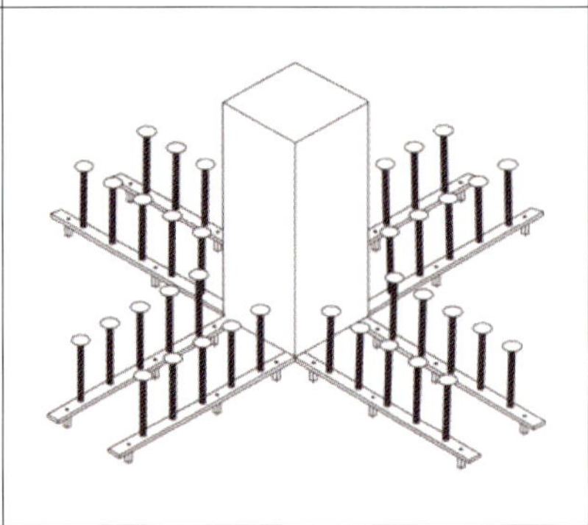</td><td>STUDRAIL을 기둥 주변에 배열한다.</td></tr>
<tr><td>step 3</td><td>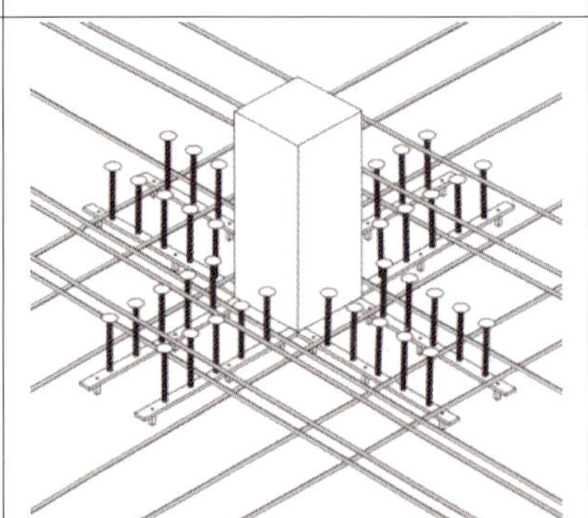</td><td rowspan="2">거푸집에 chair를 고정시키고, STUDRAIL의 시공이 완료되면 철근, P/T tendons, 설비관 및 기타 매립물 등을 배열한다.</td></tr>
<tr><td>step 4</td><td>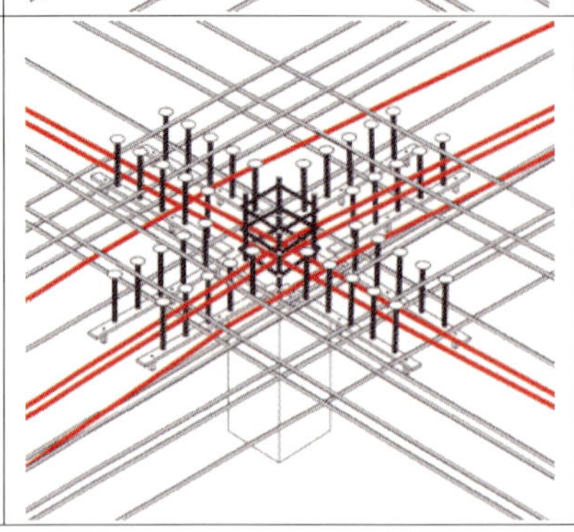</td></tr>
</table>

3.7 링크 보(Link Beam) 설계

example : 타워 103 - LB301 - 14층
link beam 크기 = 900㎜ × 700㎜
link beam 길이 = 60.4in = 1535㎜
휨철근(주근) = 16-HD32(T&B. All Section)
stirrup = HD13@150
plate = 3-PL16×580
fck = 5688psi = 400kgf/㎠
fy(철근) = 56978psi = 4000kgf/㎠(HD13), 71209psi = 5000kgf/㎠(HD32)
Fy(plate) = 46926psi = 3300kgf/㎠(SM490)
H_{PL}(plate height) = 580㎜ = 22.8in
H_h(sleeve 직경) = 150㎜ = 5.9in

i) plate design
- Vu = 687kip = 311.0tf
  Mu = 24112jip-in = 277tf=m
- ϕMn = 26795kip-in = 308tf-m ≥ Mu → O.K
- 필요한 plate 두께 = (Vu/ϕ)/(0.6FyH_{PL}) = 1.6in = 40.6㎜
  필요한 plate 개수(PL-16㎜적용) = 40.6㎜/16㎜ = 2.54 → 3-PL16 필요함.
- ϕVs(stirrup이 받는 전단력) = ϕ$A_v$fyd/s = 96kip = 43.5tf
  ϕVc(콘크리트가 받는 전단력) = 2√fck bd = 134.6kip = 61tf
- max forces per plate
  Vu/PL = (Vu-ϕVs-ϕVc)/PL개수 = 152kip/PL = 69tf/PL

ii) stud design for plate link beam
$q_n = 0.5\ A_{sc}\ \sqrt{f_{ck}\ E_c} \le A_{sc}\ F_u$
(F_u = 60ksi = 4.28tonf/㎠)
$A_{sc} = 0.44\text{in}^2$
$q_{n,max} = 0.44\text{in}^2 \times 60\text{ksi} = 26.5\text{kip/stud}$
(fck = 4979psi = 350kgf/㎠ ;
Ec = $57000\sqrt{f_{ck}}$ MPa = $10500\sqrt{f_{ck}}$ +70000 kgf/㎠)

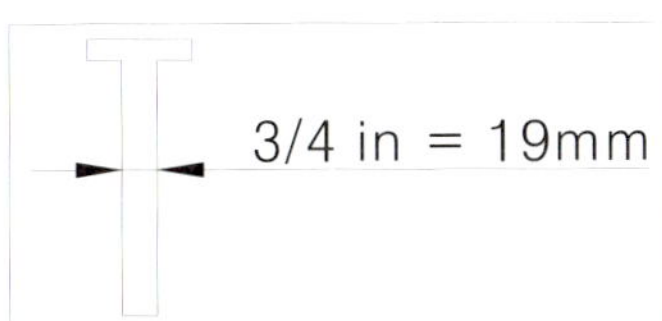

$q_n = q_{n,max}$ = 26.5kip/stud = 12 tonf/stud
타워 103의 LB301 ; 3-Plates

$$F = \frac{\frac{V_u}{\phi}\frac{L}{2}}{H_1} \quad (\phi = 0.9)$$

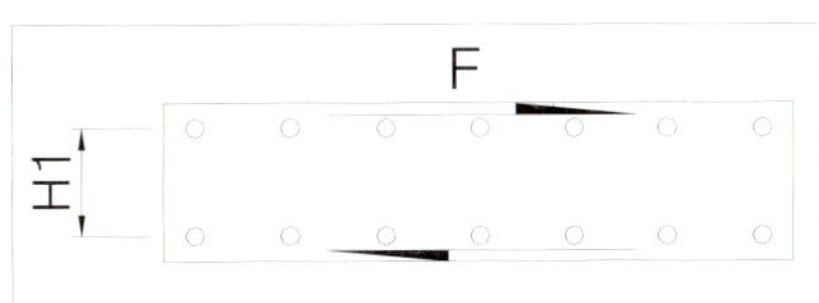

required no. of horizontal STUDS = $\frac{F}{2q_n}$ (플레이트 양면에 스터드 설치함)

Vu = 152 kip/Plate

$$F = \frac{\frac{152kips}{0.9}\frac{60.4in}{2}}{18.9in} = 273\text{kip}$$

required no. of horizontal STUDS = $\frac{273kips}{2 \times 26.5kips/stud}$ = 5.2 → 6

단부에 필요한 스터드(stud) 개수 = 152kip/(2×26.5) = 2.9 → 3

3.8 핀 월(Fin Wall) 설계

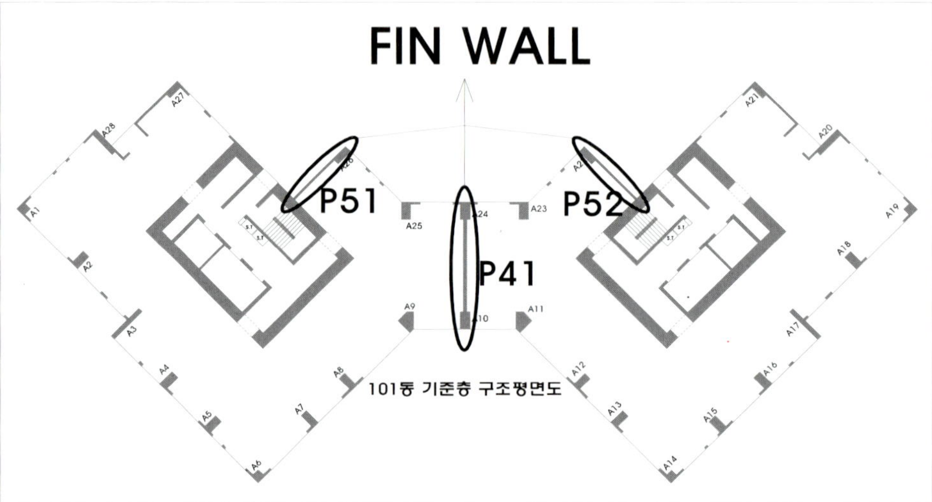

그림 31. 101동 fin wall 부재번호

i) 101동 핀 월(fin wall)의 demand & capacity

101동 fin wall demand & capacity			(단위:P=kips, M=kips-ft)					
층수			4F	15F	30F	40F	50F	비고
P41 (FW-A3) thk=300	demand	Pu,t	6032	4764	2949	1712	468	1kip = 1000lb = 453kgf
		Pu,c	11367	8861	5440	3153	851	
		Mu,x	13348	57192	25145	11639	7186	
	capacity	φ Pn,t	3226	2714	1404	1404	1404	
		φ Pn,c	15787	12734	10580	10580	10580	
		φ Mn,x	91551	74991	56366	56366	56366	
P51 (FW-A1) thk=300	demand	Pu,t	-481	-1389	-433	-249	-85	1ft = 12in = 30.48㎝
		Pu,c	4435	4619	2351	1026	461	
		Mu,x	4470	4242	2072	1564	1507	
	capacity	φ Pn,t	1781	1781	1277	1277	1277	
		φ Pn,c	9678	7964	6816	6816	6816	
		φ Mn,x	32797	28402	24270	24270	24270	
P52 (FW-A2) thk=300	demand	Pu,t	-522	-1384	-427	-243	-90	1kip-ft = 0.138tf-m
		Pu,c	4787	4942	2444	964	373	
		Mu,x	6006	4752	2280	1574	1614	
	capacity	φ Pn,t	1781	1781	1277	1277	1277	
		φ Pn,c	9678	7964	6816	6816	6816	
		φ Mn,x	32797	28402	24270	24270	24270	

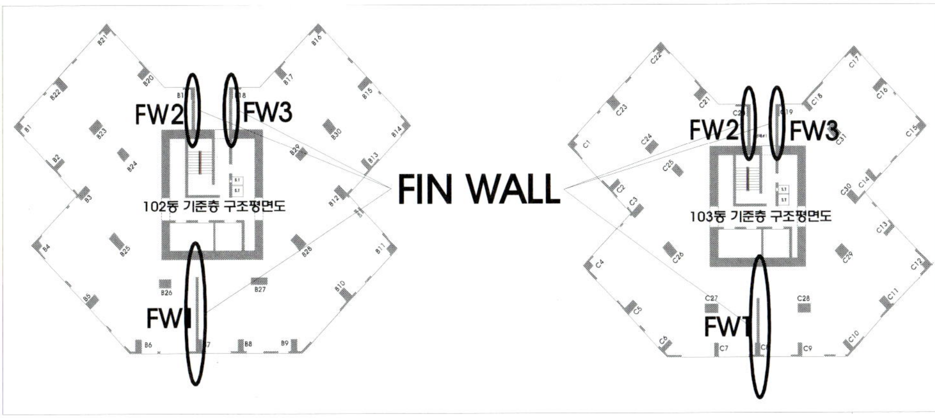

그림 32. 102동, 103동 fin wall 부재번호

102동 fin wall demand & capacity						(단위:P=kips, M=kips-ft)		
층수			PIT-1	15F	PIT-2	40F	49F	비고
FW1 (FW-B1) thk=300	demand	Pu,t	2876	1592	1792	1137	165	1kip = 1000lb = 453kgf
		Pu,c	9061	7436	3952	1939	273	
		Mu,x	71260	6769	4010	2749	1931	
	capacity	φ Pn,t	5766	1270	1270	1270	1270	
		φ Pn,c	13673	9045	8013	8013	8013	
		φ Mn,x	65081	36021	32627	32627	32627	
FW2 (FW-B2) thk=400	demand	Pu,t	-630	-766	-	-339	-149	1ft = 12in = 30.48㎝
		Pu,c	3699	2996	-	750	326	
		Mu	1763	2315	-	1029	887	
	capacity	φ Pn,t	2320	1487	-	1241	1241	
		φ Pn,c	9775	7634	-	6654	6654	
		φ Mn,x	27743	20702	-	17741	17741	
FW3 (FW-B3) thk=400	demand	Pu,t	-712	-725	-	-419	-304	1kip-ft = 0.138tf-m
		Pu,c	3585	2752	-	765	386	
		Mu,x	2216	2110	-	997	910	
	capacity	φ Pn,t	3311	1455	-	1209	1209	
		φ Pn,c	10162	7455	-	6495	6495	
		φ Mn,x	30377	19808	-	16957	16957	

103동 fin wall demand & capacity						(단위:P=kips, M=kips-ft)		
층수			4F	15F	PIT-2	40F	48F	비고
FW1 (FW-C1) thk=300	demand	Pu,t	4215	3032	1992	925	131	1kip = 1000lb = 453kgf
		Pu,c	8006	5995	3461	1595	221	
		Mu,x	21050	2127	1404	868	785	
	capacity	φ Pn,t	2184	1545	1273	1273	1273	
		φ Pn,c	8178	6451	6296	5608	5608	
		φ Mn,x	24789	20140	18602	17081	17081	
FW2 (FW-C2) thk=400	demand	Pu,t	500	-135	448	-252	-167	1ft = 12in = 30.48㎝
		Pu,c	3109	2805	1228	696	260	
		Mu,x	1605	1391	250	807	789	
	capacity	φ Pn,t	1481	1209	1750	1209	1209	
		φ Pn,c	9092	7303	7611	6484	6484	
		φ Mn,x	22864	18510	19901	16902	16902	
FW3 (FW-C3) thk=400	demand	Pu,t	512	-220	470	-352	-302	1kip-ft = 0.138tf-m
		Pu,c	3450	3257	1632	1159	680	
		Mu,x	1513	1436	314	782	681	
	capacity	φ Pn,t	1805	1209	1750	1209	1209	
		φ Pn,c	9246	7282	7590	6466	6466	
		φ Mn,x	24363	18410	19798	16812	16812	

3.9 기초설계

i) 해석 프로그램 : SAFE

ii) subgrade modulus

타워 101						
B (m)	13.42	13.42	13.42	13.42	13.42	
H (m)	16.5	16.5	16.5	16.5	16.5	
D (m)	2.4	2.4	2.4	2.4	2.4	
I_f (m^4)	1.152	1.152	1.152	1.152	1.152	
f_{ck} (kgf/㎠)	400	400	400	400	400	
E_f (tonf/㎡)	2,800,000	2,800,000	2,800,000	2,800,000	2,800,000	
m	0.3	0.3	0.3	0.3	0.3	
boring	NX−1	NX−2	NX−4	NX−5	NX−6	
E_s (tonf/㎡)	501,000	573,000	435,000	565,000	355,000	
k (tonf/㎥)	54,260	62,756	46,560	61,807	37,359	
average						**52,548**

타워 102						
B (m)	21.65	21.65	21.65	21.65	21.65	
H (m)	22.3	22.3	22.3	22.3	22.3	
D (m)	3.1	3.1	3.1	3.1	3.1	
I_f (m^4)	2.483	2.483	2.483	2.483	2.483	
f_{ck} (kgf/㎠)	400	400	400	400	400	
E_f (tonf/㎡)	2,800,000	2,800,000	2,800,000	2,800,000	2,800,000	
m	0.3	0.3	0.3	0.3	0.3	
boring	NX−1	NX−2	NX−4	NX−5	NX−6	
E_s (tonf/㎡)	501,000	573,000	435,000	565,000	355,000	
k (tonf/㎥)	37,001	42,795	31,751	42,148	25,477	
average						**35,835**

타워 103						
B (m)	18	18	18	18	18	
H (m)	19.6	19.6	19.6	19.6	19.6	
D (m)	3.55	3.55	3.55	3.55	3.55	
I_f (m^4)	3.728	3.728	3.728	3.728	3.728	
f_{ck} (kgf/㎠)	400	400	400	400	400	
E_f (tonf/㎡)	2,800,000	2,800,000	2,800,000	2,800,000	2,800,000	
m	0.3	0.3	0.3	0.3	0.3	
boring	NX−1	NX−2	NX−4	NX−5	NX−6	
E_s (tonf/㎡)	501,000	573,000	435,000	565,000	355,000	
k (tonf/㎥)	40,454	46,788	34,714	46,081	27,854	
average						**39,178**

subgrade modulus (k) 각 동별 결과요약 및 적용	
타워 101	52,548 tonf/㎥
타워 102	35,835 tonf/㎥
타워 103	39,178 tonf/㎥
average (평균 − 표준편차/2)	**38,098 tonf/㎥**

iii) tower core mat foundation max. bearing pressure data

<단위 : tonf/㎡>

load combination	타워 101 A-core	타워 101 B-core	타워 102 core	타워 103 core	비고
RWDI load combination 1	206.1	258.8	232.9	279.3	0.85Wx+0.55Wy+0.45Mz
RWDI load combination 2	223.6	258.5	232.6	279.5	0.85Wx+0.55Wy−0.30Mz
RWDI load combination 3	235.2	231.8	294.3	263.6	0.85Wx−0.30Wy+0.45Mz
RWDI load combination 4	233.1	231.4	292.2	263.4	0.85Wx−0.30Wy−0.35Mz
RWDI load combination 5	287.8	240.0	257.9	228.5	−1.0Wx+0.55Wy+0.45Mz
RWDI load combination 6	297.2	223.3	255.0	228.4	−1.0Wx+0.55Wy−0.30Mz
RWDI load combination 7	263.0	238.0	285.2	245.9	−1.0Wx−0.30Wy+0.45Mz
RWDI load combination 8	256.4	240.9	289.6	245.9	−1.0Wx−0.30Wy−0.30Mz
RWDI load combination 9	276.5	306.2	246.8	260.3	0.30Wx+1.0Wy+0.55Mz
RWDI load combination 10	307.2	276.8	249.2	260.3	0.30Wx+1.0Wy−0.30Mz
RWDI load combination 11	294.5	251.2	292.7	280.6	0.30Wx−0.85Wy+0.30Mz
RWDI load combination 12	270.2	272.7	290.4	280.6	0.30Wx−0.85Wy−0.30Mz
RWDI load combination 13	293.0	295.3	267.2	221.6	−0.45Wx+1.0Wy+0.55Mz
RWDI load combination 14	324.8	265.0	264.3	221.4	−0.45Wx+1.0Wy−0.30Mz
RWDI load combination 15	291.9	257.1	292.3	263.6	−0.30Wx−0.85Wy+0.30Mz
RWDI load combination 16	264.4	278.6	294.7	263.7	−0.30Wx−0.85Wy−0.30Mz
RWDI load combination 17	183.1	248.1	202.6	220.6	0.30Wx+0.55Wy+1.0Mx
RWDI load combination 18	221.3	192.2	188.0	243.1	0.35Wx+0.40Wy−0.80Mz
RWDI load combination 19	221.5	164.6	223.7	217.4	0.30Wx−0.30Wy+1.0Mz
RWDI load combination 20	175.1	198.2	222.7	233.6	0.35Wx−0.30Wy−0.80Mz
RWDI load combination 21	217.2	237.4	226.1	189.3	−0.45Wx+0.55Wy+1.0Mz
RWDI load combination 22	235.3	158.7	186.7	191.8	−0.30Wx+0.40Wy−0.80Mz
RWDI load combination 23	227.4	173.9	227.3	192.9	−0.45Wx−0.30Wy+1.0Mz
RWDI load combination 24	169.3	204.6	220.5	193.2	−0.30Wx−0.30Wy−0.80Mz
gravity load only	141.5	137.0	169.6	−	−
seismic load 1	−	−	−	304.8	1.0Sx+1.0Sy
seismic load 2	−	−	−	290.6	1.0Sx−0.3Sy
seismic load 3	−	−	−	254.3	−1.0Sx−0.3Sy
seismic load 4	−	−	−	251.6	−1.0Sx+0.3Sy
seismic load 5	−	−	−	279.0	0.3Sx+1.0Sy
seismic load 6	−	−	−	250.0	−0.3Sx+1.0Sy
seismic load 7	−	−	−	285.1	−0.3Sx−1.0Sy
seismic load 8	−	−	−	309.2	0.3Sx−1.0Sy

ⅳ) tower mat foundation reinforcement design based on SAFE analysis result tower 101 A-core mat foundation)

<B(유효폭)=2.0m ; D(유효춤)=2.92m ; fck=400kgf/㎠ ; fy=5,000kgf/㎠>

	location/ direction	AY1	AY2	AY3	AY4	AX1	AX2	AX3	AX4
moment calculation	M1 (Tonf-M)	3666	3383	3398	3506	4270	4055	3177	2522
	V1(Tonf)	2748	2338	2281.5	1725.5	2719.5	1435.5	2267	1488
	Va(Tonf)	3551	2636	2741	1919	3369	1574	2553	1576
	Vb(Tonf)	−129	−80	274	211	−570.9	603	−375	600
	$\Omega(Tonf/M^2)$	300	290	290	290	300	280	260	290
	M2(Tonf−M)	4762	4383	4401	4308	5315	4796	4100	3294
capacity check		OK	OK	OK	OK	OK	OK	OK	OK
HD32 배근	spacing(Mm)	125	125	125	125	125	125	125	125
	No. Of Layer HD32@125	3.5	3	3	3	3.5	3.5	3	3
	$As(M^2)$	0.0459	0.0393	0.0393	0.0393	0.0459	0.0459	0.0393	0.0393
	T(Tonf)	2294	1966	1966	1966	2294	2294	1966	1966
	A(㎝)	33.7	28.9	28.9	28.9	33.7	33.7	28.9	28.9
	Φmn(Tonf−M)	5681	4912	4912	4912	5681	5681	4912	4912
governed load comb.		RWDI 14	RWDI 6	RWDI 16	RWDI 15	RWDI 14	RWDI 5	RWDI 3	RWDI 11

* mat foundation reinforcement design example (Ay1)

design moment :

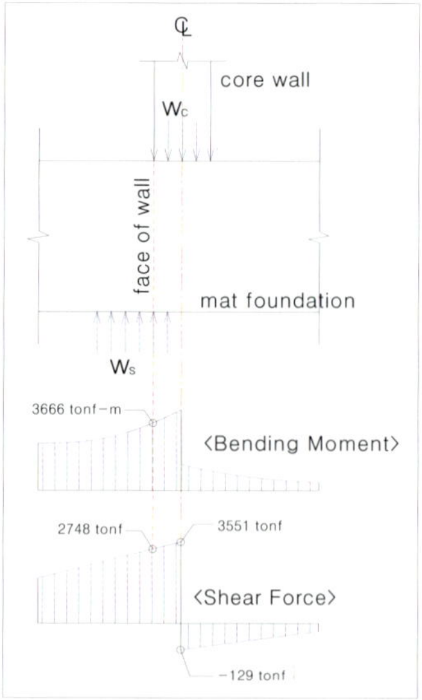

M(face of wall) = 3666 tonf-m

V(face of wall) = 2748 tonf

V(centerline) = 3551 tonf (before)

= -129 tonf (beyond)

bearing pressure = 300 tonf/㎡

centerline moment adjustment due to shear transfer :

ω_s = 300 tonf/㎡ = 600 tonf/m (2m-strip)

ω_c = [3551-(-129)]/1.1 = 3345 tonf/m

M(centerline)

$= 3666 + 2748(1.1/2) + [600(1.1/2)^2]/2 - [3345(1.1/2)^2]/2$

= 4762 tonf-m

H = 3.1m ; D = 2.92m ; B = 2m

fck = 400 kgf/㎠ = 5690 psi

fy = 5000kgf/㎠ = 71129 psi

3-layers HD32@125 and 1-layer HD32@250

$As = 3 \times 2000/125 \times 1.27 + 1 \times 2000/250 \times 1.27 = 71.12\ in^2$

$a = (71.12 \times 71129)\ /\ [0.85 \times (2/0.0254) \times 5690]$

= 13.28 in = 33.74 ㎝

$T = [71.12 \times (2.54)^2] \times 5000 = 2294189$ kgf = 2294.2 tonf

$\phi Mn = 0.9T(D-a/2) = 0.9 \times 2294.2 \times (2.92 - 0.337/2) = 5680$ tonf-m

(타워 **101 B-core mat foundation**)

<B(유효폭)=2.0m ; D(유효춤)=2.92m ; fck=400kgf/㎠ ; fy=5,000kgf/㎠>

	location/ direction	AY5	AY6	AY7	AY8	AX5	AX6	AX7	AX8
moment calculation	M1 (Tonf-M)	2164	3145	4070	3997	3493	3540	4714	4478
	V1(Tonf)	914	2740	2664	2082	2210	1855	1299	1734
	Va(Tonf)	854	3572	3115	2449	2917	3249	1558	1923
	Vb(Tonf)	640	-30	-474	-68	-386	-636	604	863
	Ω(Tonf/M²)	260	300	280	250	290	300	260	280
	M2(Tonf-M)	2716	4247	5126	4872	4342	4117	5376	5371
capacity check		OK	OK	OK	OK	OK	OK	OK	OK
HD32 배근	spacing(Mm)	125	125	125	125	125	125	125	125
	No. of Layer HD32@125	2.5	3	3.5	3	3	2.5	3.5	3.5
	As(m²)	0.0328	0.0393	0.0459	0.0393	0.0393	0.0328	0.0459	0.0459
	T(tonf)	1639	1966	2294	1966	1966	1639	2294	2294
	a(㎝)	24.1	28.9	33.7	28.9	28.9	24.1	33.7	33.7
	φ Mn(tonf-m)	4129	4912	5681	4912	4912	4129	5681	5681
governed load comb.		RWDI 8	RWDI 9	RWDI 16	RWDI 4	RWDI 8	RWDI 9	RWDI 16	RWDI 2

(타워 **102 core mat foundation**)

<B(유효폭)=2.0m ; D(유효춤)=2.82m ; fck=400kgf/㎠ ; fy=5,000kgf/㎠>

	location/ direction	BY1	BY2	BY3	BY4	BX1	BX2	BX3	BX4
moment calculation	M1 (Tonf-M)	4010	3512	4258	3754	3659	2901	3059	4750
	V1(Tonf)	1927	1848	1251	1259	1921	1275	1197	1753
	Va(Tonf)	2622	2553	1967	2105	2184	1560	1281	1725
	Vb(Tonf)	-159	-350	-275	-363	-471	427	548	634
	Ω(Tonf/M²)	270	250	290	290	260	230	290	285
	M2(Tonf-M)	4769	4205	4726	4195	4429	3516	3704	5650
capacity check		OK	OK	OK	OK	OK	OK	OK	OK
HD32 배근	spacing(Mm)	125	125	125	125	125	125	125	125
	No. of Layer HD32@125	3.5	3	3	3	3	2.5	2.5	4.5
	As(m²)	0.0459	0.0393	0.0393	0.0393	0.0393	0.0328	0.0328	0.0590
	T(tonf)	2294	1966	1966	1966	1966	1639	1639	2950
	a(㎝)	33.7	28.9	28.9	28.9	28.9	24.1	24.1	43.4
	φ Mn(tonf-m)	5474	4735	4735	4735	4735	3981	3981	6910
governed load Comb.		RWDI 13	RWDI 10	RWDI 16	RWDI 11	RWDI 13	RWDI 2	RWDI 16	RWDI 4

<u>* mat foundation shear reinforcement design example</u>

B = 2.0m ; H = 3.0m ; D = 2.82m

fck = 400 kgf/㎠ = 5690 psi ; fy = 4000 kgf/㎠

$\upsilon_c = 4 \times (5690)^{1/2} = 301.7$ psi

$\phi\upsilon_c = 0.85 \times 301.7 = 256.5$ psi = 180.3 tonf/㎡

$\phi V_c = 2 \times 2.82 \times 180.3 = 1017$ tonf

V_{ULT} = 1091 tonf (from SAFE analysis result)

$A_v / s = (V_u - \phi V_c) / \phi f_y D = (1091 - 1017) / (0.9 \times 40000 \times 2.82)$

$= 0.000719$ ㎡/m = 719 ㎟/m

$(A_v / s)_{min} = 50 B_w / f_y = 0.0692$ in²/in = 1758 ㎟/m (govern)

HD13 (As = 127㎟)
use HD13 w/300㎜ × 450㎜ grids.
As = [2000/450 × 1000/300] × 127 = 1881 ㎟/m

(타워 **103 core mat foundation**)

<B(유효폭)=2.0m ; D(유효춤)=2.82m ; fck=400kgf/㎠ ; fy=5,000kgf/㎠>

	location/ direction	CY1	CY2	CY3	CY4	CX1	CX2	CX3	CX4
moment calculation	M1 (Tonf−M)	2710	1921	2689	1673	2301	2323	2504	2712
	V1(Tonf)	1342	1421	1150	1312	1900	1800	1754	3013
	Va(Tonf)	2055	2203	1430	1684	2356	2119	2148	3243
	Vb(Tonf)	−344	78	−88	−398	−517	−32	−754	−1389
	Ω(Tonf/M²)	280	290	260	280	295	261	280	263
	M2(Tonf−M)	3203	2498	3191	2193	3040	3096	3154	3812
capacity check		OK	OK	OK	OK	OK	OK	OK	OK
HD32 배근	spacing(Mm)	125	125	125	125	125	125	125	125
	No. of Layer HD32@125	2	2	2	2	2	2	2	3
	As(m²)	0.0262	0.0262	0.0262	0.0262	0.0262	0.0262	0.0262	0.0393
	T(tonf)	1311	1311	1311	1311	1311	1311	1311	1966
	a(㎝)	19.3	19.3	19.3	19.3	19.3	19.3	19.3	28.9
	φ Mn(tonf−m)	3213	3213	3213	3213	3213	3213	3213	4735
governed load comb.		0.3Sx +1.0Sy	0.3Sx +1.0Sy	−0.3Sx +1.0Sy	−0.3Sx −1.0Sy	1.0Sx +0.3Sy	RWDI 11	RWDI 16	−1.0Sx −0.3Sy

3.10 사용성 검토

3.10.1 수평변위 및 층간변위 검토

벨트 월(belt wall)이 수평력에 대한 영향을 비교하기 위해서 벨트 월(belt wall)의 유무에 따른 풍하중에 의한 변위(wind displacement)와 지진하중에 의한 층간변위(seismic story drift)를 비교하였다.

벨트 월(belt wall)을 적용한 시스템인 경우 풍하중에 의한 변위(wind displacement)인 경우는 약11~23%, 지진하중에 의한 층간변위(seismic story drift)인 경우는 약11~21%정도 감소하는 결과를 보인다.

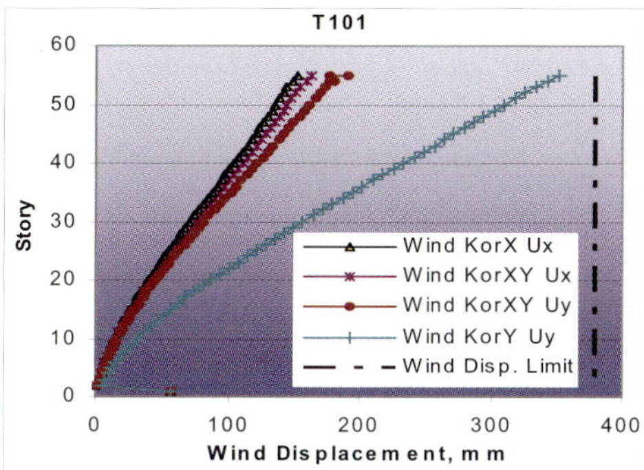

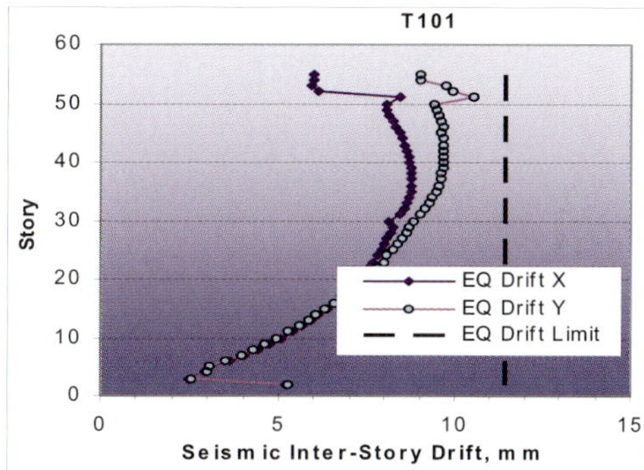

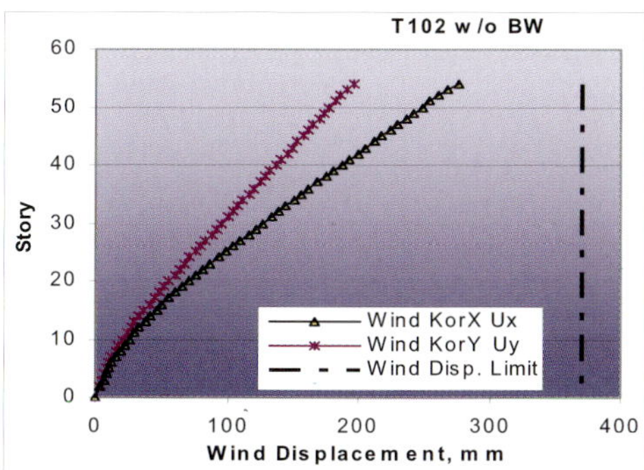

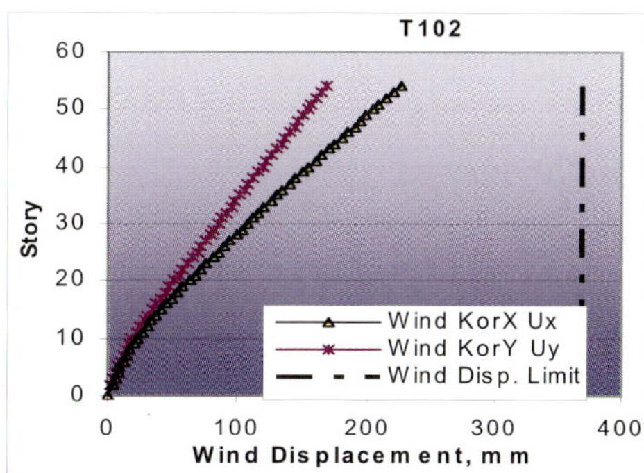

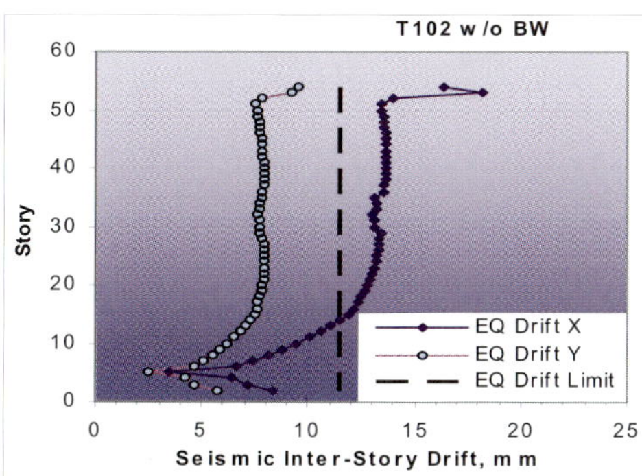

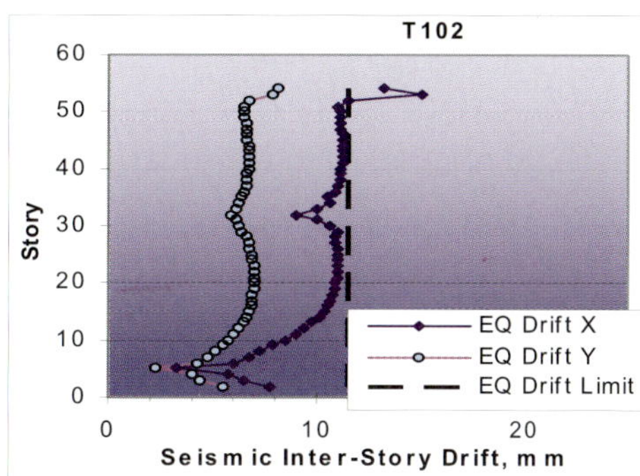

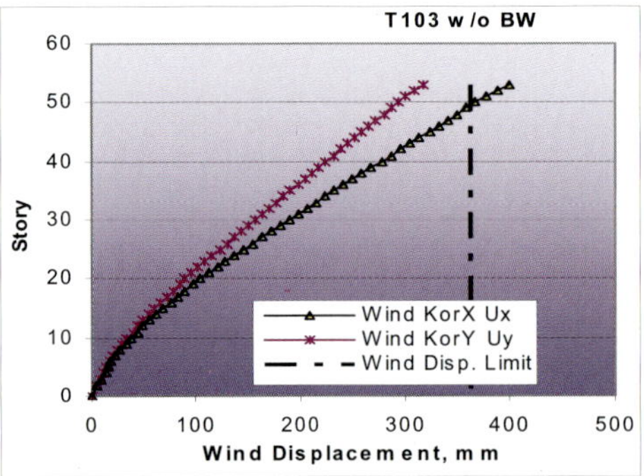

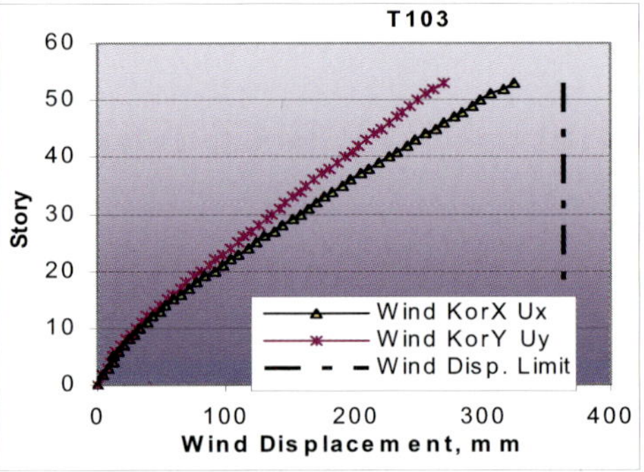

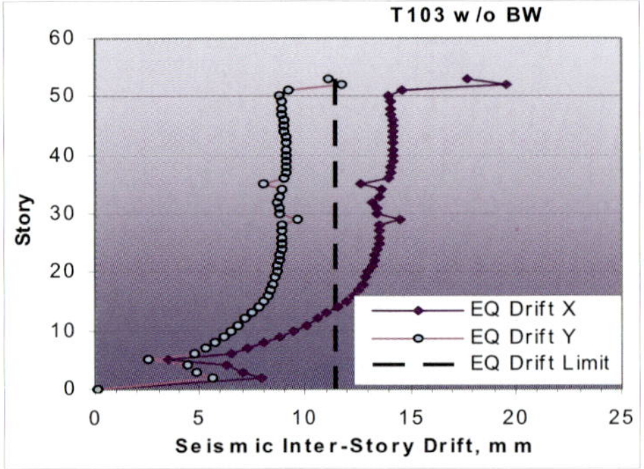

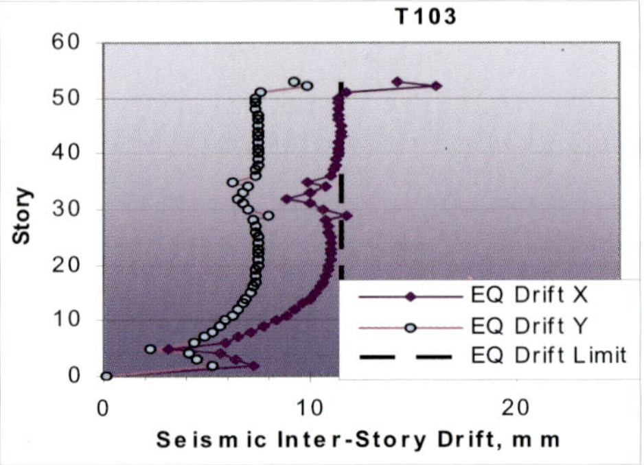

표 4. 벨트 월(belt wall) 유무에 따른 최상층 수평변위 및 층간변위 비교 (단위 : ㎜)

벨트 월(belt wall)의 유무에 따른 최상층 수평변위 및 층간변위 비교							
		wind displacement				seismic inter-story drift (40F 기준)	
		wind KorX Ux	wind KorXY Ux	wind KorXY Uy	wind KorY Uy	EQ Drift X	EQ Drift Y
without belt wall	타워 101	155	165	190	350	8.9	9.7
	타워 102	280	–	–	200	14.0	8.0
	타워 103	400	–	–	310	13.7	9.0
with belt wall	타워 101	belt wall 없음.					
	타워 102	215 (23%감소)	–	–	175 (13%감소)	11.0 (21%감소)	7.0 (13%감소)
	타워 103	320 (20%감소)	–	–	275 (11%감소)	11.5 (16%감소)	8.0 (11%감소)

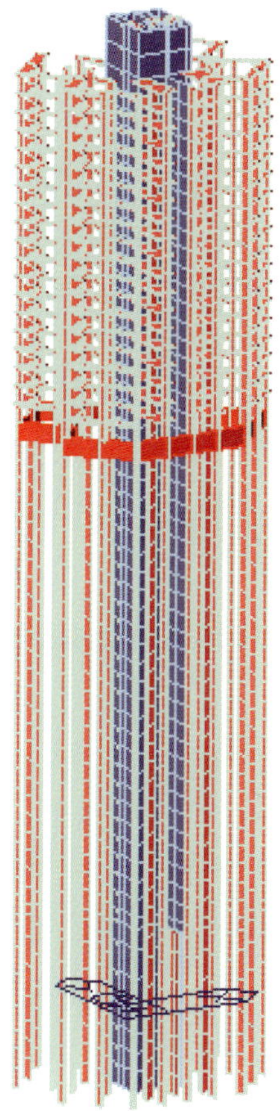

그림 35. 타워 103 MIDAS Gen modeling

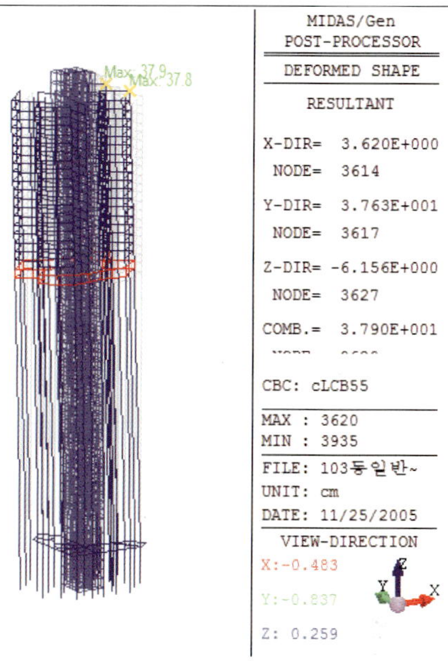

그림 36. 타워 103 wind displacement

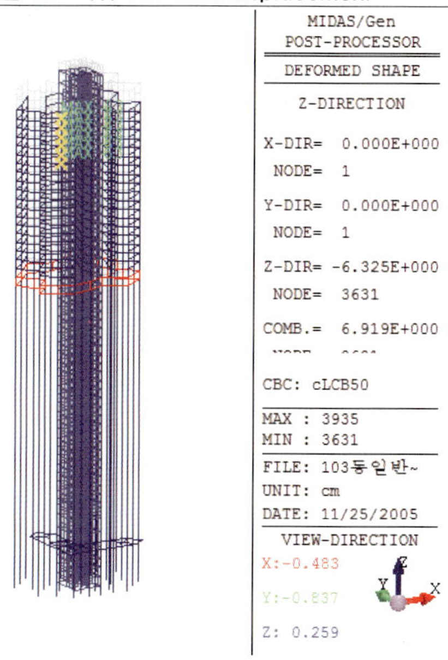

그림 37. 타워 103 load combination
1.0DL+1.0LL에서 deformation

3.11 밑면전단력 검토

『**base shear summary**』

표 5. base shear summary

타워		타워 101	타워 102	타워 103	비고
total weight W		9.80E+07 kgf	7.40E+07 kgf	6.57E+07 kgf	
korean building code for strength (response spectrum analysis to be performed)	seismic zone factor, A	0.11	0.11	0.11	
	soil classification factor, S	1.0	1.0	1.0	
	important factor, I	1.5	1.5	1.5	
	structural system factor, R	4.0	4.0	4.0	
	hn =	170.3 m	166.75 m	163.7 m	
	$T=(1.2)x0.0448(hn)^{3/4}$	3.80 s	3.74 s	3.69 s	
	response spectrum acceleration, C=S/1.2sqrt(T), not greater than 1.75 =	0.43	0.43	0.43	
	V/W =	0.018	0.018	0.018	
	V=(A × I × C / R) × W =	1.73E+06 kgf	1.31E+06 kgf	1.18E+06 kgf	
ETABS Dyn. Analysis	Tx =	7.087 s	9.662 s	8.978 s	
	Ty =	7.293 s	7.472 s	7.513 s	
Sttc. Wind	Vx =	2.67E+06 kgf	1.56E+06 kgf	1.30E+06 kgf	
	Vy =	3.98E+06 kgf	2.04E+06 kgf	1.43E+06 kgf	

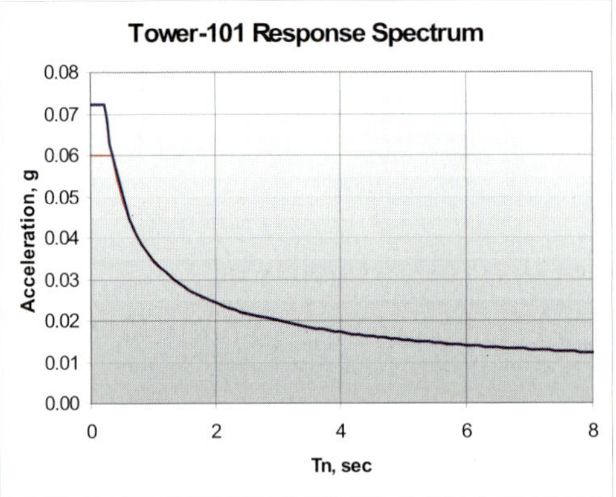

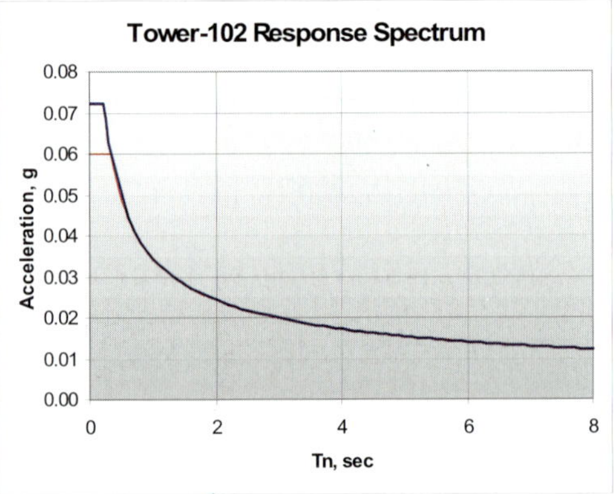

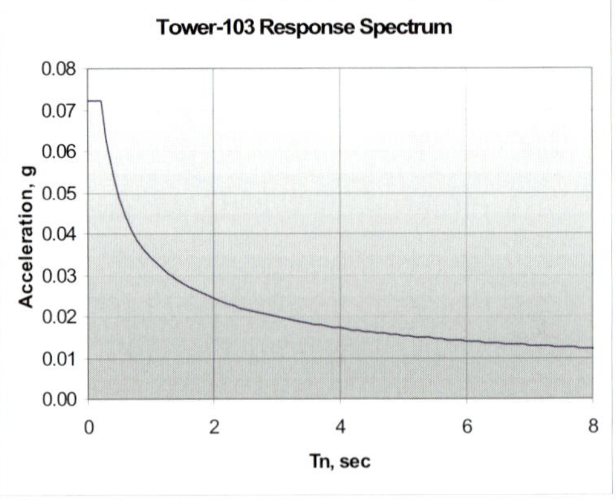

제4장 부록

4.1 풍동실험결과보고서 요약

해변과 인접하여 바람의 영향을 많이 받는 부산지역의 기후특성을 고려하여, 풍공학 전문회사인 캐나다 RWDI(Roman Williams Davies & Irwin Inc.)사로부터 풍동실험을 진행하였다.

1. 조건 1 - 101동, 102동 및 103동 타워를 포함한 ASTAR와 주변에 존재하는 건물들을 고려한 경우
2. 조건 2 - 조건 1과 동일한 조건에 ASTAR 남쪽위치에 40층짜리 규모의 타워를 고려한 경우
3. 조건 1과 조건 2를 비교하여 풍하중 환경이 불리한 값을 적용한다.

그림 31. wind tunnel test – configuration 1

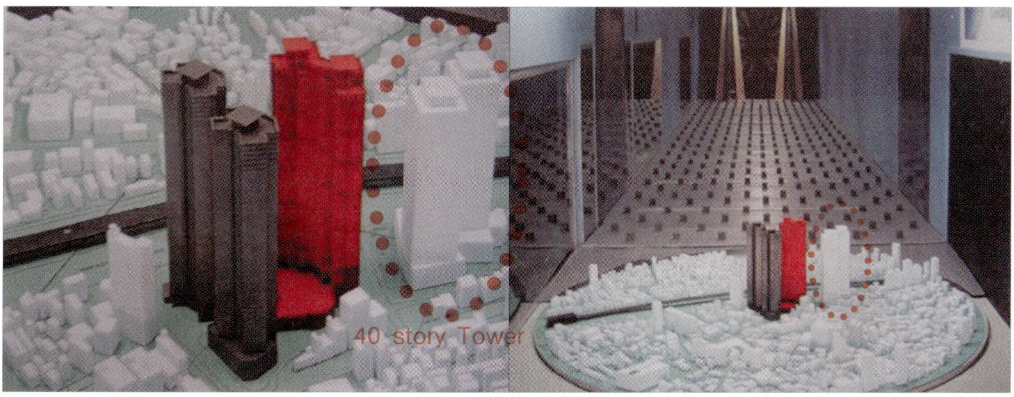

그림 32. wind tunnel test – configuration 2

wind tunnel test parameters	
number of test directions	36 (10° increments)
upwind terrain profiles	suburban
model parameters	
model scale	1 : 400
number of test configurations	2
full scale radius of proximity model	460m

* 가속도 기준 및 평가

1. 2% critical damping ratio를 가속도 예측에 사용하였다.

2. 가속도는 타워 중심축으로부터

<타워 101-17.8m ; 타워 102-13.2m ; 타워 103-12.4m>의 반경에서

<타워 101-H=159.25M ; 타워 102-H=155.75M ; 타워 103-H=152.70M> Level에서 예측하였다.

3. ISO (International Organization for Standardization) : 1년과 5년 재현주기에 대한 건축물의 가속도 기준을 제공한다.

4. 10년 재현주기에 대한 ISO 기준에 따른 RWDI의 예측 값

5. 주거용 타워에 대한 가속도 기준의 범위는 10년 재현주기에서 15~18 milli-g를 일반적으로 사용한다.

6. 가속도 값은 태풍 고려 시와 미 고려 시로 나누어 산정함.

analysis parameters				
overall damping (% of critical)	2%			
	Tower	101	102	103
building natural frequencies (Hz)	Mode 1	0.185 (primarily Y)	0.183 (primarily X)	0.185 (primarily X)
	Mode 2	0.187 (primarily X)	0.202 (primarily Y)	0.202 (primarily Y)
	Mode 3	0.310 (primarily torsion)	0.333 (primarily torsion)	0.349 (primarily torsion)
building natural period (sec)	Mode 1	5.405 (primarily Y)	5.464 (primarily X)	5.405 (primarily X)
	Mode 2	5.348 (primarily X)	4.950 (primarily Y)	4.950 (primarily Y)
	Mode 3	3.226 (primarily torsion)	3.003 (primarily torsion)	2.865 (primarily torsion)

origins of wind statistical model	
station	Kimhae International Airport
period of record	1973 – 2003
monte carlo simulation of hurricanes	ara report #5865
100 year 10-minute mean wind design speed at 10m height in open terrain	40m/s
importance factor to apply to 100 year wind speed	1.1

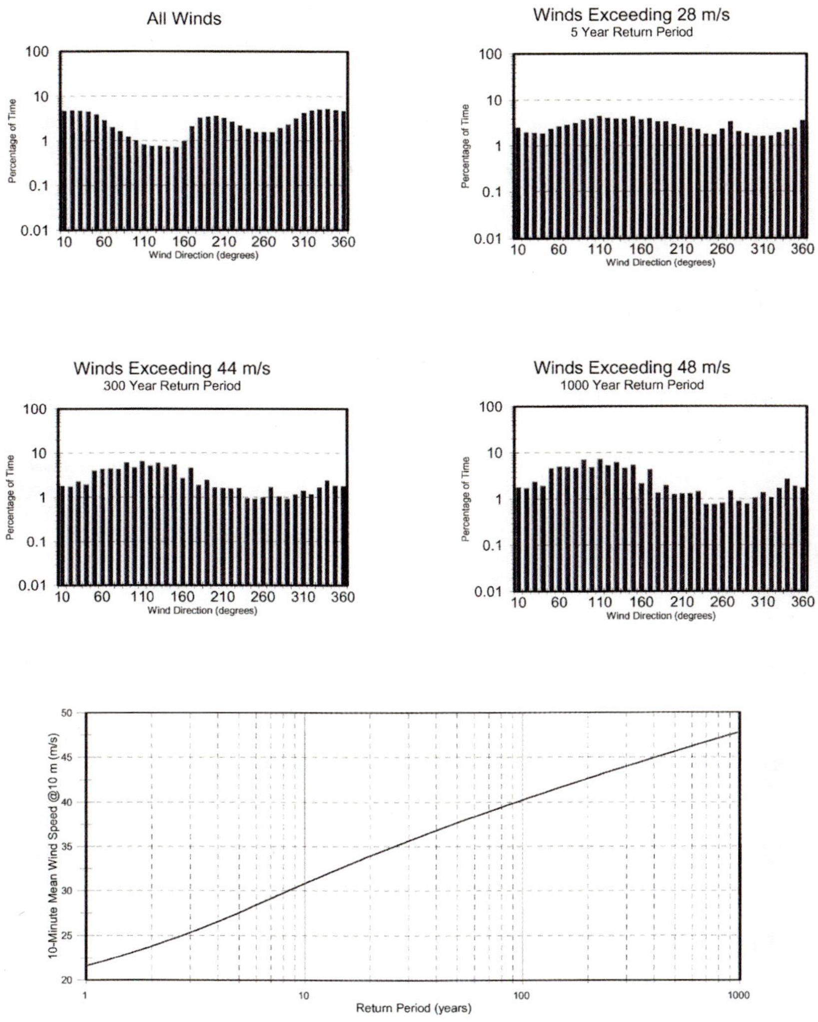

Directional Distribution of 10-Minute Mean Wind Speeds at 10 m. **Station: Kimhae International Airport, Busan, Korea (1973 - 2003)** A-Star Project - Busan, Korea Project #05-1014	Figure No. **4** Date: Jan. 5, 2005	**RWDI**

<table>
<tr><td colspan="5">structural wind load summary
<recommended design wind loads – 300 year return period></td></tr>
<tr><td>coordinate system / reference axis</td><td colspan="4">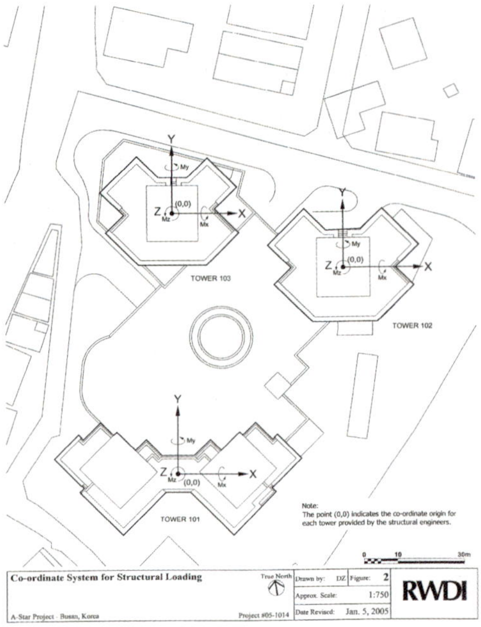

co-ordinate system for structural Loading</td></tr>
<tr><td rowspan="6">peak wind-induced overall structural loads
*NOTE: Loading at grade about reference vertical axis</td><td>Tower</td><td>101</td><td>102</td><td>103</td></tr>
<tr><td>My(N-mx10^{9})</td><td>2.79</td><td>1.60</td><td>1.32</td></tr>
<tr><td>Mx(N-mx10^{9})</td><td>3.97</td><td>2.02</td><td>1.42</td></tr>
<tr><td>Mz(N-mx10^{8})</td><td>3.63</td><td>0.666</td><td>0.424</td></tr>
<tr><td>Fx(Nx10^{7})</td><td>2.62</td><td>1.53</td><td>1.28</td></tr>
<tr><td>Fy(Nx10^{7})</td><td>3.90</td><td>2.01</td><td>1.40</td></tr>
</table>

300-year return period effective static floor-by-floor wind loads acting on tower 101 (1N≒0.102kgf)				
floor level	Height (m)	Fx (N)	Fy (N)	Mz (N-m)
1	0.00	121100	273700	1099000
2	5.30	188500	439400	2143000
3	8.80	158800	359400	2555000
4	12.30	156200	344200	3088000
5	15.35	155700	332200	3040000
6	18.40	164800	342400	3166000
7	21.45	174600	353600	3304000
8	24.50	185200	365700	3452000
9	27.55	196400	378700	3612000
10	30.60	208400	392600	3772000
11	33.65	221000	407200	3943000
12	36.70	234100	422700	4114000
13	39.75	247900	438900	4296000
14	42.80	261500	454900	4462000
15	45.85	275600	471500	4634000
16	48.90	290900	489600	4824000
17	51.95	306700	508500	5025000
18	55.00	323100	528000	5226000
19	58.05	339800	548100	5428000
20	61.10	357000	568800	5640000
21	64.15	374600	590000	5852000
22	67.20	392600	611600	6053000
23	70.25	410900	633800	6265000
24	73.30	429600	656400	6488000
25	76.35	448600	679400	6700000
26	79.40	467800	702700	6912000
27	82.45	487400	726500	7135000
28	85.50	507100	750600	7359000
29	88.55	504400	746200	7332000
30	91.60	497700	736800	7261000
31	94.65	516200	759300	7480000
32	97.70	535100	782200	7699000
33	100.75	554000	805300	7919000
34	103.80	573400	828800	8138000
35	106.85	592900	852600	8356000
36	109.90	612500	876500	8576000
37	112.95	632200	900600	8795000
38	116.00	651900	924900	9004000
39	119.05	671800	949000	9213000
40	122.10	691700	973400	9413000
41	125.15	711400	997800	9612000
42	128.20	731300	1022200	9801000
43	131.25	751100	1046500	9991000
44	134.30	770900	1071100	10170000
45	137.35	790500	1095700	10350000
46	140.40	810100	1119300	10520000
47	143.45	829600	1143900	10680000
48	146.50	849100	1167500	10840000
49	149.55	868500	1192100	10990000
50	152.60	911200	1250500	11440000
51	156.00	921200	1249500	10990000
52	159.25	731000	990600	7131000
Roof	162.50	1380900	1780400	12090000
Total		2.62e+07	3.90e+07	3.63e+08

300-year return period effective static floor-by-floor wind loads acting on tower 102 (1N≒0.102kgf)				
floor level	Height (m)	Fx (N)	Fy (N)	Mz (N-m)
1	0.00	70200	121600	490000
2	5.30	128200	227300	963000
3	10.10	114400	198000	840000
PIT-1	13.70	78700	133400	563000
4	15.50	77000	127400	550000
5	18.55	99000	162700	698000
6	21.60	105200	170200	728000
7	24.65	111900	178300	757000
8	27.70	119200	187000	789000
9	30.75	126900	196100	821000
10	33.80	135000	205800	852000
11	36.85	143500	215900	885000
12	39.90	152300	226300	917000
13	42.95	161500	237200	949000
14	46.00	171000	248300	982000
15	49.05	180700	259800	1016000
16	52.10	190800	271600	1050000
17	55.15	201100	283700	1083000
18	58.20	211600	295900	1117000
19	61.25	222200	308400	1149000
20	64.30	233000	320900	1182000
21	67.35	243800	333500	1214000
22	70.40	254300	345600	1243000
23	73.45	264800	357700	1269000
24	76.50	275700	370100	1299000
25	79.55	286500	382400	1327000
26	82.60	297200	394400	1354000
27	85.65	307800	406200	1379000
28	88.70	318100	417600	1404000
29	91.75	328300	428500	1426000
PIT-2	94.80	314300	410800	1352000
30	97.80	357000	461100	1577000
31	100.85	326400	424800	1416000
32	103.90	336100	435100	1442000
33	106.95	346300	446000	1470000
34	110.00	356800	457400	1499000
35	113.05	367600	469200	1528000
36	116.10	378600	481300	1555000
37	119.15	389900	493600	1583000
38	122.20	401200	505900	1610000
39	125.25	412500	518300	1635000
40	128.30	424100	530900	1658000
41	131.35	435800	543500	1680000
42	134.40	447500	556000	1701000
43	137.45	459200	568500	1720000
44	140.50	470900	580900	1737000
45	143.55	482600	593200	1752000
46	146.60	494300	605500	1766000
47	149.65	505900	617500	1778000
48	152.70	517400	629500	1787000
49	155.75	534200	648400	1815000
Roof	158.95	523000	640700	1755000
PH1F	162.85	212700	266100	385000
PH2F	166.75	146400	162700	123000
Total		1.53e+07	2.01e+07	6.66e+07

300-year return period effective static floor-by-floor wind loads acting on tower 103 (1N≒0.102kgf)				
floor level	Height (m)	Fx (N)	Fy (N)	Mz (N-m)
1	0.00	53300	68700	180000
2	5.30	97700	127900	369000
3	10.10	88500	113400	341000
PIT-1	13.70	61800	77900	241000
4	15.50	61600	76700	258000
5	18.55	79800	98600	331000
6	21.60	85600	104900	359000
7	24.65	92000	111700	386000
8	27.70	98700	119000	415000
9	30.75	105900	126700	443000
10	33.80	113400	134800	472000
11	36.85	121300	143300	501000
12	39.90	129500	152100	531000
13	42.95	137900	161200	560000
14	46.00	146600	170500	589000
15	49.05	155600	180200	619000
16	52.10	164900	190100	650000
17	55.15	174300	200100	680000
18	58.20	183900	210400	710000
19	61.25	193600	220800	740000
20	64.30	203100	230900	766000
21	67.35	212700	241000	791000
22	70.40	222600	251500	819000
23	73.45	232500	261900	846000
24	76.50	242400	272200	872000
25	79.55	252200	282400	897000
26	82.60	261900	292400	921000
27	85.65	271500	302200	944000
28	88.70	281000	311500	965000
29	91.75	290200	320400	985000
PIT-2	94.80	273100	300000	903000
30	97.80	315800	347100	1116000
31	100.85	286800	313300	969000
32	103.90	295500	321500	992000
33	106.95	304600	330200	1017000
34	110.00	314000	339300	1042000
35	113.05	323600	348700	1067000
36	116.10	333400	358400	1091000
37	119.15	343400	368200	1115000
38	122.20	353500	378100	1138000
39	125.25	363700	388100	1159000
40	128.30	374000	398100	1179000
41	131.35	383900	407600	1193000
42	134.40	393800	417000	1210000
43	137.45	404100	426800	1225000
44	140.50	414400	436600	1239000
45	143.55	424700	446300	1251000
46	146.60	435000	455900	1262000
47	149.65	445300	465400	1271000
48	152.70	460200	479600	1290000
Roof	155.90	463300	479600	1243000
PH1F	159.80	156300	149700	184000
PH2F	163.70	138300	133300	93000
Total		1.28e+07	1.40e+07	4.24e+07

recommended load combinations for simultaneous application of effective static floor-by-floor loads from tower 101			
load combination	recommended load combination factors of 300 year return period wind loads (*Mz given about reference vertical axis)		
	X Forces (Fx)	Y Forces (Fy)	torsional moment (Mz)
1	+85%	+55%	+45%
2	+85%	+55%	-30%
3	+85%	-30%	+45%
4	+85%	-30%	-35%
5	-100%	+55%	+45%
6	-100%	+55%	-30%
7	-100%	-30%	+45%
8	-100%	-30%	-30%
9	+30%	+100%	+55%
10	+30%	+100%	-30%
11	+30%	-85%	+35%
12	+30%	-85%	-30%
13	-45%	+100%	+55%
14	-45%	+100%	-30%
15	-30%	-85%	+35%
16	-30%	-85%	-30%
17	+30%	+55%	+100%
18	+35%	+40%	-80%
19	+30%	-30%	+100%
20	+35%	-30%	-80%
21	-45%	+55%	+100%
22	-30%	+40%	-80%
23	-45%	-30%	+100%
24	-30%	-30%	-80%

*NOTE
Load combination factors have been produced through consideration of the structure's response to various wind directions, modal coupling, correlation of wind gusts and the directionality of strong winds in the local wind climate

recommended load combinations for simultaneous application of effective static floor-by-floor loads from tower 102			
load combination	recommended load combination factors of 300 year return period wind loads (*Mz given about reference vertical axis)		
	X Forces (Fx)	Y Forces (Fy)	Torsional Moment (Mz)
1	+90%	+35%	+30%
2	+90%	+30%	-30%
3	+90%	-60%	+30%
4	+90%	-60%	-30%
5	-100%	+45%	+60%
6	-100%	+45%	-30%
7	-100%	-30%	+60%
8	-100%	-30%	-30%
9	+30%	+95%	+60%
10	+30%	+95%	-30%
11	+30%	-100%	+35%
12	+30%	-100%	-30%
13	-50%	+95%	+60%
14	-50%	+95%	-30%
15	-30%	-100%	+35%
16	-30%	-100%	-30%
17	+30%	+50%	+100%
18	+30%	+30%	-70%
19	+30%	-30%	+100%
20	+30%	-35%	-70%
21	-50%	+50%	+100%
22	-30%	+30%	-70%
23	-50%	-30%	+100%
24	-30%	-35%	-70%

*NOTE
Load combination factors have been produced through consideration of the structure's response to various wind directions, modal coupling, correlation of wind gusts and the directionality of strong winds in the local wind climate

recommended load combinations for simultaneous application of effective static floor-by-floor loads from tower 103			
load combination	recommended load combination factors of 300 year return period wind loads (*Mz given about reference vertical axis)		
	X Forces (Fx)	Y Forces (Fy)	torsional moment (Mz)
1	+100%	+40%	+30%
2	+100%	+40%	−55%
3	+100%	−30%	+30%
4	+100%	−30%	−55%
5	−100%	+30%	+30%
6	−100%	+30%	−30%
7	−100%	−50%	+30%
8	−100%	−50%	−30%
9	+50%	+90%	+40%
10	+50%	+90%	−50%
11	+30%	−100%	+30%
12	+30%	−100%	−30%
13	−30%	+90%	+40%
14	−30%	+90%	−50%
15	−45%	−100%	+30%
16	−45%	−100%	−30%
17	+30%	+35%	+90%
18	+55%	+40%	−100%
19	+30%	−30%	+90%
20	+55%	−30%	−100%
21	−30%	+35%	+90%
22	−30%	+40%	−100%
23	−30%	−30%	+90%
24	−30%	−30%	−100%

*NOTE
Load combination factors have been produced through consideration of the structure's response to various wind directions, modal coupling, correlation of wind gusts and the directionality of strong winds in the local wind climate

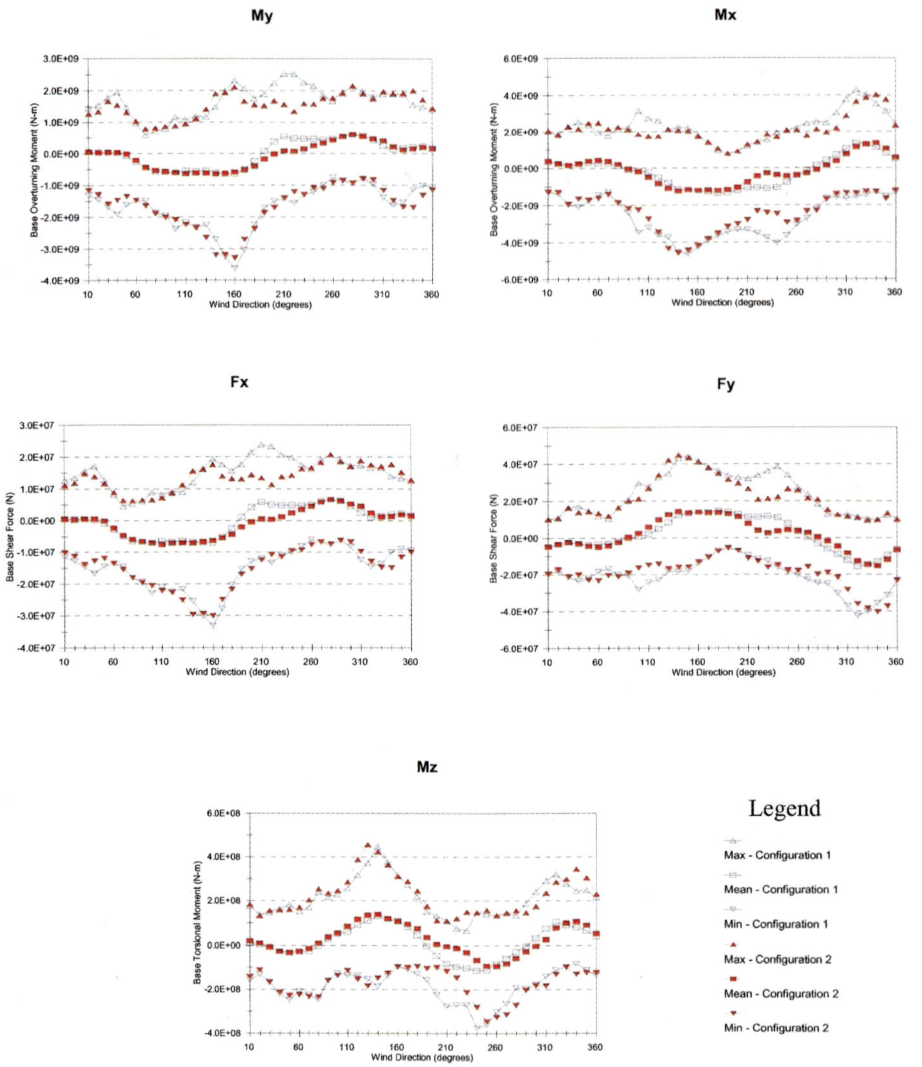

Raw Base Overturning Moments, Shear Forces and Torsional Moments **Tower 101 - 300 Year Return Period Wind Speed** A-Star Project - Busan, Korea Project #05-1014	Figure No. **5a** Date: January 4, 2005	**RWDI**

그림 33. raw base overturning moments, shear forces and torsional moments tower 101 – 300 year return period wind speed

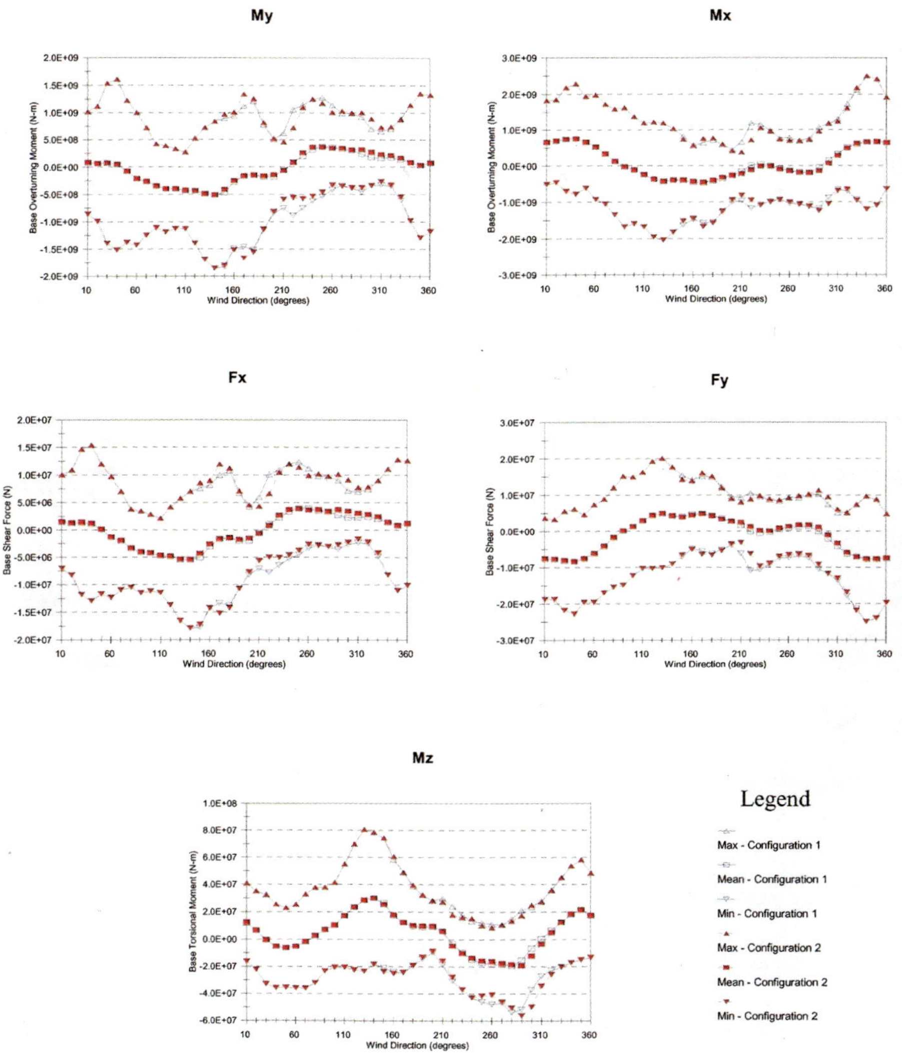

Raw Base Overturning Moments, Shear Forces and Torsional Moments **<u>Tower 102</u> - 300 Year Return Period Wind Speed** A-Star Project - Busan, Korea Project #05-1014	Figure No. **5b** Date: January 3, 2005	**RWDI**

그림 34. raw base overturning moments, shear forces and torsional moments tower 102 – 300 year return period wind speed

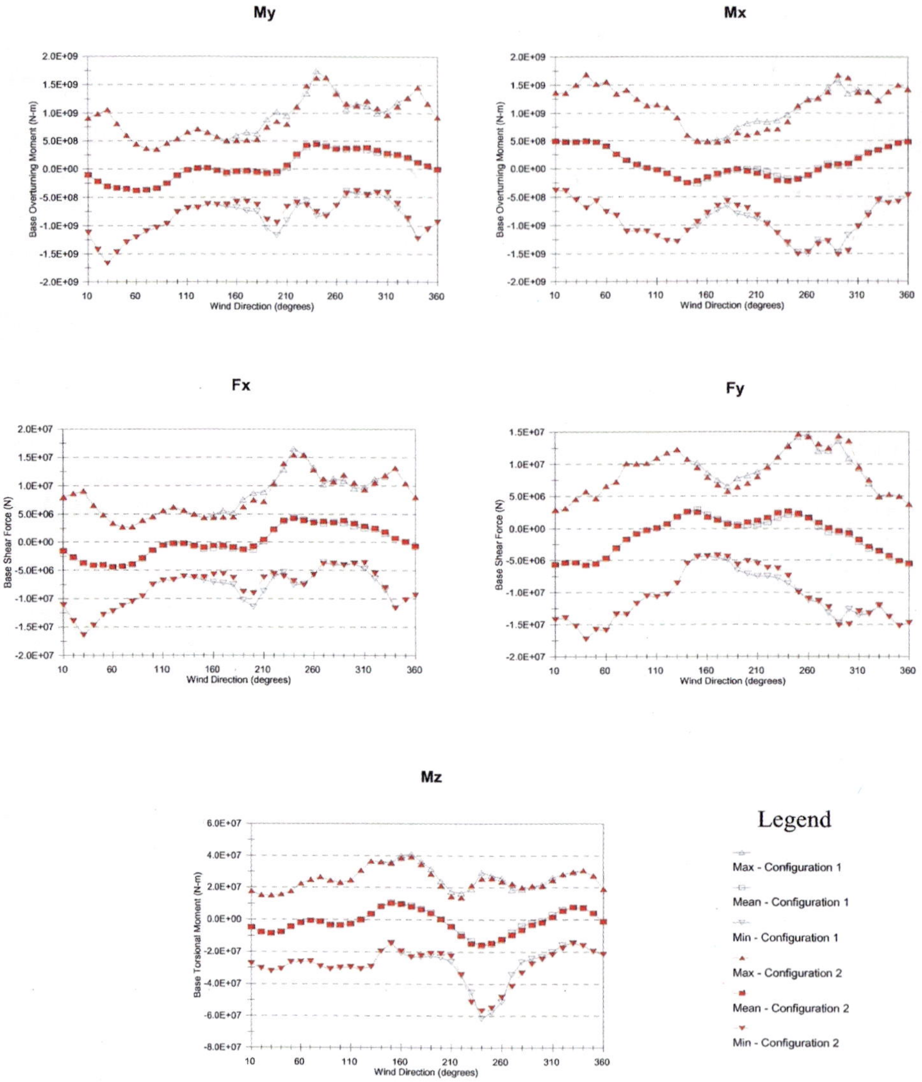

Raw Base Overturning Moments, Shear Forces and Torsional Moments **Tower 103 - 300 Year Return Period Wind Speed** A-Star Project - Busan, Korea Project #05-1014	Figure No. **5c** Date: January 3, 2005	RWDI

그림 35. raw base overturning moments, shear forces and torsional moments tower 103 – 300 year return period wind speed

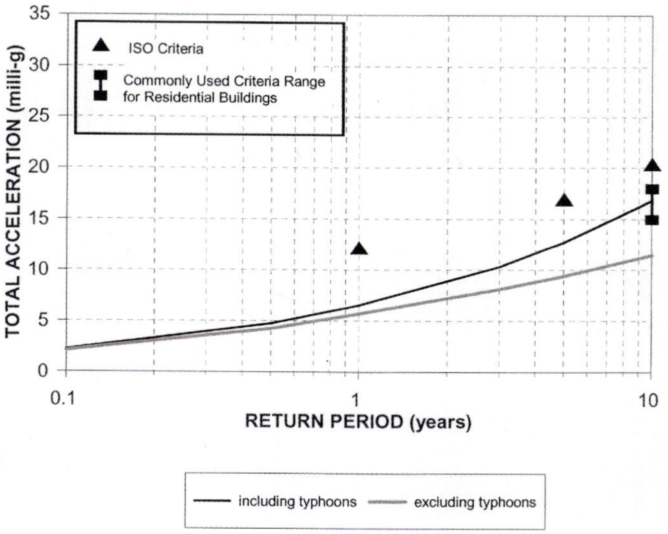

Return Period (Years)	Peak Total Accelerations without Typhoons (milli-g)	Peak Total Accelerations with Typhoons (milli-g)	ISO (3) Criteria (milli-g)
1	5.7	6.5	12.3
5	9.4	12.7	17.0
10	11.5	16.9	20.4 (4)

Notes:

(1) A damping ratio of 2% of critical was used for the acceleration predictions;

(2) Accelerations are predicted at Level 52 (159.25 m above grade) at a radial distance of 17.8 m from the central axis of the tower (given in Figure 2);

(3) ISO is the International Organization for Standardization, and provides acceleration criteria for buildings for the 1 and 5 year return periods;

(4) RWDI extrapolation of ISO criteria to the 10 year return period;

(5) The commonly used acceleration criteria range for a residential tower is 15 to 18 milli-g at the 10 year return period.

Predicted Peak Accelerations at Top Occupied Floor **Tower 101** A-Star Project - Busan, Korea Project #05-1014	Figure No. **6a** Date: Nov 10, 2004	**RWDI**

그림 36. tower 101 predicted peak accelerations at top occupied floor

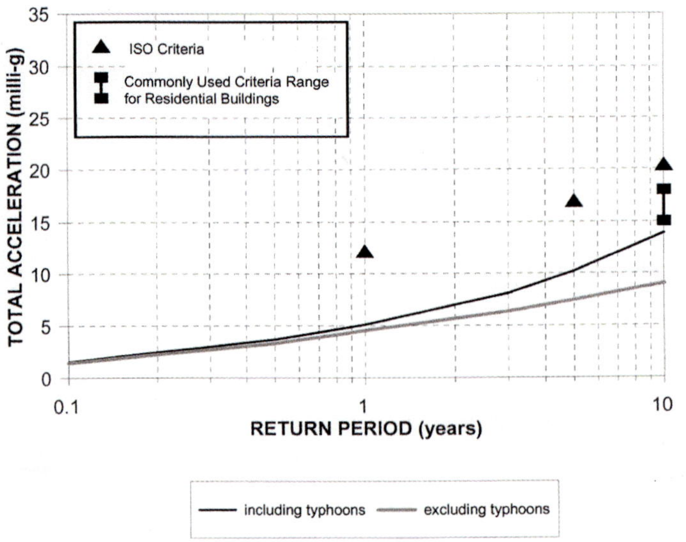

Return Period (Years)	Peak Total Accelerations without Typhoons (milli-g)	Peak Total Accelerations with Typhoons (milli-g)	ISO [3] Criteria (milli-g)
1	4.6	5.1	12.2
5	7.5	10.2	17.0
10	9.0	13.9	20.4 [4]

Notes:

(1) A damping ratio of 2% of critical was used for the acceleration predictions;

(2) Accelerations are predicted at Level 51 (155.75 m above grade) at a radial distance of 13.2 m from the central axis of the tower (given in Figure 2);

(3) ISO is the International Organization for Standardization, and provides acceleration criteria for buildings for the 1 and 5 year return periods;

(4) RWDI extrapolation of ISO criteria to the 10 year return period;

(5) The commonly used acceleration criteria range for a residential tower is 15 to 18 milli-g at the 10 year return period.

Predicted Peak Accelerations at Top Occupied Floor **Tower 102** A-Star Project - Busan, Korea — Project #05-1014	Figure No. **6b** Date: Nov 5, 2004	**RWDI**

그림 37. tower 102 predicted peak accelerations at top occupied floor

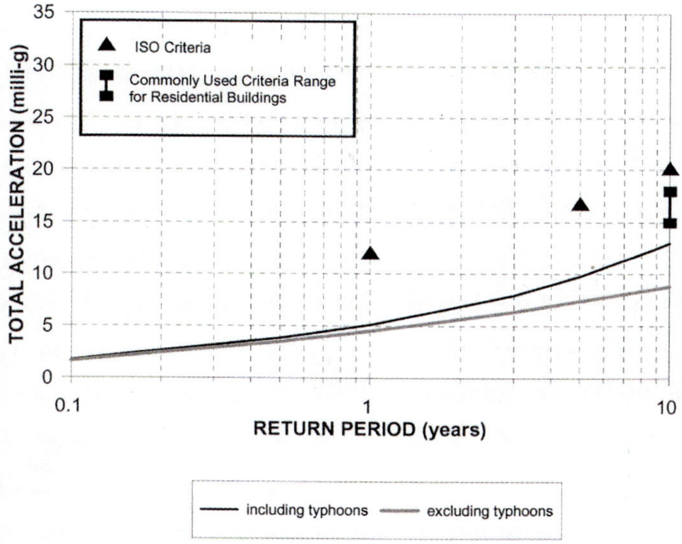

Return Period (Years)	Peak Total Accelerations without Typhoons (milli-g)	Peak Total Accelerations with Typhoons (milli-g)	ISO [3] Criteria (milli-g)
1	4.5	5.1	12.1
5	7.4	9.8	16.9
10	8.8	13.0	20.2 [4]

Notes:

(1) A damping ratio of 2% of critical was used for the acceleration predictions;

(2) Accelerations are predicted at Level 50 (152.70 m above grade) at a radial distance of 12.4 m from the central axis of the tower (given in Figure 2);

(3) ISO is the International Organization for Standardization, and provides acceleration criteria for buildings for the 1 and 5 year return periods;

(4) RWDI extrapolation of ISO criteria to the 10 year return period;

(5) The commonly used acceleration criteria range for a residential tower is 15 to 18 milli-g at the 10 year return period.

Predicted Peak Accelerations at Top Occupied Floor **Tower 103** A-Star Project - Busan, Korea Project #05-1014	Figure No. **6c** Date: Nov 5, 2004	**RWDI**

그림 38. tower 103 predicted peak accelerations at top occupied floor

4.2 공사 현장 사진

2004년 8월

2004년 9월

2004년 10월

2004년 11월

2004년 12월

2005년 1월

2005년 2월	2005년 3월

2005년 4월	2005년 5월

2005년 6월	2005년 7월

2005년 8월

2005년 9월

2005년 10월

2005년 11월

2005년 12월

2006년 1월

2006년 2월

2006년 2월

2006년 3월

2006년 4월

2006년 4월 (공사현장 주변 전경)

LINK BEAM 배근

LINK BEAM PLATE

STUDRAIL

STUDRAIL

타워 기둥 독립기초

CORE MAT 기초

지하주차장 플랫슬래브 배근

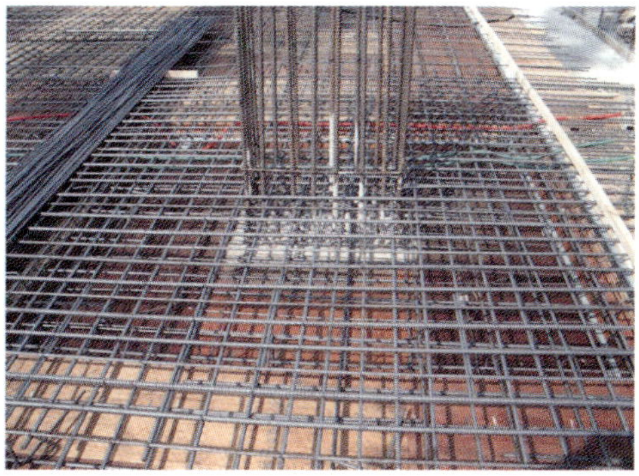

지하주차장 플랫슬래브 지판 배근

타워 CORE WALL 배근

타워 CORE WALL 배근

CORE WALL주변 슬래브 배근

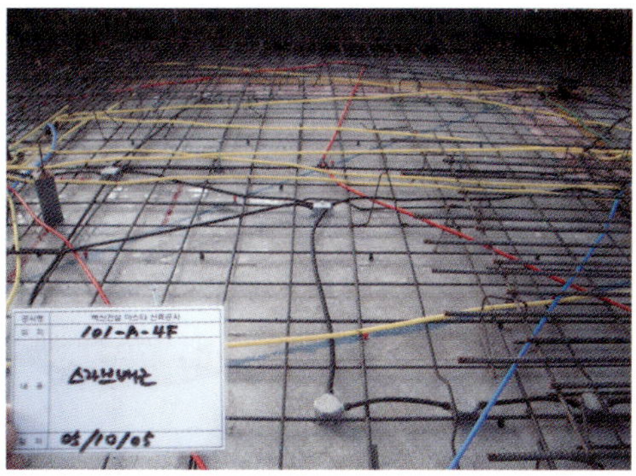

타워 기준층 슬래브 배근

4.3 MAT 기초 콘크리트 품질관리 <(주)다우건설품질컨설팅>

4.3.1 서론

최근 건축구조물이 대형화됨에 따라 수화열 축적에 의해 온도변화의 폭이 증가되어 열팽창 및 수축량이 커지고 있다. 이러한 열팽창 및 수축은 구조물의 두께, 타설조건에 따라 내·외부 구속에 의한 응력을 유발시키고, 콘크리트 부재에 유해한 온도균열을 발생시킨다. 온도균열은 댐이나 부재치수가 큰 토목 구조물에서만 발생하는 것으로 여겨져 왔으나 최근에는 건축공사의 MAT 기초 및 합벽과 같은 Mass 구조물에서도 온도 균열이 발생하는 사례가 적지 않게 나타나고 있다. Mass 콘크리트로서 관리되어야 하는 구조물의 기준은 구조형식, 사용재료, 기상조건, 시공방법 등에 따라 차이가 있지만, 일반적으로 콘크리트 표준시방서에서는 넓이가 넓은 슬래브에서는 두께 80㎝ 이상, 하단이 구속된 벽에서는 두께 50㎝ 이상을 Mass 콘크리트라 규정하고 있으며 건축시방서에서는 부재단면의 최소치수가 80㎝ 이상이고, 수화열에 의한 콘크리트의 내부 최고온도와 외기 온도와의 차이가 25℃ 이상으로 예상되는 콘크리트를 Mass 콘크리트로 규정하고 있다. 이것은 단면치수가 큰 부재에서 콘크리트가 경화중에 시멘트의 수화열이 축적되어 콘크리트의 내부온도가 상승하게 되며, 이 경우 콘크리트 부재 표면과 내부와의 온도차나 부재 전체의 온도가 강하할 때의 수축변형 구속 등에 의한 응력이 균열 발생을 초래한다. 온도 균열은 구조부재의 형태에 따라 발생하기 쉬운 정도가 서로 다르다는 것이 조사 및 연구결과로 밝혀지고 있다.

벽산 온천동 ASTAR 현장의 MAT 기초 부재의 경우에도 두께 3100㎜의 큰 size로서 Mass 콘크리트로 관리되어야 한다.

본 보고서는 당 현장에서의 MAT 기초 콘크리트의 온도균열을 제어하기 위하여 설계 및 시공 시 환경조건과 온도응력의 크기를 고려하여 균열의 위험성을 평가하고, 구속 및 열응력에 의한 균열발생여부의 검토를 위하여 설계조건, 콘크리트 배합설계, 수화열 해석 및 시공방법을 분석하고 균열발생 위험성을 사전에 예방하여 이를 경감시키기 위한 시공 및 품질관리 대책을 종합적으로 수립하여 수행한 것이다.

4.3.1.1 보고서 내용

벽산 온천동 ASTAR 현장의 MAT기초 콘크리트 수화응력 해석 및 품질관리 기술지원에 관한 보고서 내용은 그림 39와 같이 총10장으로 구성하였다.

장	제목	내용
제 1 장	서 론	▷ 보고서의 내용
제 2 장	콘크리트의 균열	▷ 콘크리트 균열의 특성 및 정의 ▷ 균열의 일반적 원인 ▷ 균열의 분류
제 3 장	MAT 기초 콘크리트 균열발생 원인	▷ MAT 기초 콘크리트 균열발생 메카니즘 ▷ MAT 기초 콘크리트 균열특성
제 4 장	Mass 구조물의 온도균열 영향인자	▷ 온도상승의 영향인자
제 5 장	MAT 콘크리트 배합설계	▷ 콘크리트 배합
제 6 장	MAT 콘크리트 수화열 1차 해석 및 결과	▷ 해석에 사용된 물성치 ▷ 배합조건에 따른 해석조건 ▷ 가열온도 및 양생조건에 시기 선정 ▷ 온도해석결과 ▷ 온도 응력 해석 ▷ 해석결과 분석
제 7 장	MAT 콘크리트 수화열 2차 해석 및 결과	▷ 시방 배합 및 해석 조건 ▷ 온도해석결과 ▷ 온도 응력 해석
제 8 장	MAT 기초 품질관리계획	▷ 시공적 측면 ▷ 양생 계획
제 9 장	MAT 기초 품질관리	▷ 개 요 ▷ 품질시험결과
제 10 장	종 합 결 론	▷ 종 합 결 론

그림 39 보고서 내용

4.3.2 콘크리트의 균열

4.3.2.1 콘크리트 균열의 특성

철근콘크리트 구조물에 발생하는 균열의 문제는 콘크리트가 구조재료로 사용되면서부터 존재한 것이며 이 문제가 발생된 이후 오랜 기간이 경과되었음에도 불구하고 아직 해결되지 못하고 있는 실정이다.

콘크리트는 시멘트 페이스트와 골재로 구성된 복합재료로써 압축강도는 크지만 인장강도는 압축강도의 1/8~1/12 정도로 극히 작고, 변형 능력도 200~500㎛로 작아 취성적인 재료라는 점에서 균열발생 확률이 높은 구조재료라 할 수 있다. 또한 최근 부재 형상이 대형화되고 펌프카 사용 등에 의해 단위수량이 많은 묽은 비빔 콘크리트가 일부 사용되고 있고, 시멘트 자체 성질의 문제와 복합적으로 작용하여 균열을 더욱 유발하고 있다.

또한 철근콘크리트 구조물에 발생하는 균열의 형태는 다종다양하고, 발생원인도 증가하고 있다. 균열의 발생은 철근콘크리트 구조물의 구조내력, 방수성, 미관 등의 내구성능 저하에 큰 영향을 미치게 되기 때문에 실제로 콘크리트의 유해한 균열을 방지하고 콘크리트 구조물에 충분한 내구성을 확보하기 위해서는 적극적인 균열제어 대책이 필요하다.

4.3.2.2 콘크리트 균열의 정의

콘크리트에 발생하는 균열은 미세균열(micro crack)과 거시균열(macro crack)로 나눌 수 있다. 미세균열은 모르터에 나타나는 균열, 골재와 시멘트풀 사이의 계면에 나타나는 균열을 의미하고, 거시균열은 육안 관찰이 가능한 비교적 폭이 큰 균열을 의미한다. 일반적으로 현장에서의 균열개념은 거시균열을 지칭한다.

콘크리트 내부에 생성되는 공극(pore)에는 콘크리트 제조 시 섞여 들어간 기포나 AE제의 사용에 따른 연행공기(entrained air)에 의한 공극, 물이 차지하고 있던 공극으로서 수화 후에 수화물로서 채워지지 않은 모세관 공극(capillary pore), 수화물 사이의 작은 겔 공극(gel pore), 블리딩에 의해 만들어진 비교적 큰 공극, 연속 타설면의 접착불량에 의한 공극, 골재의 계면에 발생되는 공극 등이 있다.

4.3.2.3 균열의 일반적 원인

1) 균열발생 조건

콘크리트는 인장강도와 신장능력이 극히 작은 재료이므로 일정수준 이상의 인장력이 작용하면 균열이 발생하게 된다. 콘크리트의 응력은 온도나 하중, 부등침하 등에 영향을 받는다. 특히 Mass 구조물의 경우에는 콘크리트 경화과정에서 온도에 따른 부피 팽창이나 수축에 의한 구속에 영향을 받는다.

일반적으로 균열은 이와 같이 여러 가지 요인에 의해 콘크리트 내부에 발생하는 인장응력이 콘크리트의 인장강도를 초과하게 되면 발생하게 된다. 보통콘크리트는 외력에 따른 변형에 의해 힘의 균형을 유지하고 있다. 이러한 외력과 내부응력의 균형을 유지하기 위하여 발생하는 변형에는 하중 등과 같이 직접적인 외력에 의해 발생하는 탄성변형과 같은 단기변형이 있으며, 또한 수축이나 크리프 변형과 같은 장기간에 걸친 변형이 있다. 이러한 모든 변형량이 콘크리트가 가진 변형 능력이 된다. 균열은 부재 내부에 발생하는 모든 조건의 인장변형이 이러한 변형 능력을 초과하면 발생한다. 이 변형은 응력을 완화시키나 수축의 증대와 더불어 이와 같은 사이클이 반복되어 변형에 대해서는 콘크리트의 최대 변형 능력을 초과하는 변형이 발생하고, 또한 응력에 대해서는 내부응력이 인장강도를 초과하거나 인장 크리프 한도를 넘으면 장기균열이 발생하게 된다.

2) 응력을 근거로 한 균열

콘크리트 구조물에 외력이 가해지거나 또는 재료 자체의 부피 변화에 의해 다양한 응력(직접인장, 휨인장, 전단, 비틀림 응력 등)이 유발되며, 이 응력의 주응력(principal stress ; **fc**)이 재료 자체의 인장강도(tensile strength ; **ft**)를 초과하는 순간 균열이 발생한다는 개념이다. 그림 40은 응력을 근거로 한 콘크리트 균열 진행과정을 나타낸 것으로 초기균열이 발생할 경우 콘크리트의 거동은 유리나 금속의 파괴거동과는 상당한 차이가 있다. 초기에 응력이 가해지면 그림 40의 (c)와 같이 균열의 끝에서 응력집중현상이 일어나게 된다. 응력이 일정한 한계를 벗어나지 않으면 탄성적으로 거동하나 그 한계를 벗어나면 균열 단에서 미세균열(micro crack)이 발생하여 콘크리트는 더 이상 연속체가 되지 않는다. 이때의 응력 및 변형률 분포는 각각 그림 40의 (g), (h)와 같은 형태로 나타난다. 콘크리트에서의 균열은 이러한 과정을 거쳐 진전하게 된다. 이 때 콘크리트의 재료특성에 따른 변형률 연화현상(strain softening)과 미세균열의 발생 등이 콘크리트 재료의 비선형적 특성에 큰 영향을 미친다.

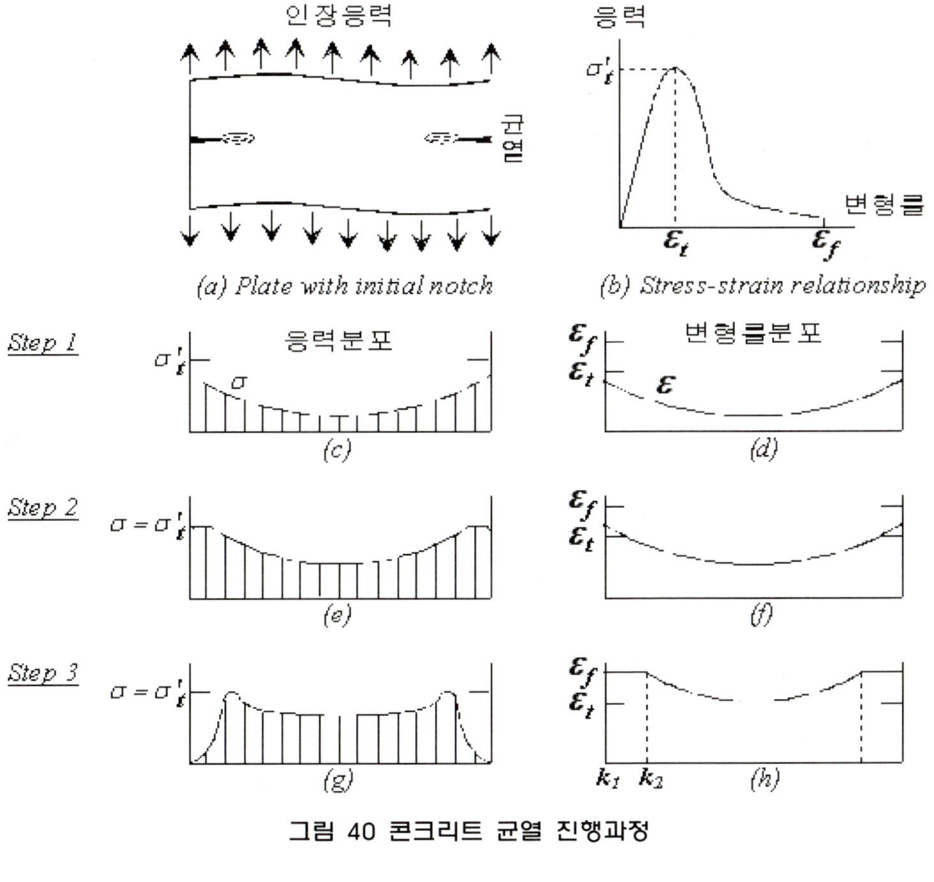

그림 40 콘크리트 균열 진행과정

3) 변형률에 근거한 균열

응력기준과 유사한 변형률 기준이란 외력 또는 부피변화에 의해 콘크리트에 발생하는 인장변형률(ε)이 어느 특정한 변형률(εt) 이상이 되면 균열이 발생한다는 개념이다. 그림 41에서 볼 수 있듯이 콘크리트가 인장력을 받으면 대략 인장변형률이 100×10^{-6} 정도에 이르게 되어 균열이 발생한다. 일축 압축을 받을 경우에도 압축강도의 약 0.5배에 이를 때 콘크리트 내부에 압축력과 나란한 방향으로 미세균열이 진행되기 시작하는데 이때에도 횡 방향 인장변형률은 100×10^{-6} 정도 발생한다.

즉, 0.5 f_{ck}에 해당하는 압축변형률이 약 500×10^{-6} 정도인데 콘크리트의 포아송비가 0.2 정도이므로 횡 방향 인장변형률은 100×10^{-6} 정도가 된다. 그러나 소성수축과 같이 미 경화 콘크리트의 경우에는 100×10^{-6} 인장변형률의 의미는 크지 않다.

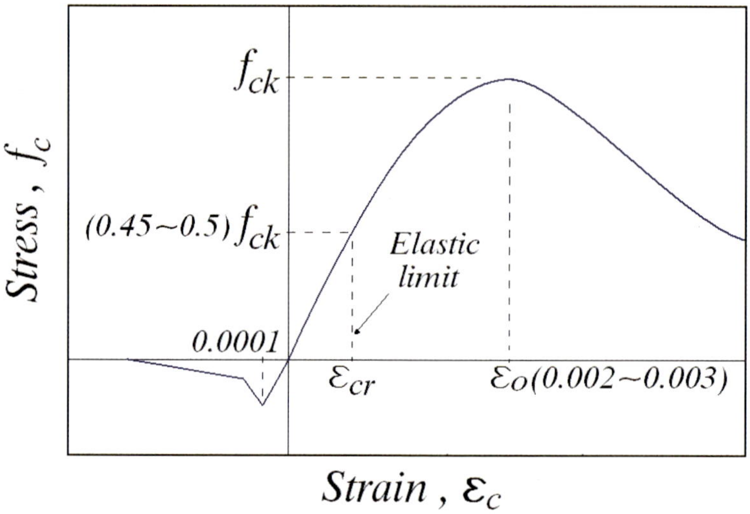

그림 41 콘크리트 응력 변형률 곡선

4.3.2.4 균열의 분류

콘크리트 구조물에 발생하는 균열원인은 무수히 많다. 그러나 현장에서는 구조적인 균열(structural crack)과 비구조적인 균열(nonstructural crack)로 크게 두 가지로 분류하여 관리한다. 표 4-1은 균열에 대한 정의 및 주요 요인에 대해 나타내었다.

콘크리트 구조물에 발생하는 균열은 구조적인 원인에 의한 것이건 비구조적인 원인에 의한 것이건 또는 재료, 시공, 구조, 사용 환경적 원인에 의한 것이든지 대개 두 가지 이상의 요인이 복합되어 나타나는 것이 일반적이다. 균열은 콘크리트 타설 후 즉시 나타나는 것도 있고, 수일 후 또는 수개월 후 심지어는 수년 후 나타나는 균열도 있다. 이 때 후기 재령에 발생하는 균열은 이전에 발생한 균열에 추가되어 나타나기 때문에 콘크리트 구조물에 발생된 균열 원인을 명확하게 규명하기 위해서는 모든 균열의 원인을 분리하여 추정할 수 있어야 한다.

<표 4-1 균열 분류>

분 류	정 의	주 요 요 인
구조적인 균열	구조물이나 구조부재가 사용하중의 작용으로 인해 발생한 균열	▪ 설계오류 ▪ 설계하중을 초과하는 외부하중 작용 ▪ 단면·철근량의 부족 ▪ 물리적인 손상, 폭발, 충격 ▪ 철근의 부식으로 심한 성능저하
비구조적인 균열	구조물의 안전성 저하는 없으나 내구성, 사용성 저하를 초래할 수 있는 균열	▪ 급속한 건조에 의한 소성수축균열 ▪ 건조수축시 구속에 의한 균열 ▪ 수화열에 의한 온도응력 ▪ 철근의 덮개두께 부족 ▪ 콜드 조인트 부위의 균열

4.3.3 Mat 기초 콘크리트 균열발생 원인

4.3.3.1 MAT 기초 콘크리트 균열발생 Mechanism

콘크리트의 결합재 역할을 하는 시멘트는 물과 반응하면 발열화학반응(Exothermic chemical reaction)을 일으키며, 반응열은 시멘트의 종류와 화학적 구성에 따라 다르지만, 일반적으로 약 85 cal/g 정도의 수화열이 발생하게 된다. 이와 같이 발생된 콘크리트의 수화열은 여러 가지 요인에 의해 영향을 받으며, 콘크리트 구조물의 전 구간으로 열전달이 이루어지게 되어 콘크리트 내부온도를 상승시키게 된다. 수화열에 의한 내부 온도의 증가는 한중 콘크리트의 타설시 공극 속에 존재하는 물의 동결을 방지하여 이로운 면으로 작용하기도 하지만, 대개의 경우는 각 위치에서 온도차와 온도 하강시에 인장응력을 유발시켜 균열을 발생시키는 해로운 결과를 초래한다.

즉, 콘크리트의 경화 과정에서 발생하는 수화열에 의한 구조물의 내부 온도는 상승하지만 콘크리트 표면에서는 대기와의 대류(air convection)에 의해 열 손실이 커져 콘크리트 내부와 외부의 온도차가 발생하게 된다. 이러한 온도차는 부재의 두께가 두꺼울수록 커진다. 이때, 내부와 외부의 온도차에 의해 일어나는 체적변화는 내·외적인 구속에 의해 단면 내에서 온도응력을 발생시킨다. 이 때 발생한 온도응력이 콘크리트의 인장강도 보다 클 경우 균열이 발생하며, 이로 인해 발생되는 균열을 온도균열이라 부른다.

MAT 기초 콘크리트에 발생하는 외부구속균열은 구조물의 종류에 따라 다소 다르지만, 일반적으로 그 폭이 크고 부재를 관통하는 경우가 많아 구조물의 내력이나 내구성, 그리고 수밀성 등에 나쁜 영향을 미친다. 따라서 MAT 기초 콘크리트의 경우 콘크리트 타설전에 미리 콘크리트 구조물 내부의 온도 상승량 및 온도응력 등을 예측하여 균열발생을 최소화시킬 수 있는 대책수립이 필요하다.

MAT 기초 콘크리트에 발생하는 온도응력은 단면내의 온도차에 의해서 발생하는 성분과 외부구속에 의해서 발생하는 성분의 합으로 나타내며, 각각이 성분의 대소에 따라 온도균열의 발생 시기 및 발생양상도 달라진다.

열전달에 영향을 미치는 영향인자는 콘크리트의 열전도율, 비열, 대류계수 및 콘크리트 단열온도 상승값 등이며, 이들 영향인자들은 콘크리트에 사용되는 각종 재료(시멘트, 잔골재, 굵은 골재)의 사용량과 종류에 따라 큰 영향을 받는다. 이와 같은 영향인자 이외에도 파이프 쿨링 실시 여부, 거푸집의 제거 시기, 외기온도의 변화 및 콘크리트 타설 순서 등과 같은 시공 현장의 각종 여건에 따라서도 수화열에 의한 열전달은 큰 영향을 받게 된다.

또한, 수화열에 의한 열전달이 동일하게 발생한다 하더라도 콘크리트에 발생되는 열응력은 많은 인자에 의해 영향을 받게 된다. 재령별 탄성계수, 열팽창계수 및 크리프 등과 같은 콘크리트의 물성뿐 만 아니라 구조물의 구속정도, 피구속체의 탄성계수 및 치수 등도 열응력 발생의 주요 영향인자라 할 수 있다.

4.3.3.2 MAT 기초 콘크리트의 균열 특성

MAT 기초 콘크리트 구조물의 온도변화에 의한 균열 발생 원인을 구속조건에 따라 분류하면 크게 두 가지로 나눌 수 있다. 첫째는 외부구속조건으로 온도변화에 대하여 콘크리트는 신축하지만 그 변형이 하부지반 등에 의하여 구속되어 발생하며, 둘째는 내부구속조건으로 콘크리트의 내·외부 온도분포가 서로 다름에 따라 응력 발생의 차를 들 수 있다.

MAT 기초 콘크리트 구조물에 작용 가능한 온도하중은 세 가지로 분류할 수 있다.

첫째는 시멘트 수화열에 의한 콘크리트의 온도가 상승하였다가 하강 시에 온도하중이 발생하는 것을 들 수 있으며, 둘째는 외기온도의 일교차 및 계절적 온도변화 등에 의한 온도하중을 들 수 있다. 셋째는 발열속도와 방열 속도차에 의한 콘크리트 내부에서의 온도하중을 들 수 있다.

온도하중의 형태 중에서 외기 온도차에 의한 온도하중의 발생은 구조물의 기초 및 상부구조, 댐, 기둥 및 콘크리트 포장 등 거의 모든 구조물에 발생 가능하지만, 수화열에 의한 온도하중이 문제시되는 구조는 타설 두께가 약 0.8m 이상인 massive한 구조물인 MAT 기초가 대표적인 구조물이라 할 수 있다. 균열이 발생하는 시기도 재령 1~5일 정도의 최대온도 발생 후 온도가 소산되기 시작하면서, 주로 내·외부 구속 조건과 수축에 의해서 균열이 발생하게 된다.

일반적으로 유사한 온도하중이 작용하더라도 대상 구조물의 형상이나 지반조건 등에 따라 콘크리트의 균열 발생 여부는 달라지게된다.

1) 내부구속

내부구속이란 콘크리트의 체적변화가 균일하지 못할 때 발생하는 현상으로서, Massive한 구조물에서 주로 발생하며 균열원인으로 콘크리트의 경화과정에서 온도의 발산이 늦어져 시간에 따라 부위별 온도차가 발생하면서 상호간에 구속 작용을 일으켜 발생하는 응력으로서 통상 내부구속 응력이라고 부른다. 단면내의 온도차에 의해 발생하는 내부구속 응력에 의한 균열 발생을 그림으로 나타내면 그림 42 및 그림 43와 같다.

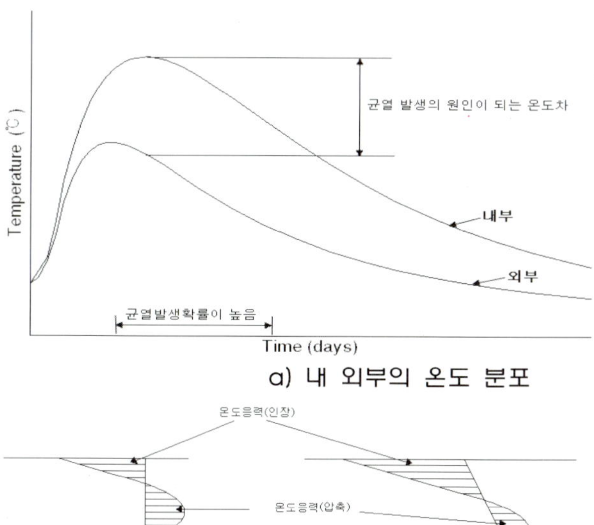

a) 내 외부의 온도 분포

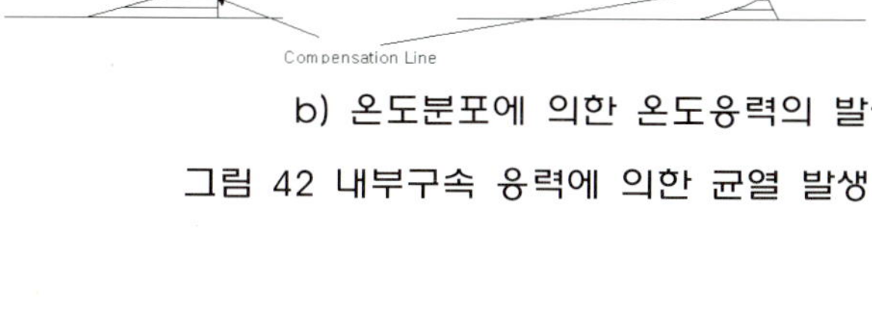

b) 온도분포에 의한 온도응력의 발생

그림 42 내부구속 응력에 의한 균열 발생 기구

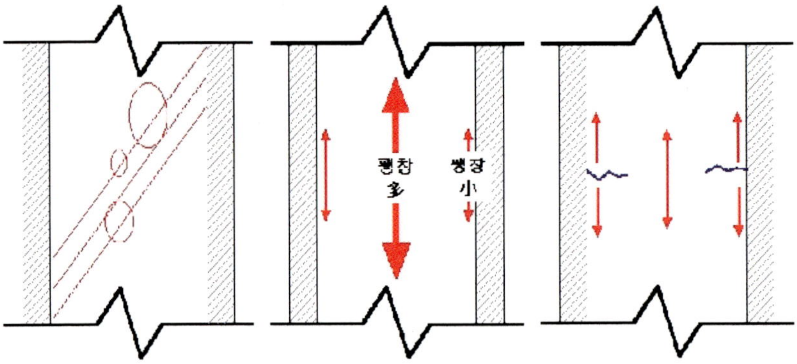

(1) 콘크리트 타설　　(2) 중앙부 온도 상승　　(3) 표면 인장응력 발생

그림 43 내부구속에 의한 균열발생

이러한 응력에 의해서 발생하는 온도균열은 발생 시기 또한 온도 상승이 최대에 도달한 후 온도강하로 바뀐 시점과 대체로 일치하여 콘크리트가 충분한 강성을 가지지 못하는 타설 후 초기 1~5일이 경과한 시점에서 주로 발생한다. 그러나 균열은 주로표면부에만 국한해서 발생하고 중앙부까지는 관통하지는 않는 양상을 보이고 있기 때문에 구조물 내력에 직접적인 영향을 미치지는 않지는 않지만 다른 균열을 유발하는 원인으로 작용한다.

응력형태는 암반 또는 구속체의 탄성계수가 새롭게 타설한 콘크리트에 비해 현저히 낮은 경우나, L/H(콘크리트 타설 길이와 높이와의 비)가 작은 경우 또는 구속체와의 경계에서 미끄럼이 발생하는 경우 등 외부구속이 비교적 약한 경우에 나타난다.

대표적인 구조체로서는 사질지반 위에 타설된 매트슬래브를 들 수 있다. 이 경우 슬래브는 외적으로는 사질지반에 의해 연직방향 및 수평방향으로 구속되지만, 연직방향으로는 모래와 콘크리트 사이에는 거의 부착이 없고, 수평방향으로는 모래의 전단저항이 콘크리트나 암반에 비하면 상당히 작기 때문에 비교적 자유롭게 변형이 일어난다. 따라서 이 경우에는 부재내의 불균일한 온도차에 의한 내부구속에 의한 온도응력이 지배적이다.

2) 외부구속

외부구속응력은 타설한 콘크리트의 온도변형이 지반 또는 기타설한 콘크리트에 의해 구속됨으로서 발생한다. 그림 44에 나타난 바와 같이 타설된 콘크리트는 온도가 최고치에 도달한 후 외기온도와 같을 때 까지 온도가 내려간다. 이 온도하강에 의한 콘크리트의 수축이 하층의 지반이나 콘크리트에 의하여 구속 되므로 외부구속에 의한 균열이 발생된다.

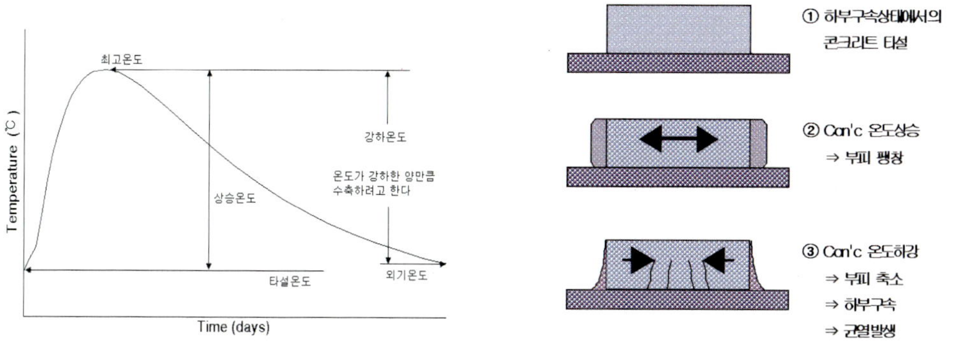

a) 외부구속을 야기하는 콘크리트의 온도변화　　　b) 외부구속에 의한 균열발생

그림 44 외부구속의 원인과 균열발생

외부구속응력의 경우는 암반위에 콘크리트를 타설하는 경우나 기타설한 콘크리트 위에 덧씌워 콘크리트를 타설하는 경우가 이에 해당하는데, 구조물의 크기나 하부의 암반상태에 따라 온도응력의 발생양상이 크게 달라지기 때문에 온도균열의 발생 시기나 위치 등에 대한 추정이 매우 곤란하다. 이 경우는 평균 온도 강하량과 구속도의 크기에 크게 영향을 받기 때문에 프리쿨링 이나 파이프 쿨링 등 주로 내부구속응력을 줄 일 수 있는 시공대책만으로는 온도균열의 발생을 제어하기가 어렵고, 최대온도에 도달한 후의 단위시간당의 온도 강하량을 줄 일수 있는 방법이나, 연속타설시 양 블록 사이에 커다란 온도차가 생기지 않도록 타설 간격을 짧게 하는 등 구속 도를 줄이는 시공대책을 수립할 필요가 있다.

4.3.4 Mass 구조물의 온도균열 영향인자

4.3.4.1 온도상승의 영향인자

콘크리트 온도상승에 영향을 미치는 요인은 많이 있지만 대표적인 요인으로는 시멘트 종류, 단위 시멘트량 및 타설 온도 세 가지를 들 수 있다. 최근에는 세 가지 요인에 추가하여 혼화재료, 시멘트 분말도 등의 영향도 상당히 많이 받는 것으로 지적되고 있다.

1) 시멘트 종류

콘크리트의 온도 상승량은 시멘트의 수화열량에 큰 영향을 받는다. 시멘트의 수화열량은 시멘트 제조시 C_3S(Alite:Tricalcium silicate), C_2S(Belite:Dicalcium silicate), C_3A(Felite:Tricalcium aluminate), C_4AF(Celite:Tetracalcium aluminoferrite) 등의 4가지 성분의 중량비에 큰 영향을 받는다. 시멘트 속에는 이들 4가지 성분이 대략 표 4-2과 같이 함유되어 수화열을 발산한다.

표 4-2 시멘트 성분별 함유량 및 수화열

성분명	화학식	간략표기	함유량(%)	수화열(cal/g)
Alite	$3CaOSiO_2$	C_3S	50~60	136
Belite	$2CaOSiO_2$	C_2S	15~25	62
Aluminate	$3CaOAl_2O_3$	C_3A	5~15	200
Felite	$4CaOAl_2O_3Fe_2O_3$	C_4AF	5~15	30

이러한 각 성분으로 구성된 시멘트는 물과 반응하게 되면 화학반응을 일으켜 새로운 수화물이 생성되면서 결국에는 콘크리트가 응결 및 경화과정을 거치게 되는데 이와 같은 화학반응 과정을 수화반응 또는 수화(hydration)라고 한다. 이와 같은 응결및 경화과정 중에 시멘트 제조과정에서 축적된 잠재열이 발생되는데 이것을 수화열(hydration heat)이라 한다. 시멘트의 수화열은 시멘트 구성성분에 의해 결정되며 다음 식과 같이 시멘트를 구성하는 주요 성분비에 대한 수화열을 구하여 시멘트의 최종 수화열량(H_T)을 예측할 수 있다.

$$H_T(kcal/kg) = 136(C_3S) + 62(C_2S) + 200(C_3A) + 30(C_4AF)$$

여기서, (   )는 시멘트 중량비

즉 화학 성분비가 서로 다른 각종 시멘트는 서로 다른 수화발열량 및 반응속도를 가지며, 동일 배합의 콘크리트라 할지라도 콘크리트의 수화열 상승량은 시멘트 종류에 따라 차이가 나게 된다. 그림 45는 시멘트종류에 따른 수화열을 나타낸 예이다.

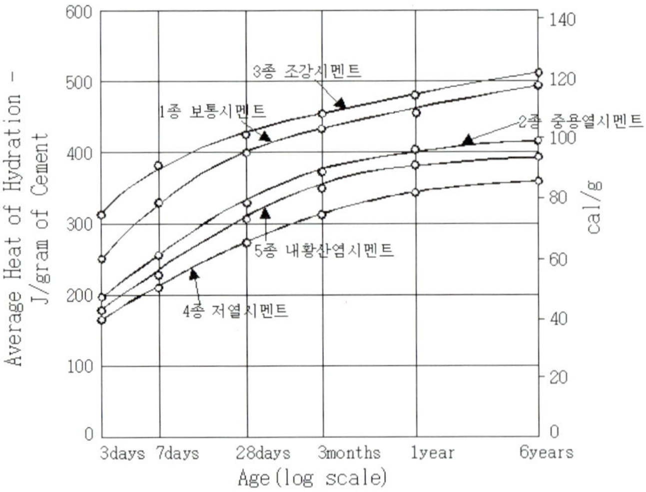

그림 45 시멘트 종류에 따른 발열량

그림 45에서 알 수 있는 바와 같이 보통 포틀랜드 시멘트의 수화열은 조강시멘트에 비해 초기발열속도가 느리지만 장기적인 수화열은 거의 차이가 없음을 알 수 있다. 이에 비해 중용열이나 Flyash 시멘트는 수화열과 발열속도가 보통 포틀랜드 시멘트 보다 낮아 콘크리트 온도저감에 효과가 우수하다는 것을 알 수 있다.

2) 단위 시멘트량

콘크리트 수화열에 의한 온도상승의 원인이 되는 시멘트 수화반응열량은 콘크리트 배합의 단위 시멘트량에 직접적인 영향을 받는다. 단위 시멘트량에 따른 콘크리트의 단열온도 상승 특성은 콘크리트 타설 후 내부의 온도변화를 해석하기 위한 기본적인 정수며 일반적으로 표 4-3를 이용하여 구한다.

콘크리트 공사 표준시방서를 기준으로 한 단위 시멘트량에 따른 콘크리트 온도 상승량은 그림 46에 나타낸 바와 같이 단위 시멘트량 100kg/㎥ 증가에 따라 최고 상승 온도는 약 11℃ 증가하는 것으로 나타난다.

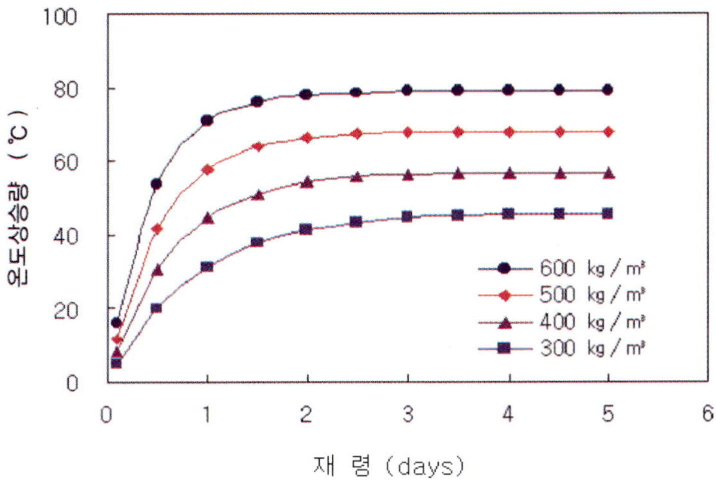

그림 46 단위결합재량에 따른 콘크리트 온도 상승량

혼합시멘트 특히 고로슬래그 B종의 단열온도 상승은 포틀랜드 시멘트에 비하여 제품의 Lot나 저장 등에 의한 차이가 크므로 단열온도 상승특성을 시험에 의하여 결정하는 것이 바람직하고, 표준시방서에 의한 다음의 식을 사용하여 추정하기도 한다.

$$Q(t) = Q_{\infty}(1 - e^{-rt}) \quad \text{식 (4.1)}$$

여기서, $Q(t)$: 재령 t 일에서의 단열온도상승량 (℃)

Q_{∞} : 최종단열온도상승량 (℃)

r : 온도상승속도에 관한 계수 (/day)

표 4-3 시멘트 종류에 따른 Q∞ 및 r 의 표준값

시멘트 종류	치기온도 (℃)	$Q(t) = Q_\infty(1-e^{-rt})$			
		$Q_\infty(C) = aC + b$		$r(C) = gC + h$	
		a	b	g(X10-3)	h
보통포틀랜드 시멘트	10	0.12	11.0	1.5	0.135
	20	0.11	13.0	3.8	-0.036
	30	0.11	12.0	4.0	0.337
중용열 포틀랜드 시멘트	10	0.11	6.0	0.3	0.303
	20	0.10	9.0	1.5	0.279
	30	0.11	9.0	2.1	0.299
고로슬래그 시멘트1)	10	0.11	14.4	1.4	0.073
	20	0.10	15.0	2.5	0.207
	30	0.10	15.0	3.5	0.332
Flyash B종2)	10	0.15	-3.0	0.7	0.141
	20	0.12	8.0	2.8	-0.143
	30	0.11	11.0	3.0	0.059

■ 주 : 이 표에서 C : 단위시멘트량(kg/㎥)

1) 슬래그 혼입률은 40% 경우이고, 40% 이외의 경우에는 기존의 자료나 시험에 의하여 구하는 것이 좋음

2) Flyash 혼입율은 20% 경우임

3) 타설온도

시멘트의 수화반응은 그림 47에 나타낸 바와 같이 주변 온도에 크게 영향을 받으며 주변 온도가 높을수록 수화반응속도는 빨라진다. 따라서 콘크리트 타설온도가 높아질수록 초기의 콘크리트 온도상승은 커지게 된다. 일반적으로 보통 포틀랜드 시멘트를 사용한 콘크리트에 대하여 타설온도를 변화시켜 가며 측정한 단열온도 상승실험결과에 따르면 최대단열온도 상승값(Q_∞)은 타설온도가 높아지면 오히려 감소하지만, 반응속도 (r)는 온도에 비례하여 증가한다. 이와 같은 현상은 타설온도가 높을수록 초기에 수화반응이 활성화되어 온도 상승은 빠르게 되지만 시멘트 입자 주위의 결정이 시멘트 입자의 완전한 수화반응을 저해하기 때문에 최대 온도 상승 폭은 오히려 낮은 값이 되나 현장에서의 콘크리트 온도는 타설 온도와 콘크리트 자체 상승온도의 합으로 나타나게 됨으로 실제 현장 콘크리트 측정 시 온도는 그림 47과 같이 타설 온도가 높을수록 콘크리트 내부온도는 높게 나타난다.

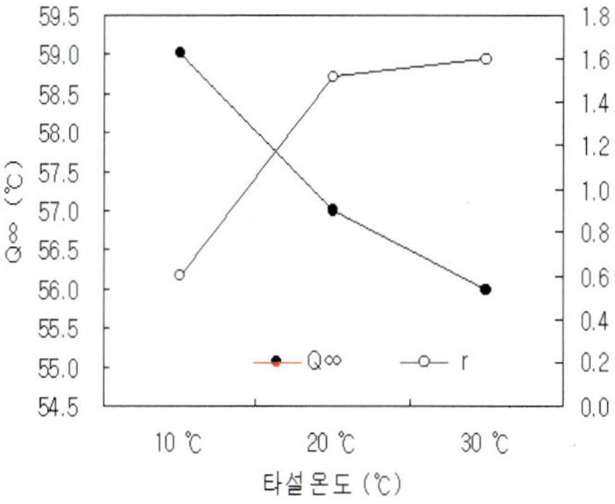

타설 온도에 따른 Q∞와 r 값의 변화

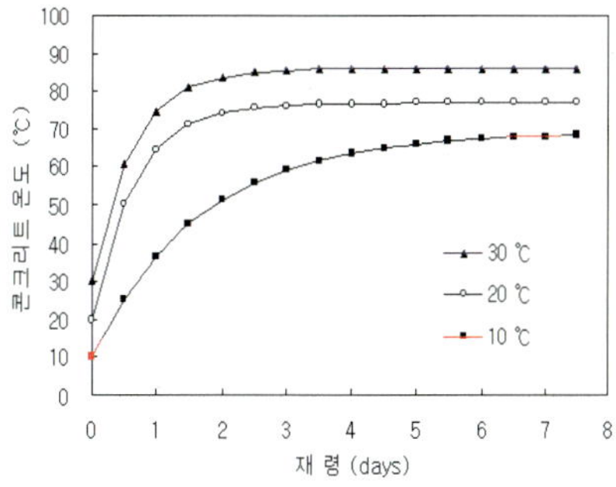

타설 온도별 현장 콘크리트 내부 온도이력

그림 47 타설 온도에 따른 최대 상승온도 및 반응속도와의 관계

4) 혼화재료

콘크리트에 사용하는 혼화재료는 사용량에 따라 혼화제와 혼화재로 구별할 수 있다. 콘크리트의 시공성 향상을 위해 사용되는 유동화제, 지연제 및 고성능 감수제와 같은 혼화제는 수화반응을 일시적으로 억제하거나 지연시키므로 혼화제가 첨가되지 않은 콘크리트의 온도이력과는 다른 양상을 나타낸다. 일반 단열온도 상승함수의 형태가 로그 함수형태라 하면 혼화제를 사용한 콘크리트의 단열온도 상승함수는 초기 지연에 의한 S자형의 함수로 나타난다.

$$Q(t) = Q_{\infty}\left(1 - e^{-r\,(t - t_o)^{\beta}}\right) \quad \cdots\cdots \text{식 (4.2)}$$

여기서,
- $Q(t)$: 재령 t 일에서의 단열온도상승량 (℃)
- Q_{∞} : 최종단열온도상승량 (℃)
- r : 온도상승속도에 관한 계수 (/day)
- β : 실험변수 (일반적으로 1.0 사용)
- t_o : 지연시간 (day)

Flyash, 고로슬래그, 실리카 흄과 같은 일정 시멘트 대체 결합재로서 사용되는 혼화재는 단위 시멘트량 감소에 따른 수화열의 저감효과 뿐만 아니라 시공성 개선, 콘크리트 강도 및 내구성 증진에도 효과가 있다. 다시 말하면 혼화재를 사용한 콘크리트의 최대 단열온도 상승값과 반응속도에 영향을 주며, 혼화재 혼입율이 증가할 수록 최대 단열온도 상승값 및 반응속도는 낮게 나타난다.

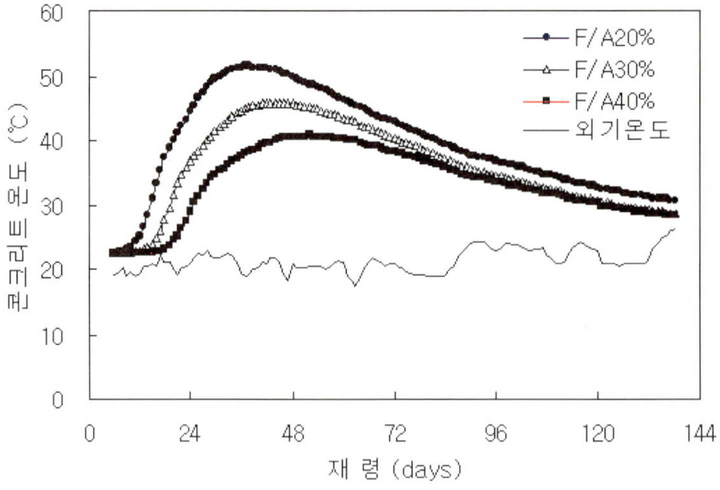

그림 48 Flyash 대체율에 따른 콘크리트 온도이력

물/결합재 비를 고정한 후 시멘트에 Flyash를 각각 20%, 30%, 40% 치환하여 콘크리트 온도이력을 측정한 예를 나타내면 그림 48과 같다. 그림 48에 나타낸 바와 같이 Flyash 첨가에 따른 수화열과 반응속도의 감소현상이 뚜렷하게 나타나 실제 현장 적용에 있어서는 현장 조건과 사용배합을 고려한 검토가 선행되어진 후 Flyash를 이용한 콘크리트 제조 시 경제성과 수화열에 의한 온도균열 방지에 유리하다.

5) 분말도

시멘트의 수화반응은 시멘트 입자와 배합수와의 접촉에 의해 이루어지는 것으로 배합수와 접촉하는 시멘트의 비표면적이 증가할수록 수화반응속도는 증가한다. 즉 시멘트의 분말도가 클수록 배합수와 접촉하는 면적이 증가되어 시멘트의 분말도에 비례하여 수화반응속도가 증가하게 된다. 또한 동일한 1종 보통 포틀랜드 시멘트라 할지라도 분말도의 정도에 따라 시멘트 초기 수화발열속도는 크게 다르기 때문에 저발열 콘크리트 제조 시 이에 대한 사전 검토가 반드시 이루어져야 한다.

4.3.5 MAT 기초 콘크리트 배합설계

4.3.5.1 개 요

벽산 온천동 ASTAR 현장은 1회 타설 두께가 3100㎜이고 소요강도 40MPa를 요구하는 부 배합 콘크리트로써 시공에 따른 내・외부 온도차에 의한 온도균열이 예상되는 부재이므로 단위 시멘트량의 치환이나 저열시멘트를 이용한 콘크리트의 수화열 저감이 요구된다.

이를 위하여 부산지역의 시멘트 사용실태를 조사해 본 결과 콘크리트의 수화온도를 최소화 할 수 있는 3성분계(혼합) 시멘트 수급이 가능한 것으로 판단되어 이를 사용하여 배합설계를 실시하였다.

배합설계는 수화열 저감은 물론 운반시간에 따른 Slump 경시변화의 최소화와 공기량을 저감하여 설계시 요구강도를 최소 단위 시멘트량으로 확보할 수 있는 배합비를 도출하는 것을 목표로 하였다. 또한 고성능 혼화제를 사용하여 단위수량을 최소화하고, 이에 따른 단위 시멘트량을 저감할 수 있도록 하여 초기수화 발열량을 줄이도록 유도하였다.

1) 배합비(25-40-23)

표 4-4 MAT 콘크리트 배합비

W/A (%)	S/a (%)	단위 재료량 (kg/㎥)						비 고
		W	B	C	S	G	AD	
35.5	48.0	160	450	450	815	889	B×1.1%	

※. AD는 폴리카르본산계 고성능 감수제 사용

※. 혼화제 사용량은 생산에 투입되는 골재 품질 상태에 따라 상기 기준량에 대해 ±0.3%의 한도 내에서 사용량을 조정하여야 한다..

2) MAT 콘크리트 관리기준
- 소요기준 강도 : 재령 56일 40 N/㎟
- 기준 슬럼프(Slump Flow) : 55㎝ ± 5㎝
- 기준 공기량 : 3.5% ± 1.5%
- 기준 염화물량 : 0.3 kg/㎥ 이하
- 사용 시멘트 : 3성분계(혼합)시멘트

4.3.5.2 레미콘공장 확인시험결과

표 4-5 MAT 콘크리트 품질시험 결과

공 장 명	슬럼프 Flow (㎝)			공기량 (%)			염화물량 (kg/㎥)	비 고
	0분	60분	90분	0분	60분	90분	0분	
동헌산업	59.0	56.0	52.5	4.7	4.3	3.9	0.065	
동양산업	59.5	56.5	53.5	4.9	4.5	4.0	0.044	
대양레미콘	58.0	55.0	54.0	4.7	4.5	4.0	0.061	

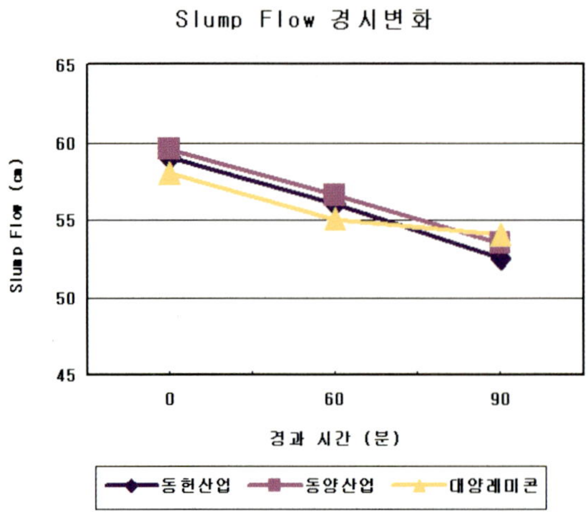

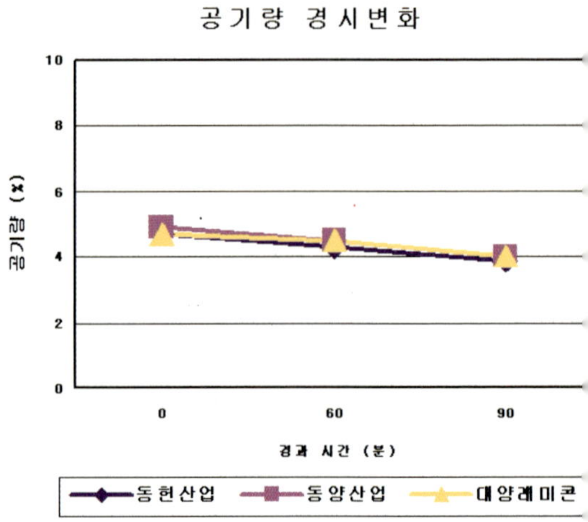

1) MAT 콘크리트 압축강도 시험결과

표 4-6 압축강도 시험결과

공 장 명	압축강도 (N/㎟)			비 고
	7 일	28 일	56 일	
동헌산업	21.5 (54%)	44.3 (111%)	51.2 (128%)	
동양산업	21.2 (53%)	42.6 (107%)	51.9 (130%)	
대양레미콘	20.5(51%)	43.2 (108%)	50.4 (126%)	

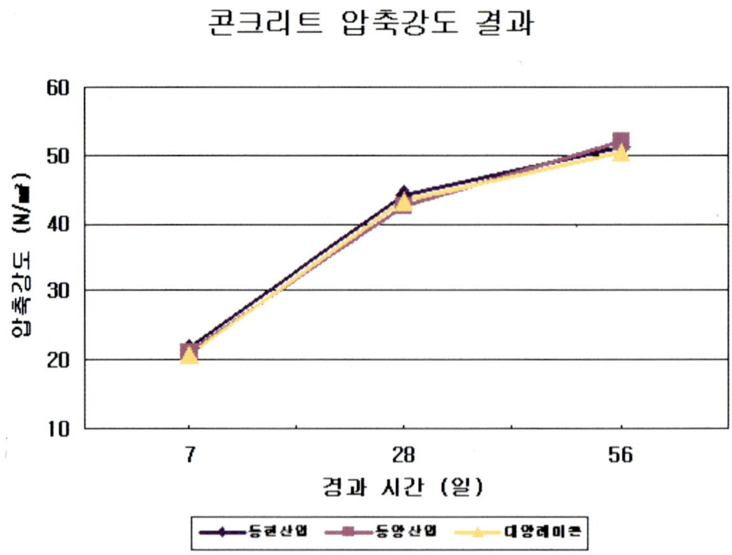

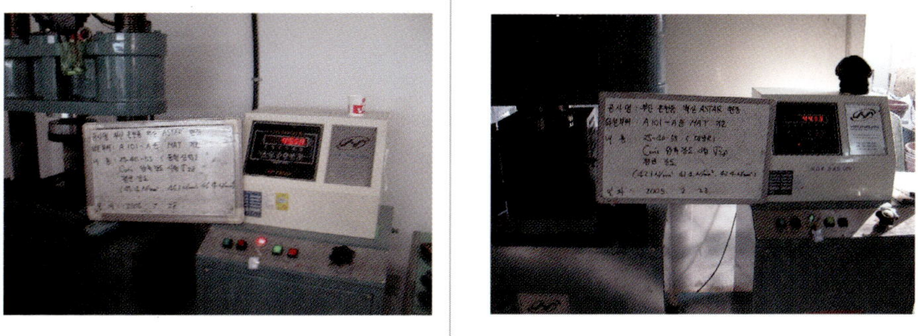

그림 49 압축강도 시험사진

4.3.6 1차 수화열 해석 및 결과

벽산 온천동 ASTAR 현장은 매트기초 시공에 있어 수화열에 의한 온도균열의 발생 여부에 대한 검토가 반드시 필요하며, 온도균열 발생을 저감할 수 있는 최적의 온도균열 저감대책이 수립되어야 한다. 따라서 현장에 적합한 최적의 온도균열 저감공법 선정을 위하여 수화 반응에 의한 콘크리트의 온도를 예측하고, 시간 Step별 온도응력을 해석함으로서 매트기초 콘크리트 타설시 최적의 온도균열 저감방안을 수립, 균열 저감을 위한 사전관리가 필요하다. 이에 따라 수화열에 따른 관리방안을 사전에 도출해내기 위하여 수화열 및 온도해석 프로그램을 사용하였으며, 레미콘 공장의 배합설계 자료를 기초로 한 수화열 해석을 수행하여 현장에 적용된 자료를 본장에 수록하였다.

4.3.6.1 해석에 사용된 물성치

1) 콘크리트 압축강도 : 40 N/㎟
2) 단위분체량 : 450 kgf/㎥
3) 콘크리트 단위중량 : 2298~2305 kg/㎥
4) 콘크리트의 열팽창계수 : $\alpha = 1.0 \times 10^{-5}$ m/m/℃
5) 콘크리트의 열전도율

   수화반응에 의한 수화도(Degree of Hydration)를 산정하고, 이로부터 재령에 따라 변화되는 값으로 산출하였으며, 본 현장의 경우에는 2.142~1.609 kcal/m·hr·℃ 사이의 값이다.(그림 50 참조)
6) 콘크리트 비열

   열전도율의 경우와 마찬가지로 수화도에 따라 변화되는 값이며, 본 현장의 경우에는 0.250~0.215 kcal/kg·℃ 사이의 값이다.(그림 51 참조)
7) 외기대류조건

   구조물의 수화열 전달과정에서의 경계조건은 콘크리트 표준시방서에 정의하고 있는 각 재료별 열전도율을 기준으로 하여 설정하였다.

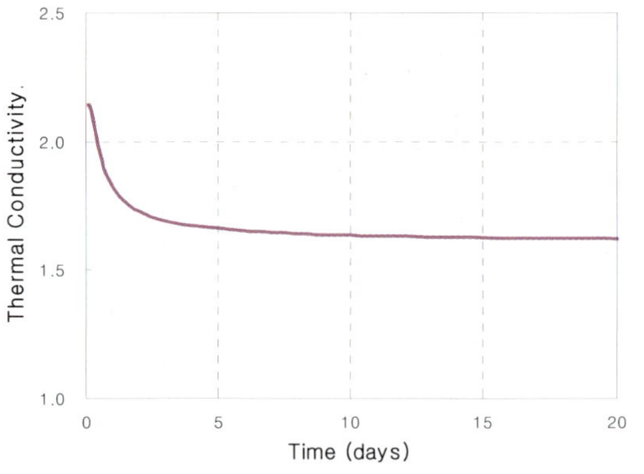

그림 50 콘크리트 열전도율

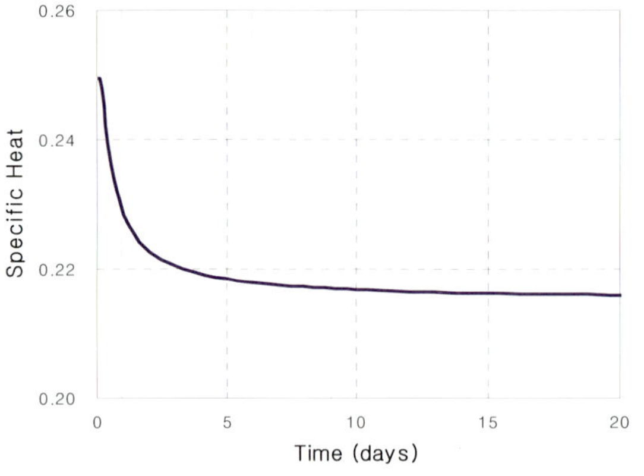

그림 51 콘크리트 비열

표 4-7 열전도율의 참고값

No	양 생 방 법	열전도율 (kcal/m²·hr·℃)	비 고
1	철재 등 금속 거푸집 살수(살수깊이 1㎝ 미만)	9 ~ 10	구조물 측면
2	담수(담수깊이 1㎝ 이상 5㎝ 미만) 짚, 가마니 양생	7 ~ 8	〃
3	담수(담수깊이 5㎝ 이상 10㎝ 미만)	6 ~ 7	〃
4	합 판	4 ~ 7	〃 (합판 두께에 따라 다름)
5	시 트	5 ~ 6	〃
6	양생매트 담수+양생매트 담수+시트를 포함	6.0 ~ 2.0	구조물 상부 (도포 겹수에 따라 다름)
7	발포스치로폴(두께 5㎝ + 시트)	1.5	〃

4.3.6.2 수화열 해석

1) 배합설계 분석

당 현장의 콘크리트 시방배합은 아래의 표 4-8와 같으며, 표4-9과 같은 해석조건을 기준으로 수화열 해석을 실시하였다.

표 4-8 MAT 콘크리트 배합설계

W/A (%)	S / a (%)	단위 재료량 (kg/m³)						비고
		W	B	C	S	G	AD	
35.5	48.0	160	450	450	815	889	B×1.1%	

표 4-9 해석 조건

타설시기	Con'c 온도(℃)	외기온도(℃)		대류계수(kcal/m²·hr·℃)	
		가열 중	가열해재 후	대기노출	거푸집
1월 중순	18	20	5	12.0	6.0

2) 부재의 모델링

해석 대상 부재의 경우 두께 3.1m인 기초부위를 그림 52와 같이 일체 타설하는 조건으로 그림 53과 같이 해석대상부재를 유한요소 모델로 변경하여 타설 부위에 대한 수화열 해석을 수행하였다. 또한 부재 모델링을 위하여 그림 53과 같이 해석대상부재를 유한요소 모델로 변경하였으며 수화열 해석 시 다음의 사항을 고려하였다.

- 철근배근 고려 (상부 : HD29@150, 하부 : HD32@150)
- 응력이완(Stress Relaxation) 고려
- 시간 의존적 비탄성 변형 고려

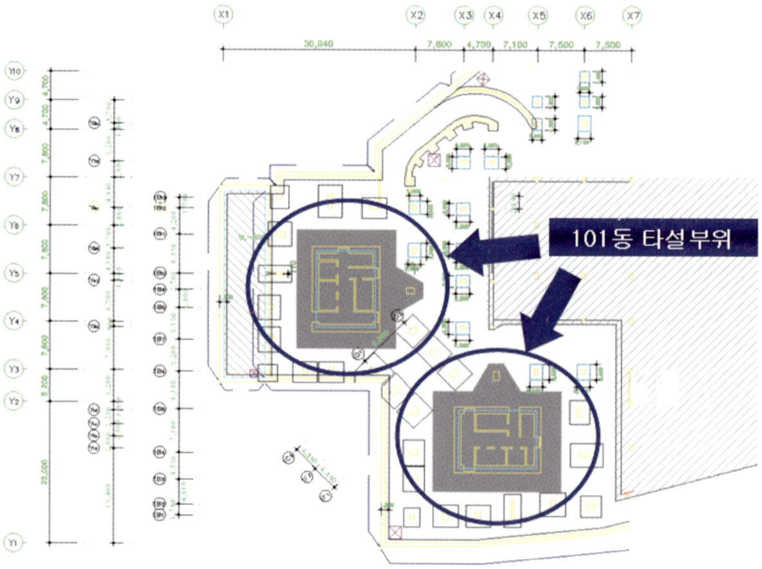

그림 52 MAT 기초 평면도

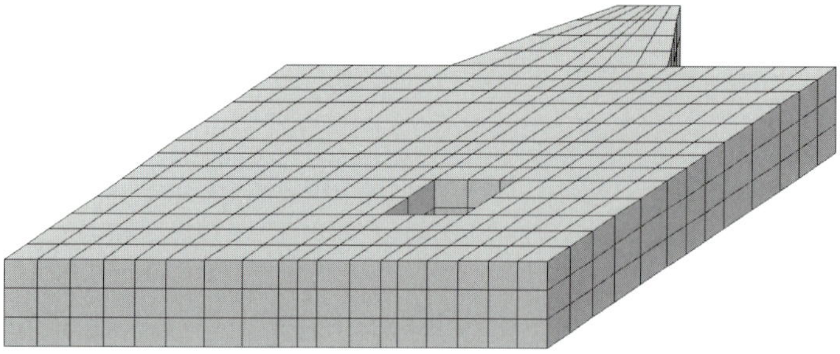

그림 53 MAT 콘크리트 부재의 모델링

3) 배합조건 및 가열온도 선정

대상 구조는 동절기에 타설되는 매스콘크리트이기 때문에 일반적인 양생조건으로 양생하게 되면 내외부의 극심한 온도차이로 인하여 온도균열의 발생이 예상되는 구조이다. 따라서 타설 후 콘크리트의 보양을 위하여 콘크리트 표면에 양생포를 설치하고 표면과 접하는 외기온도를 적정온도 이상으로 유지시키면서 양생을 하여야 한다. 양생포는 2겹을 사용하며 가열 양생온도를 15℃, 20℃ 및 25℃로 각각 선정하였을 때의 결과는 그림 54 및 그림 55와 같다. 그림에서 보는 바와 같이 15℃로 가열하는 경우 초기 응력의 증가로 인하여 인장강도를 상회하는 경향을 보이고 있으며, 25℃ 로 가열하는 경우 가열조건 시 응력은 감소하는 경향을 보이고 있으나 가열 해재 후 급격한 온도조건의 변화로 인한 온도 충격으로 인한 응력의 증가로 인장강도를 상회하는 경향을 보이고 있다. 따라서 가열조건에서의 초기 응력 및 가열 해재 후 온도 충격으로 인한 응력증가 현상을 고려하여 가열온도 15℃를 사용하는 것으로 설정하였다.

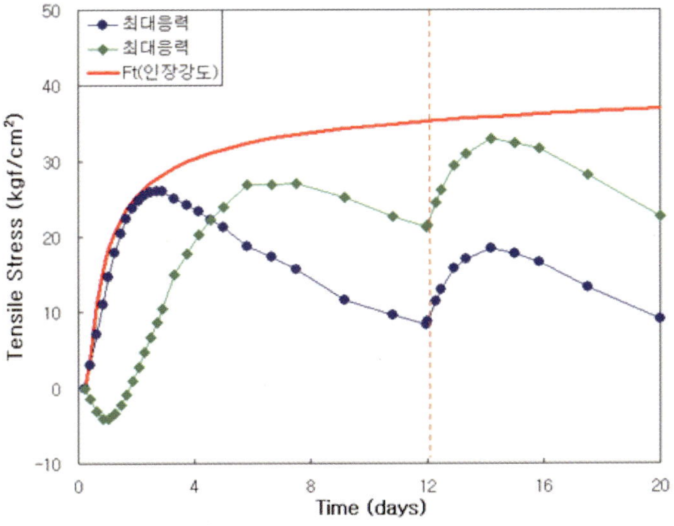

a) 15℃ 가열 양생할 경우의 응력

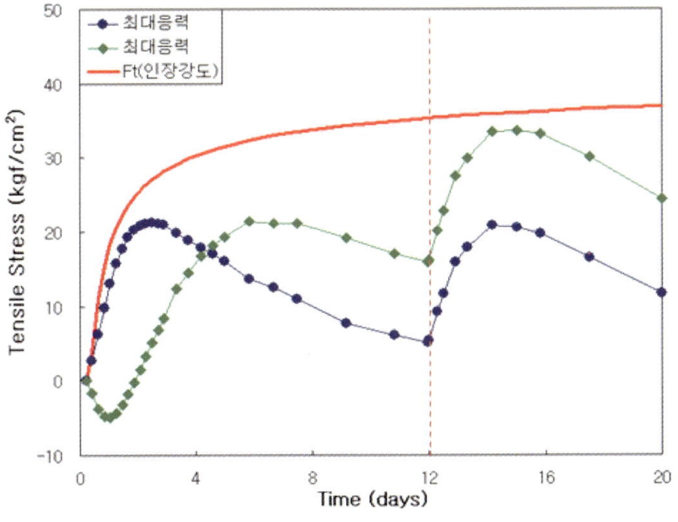

b) 20℃ 가열 양생할 경우의 응력

그림 54 가열 조건에 따른 응력의 변화

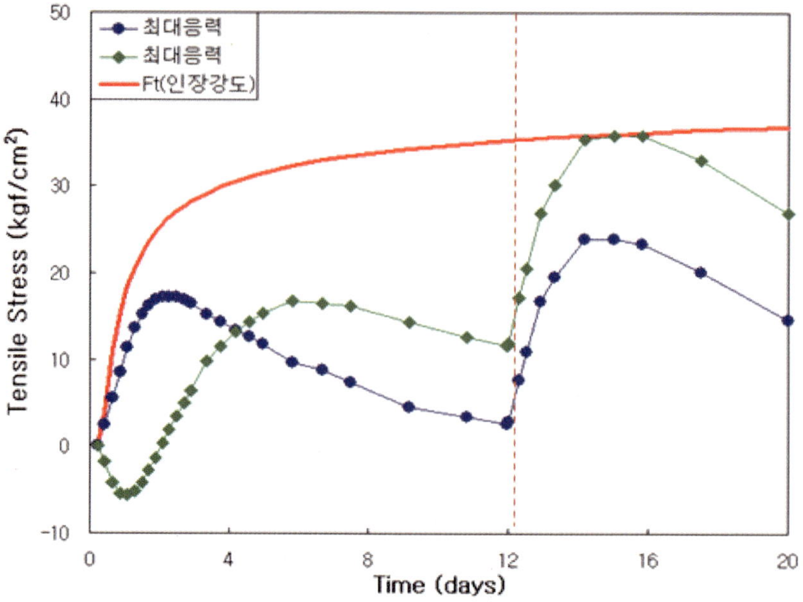

c) 25℃ 가열 양생할 경우의 응력

그림 55 가열 조건에 따른 응력의 변화

4) 가열조건 해제 시기 선정

15℃로 가열 양생 후 가열조건의 해제 시기를 선정하기 위하여 10일 후 가열 해제하는 경우에서부터 14일 후 가열 해제하는 경우까지를 그림으로 살펴보면 그림 56 및 그림 57과 같다. 각각의 가열 해제 시기에 대하여 발생하는 최대응력에 대한 균열지수를 그림으로 나타내면 그림 58과 같다. 타설 후 10일 후에 가열 해제할 경우 균열지수가 0.97로 나타나며, 12일 후 가열 해제가 균열지수 1.08, 14일 후는 1.14로 나타나고 있다. 따라서 최소한의 시공 안전성은 확보하여야 하므로 균열지수 1.10 정도를 나타내는 12일 정도에 가열조건을 해제하는 것이 타당한 것으로 판단되며, 본 해석에서는 12일 후에 가열조건을 해제하는 것으로 해석하였다.

단, 이 경우 가열조건 해제 시기 선정은 가열조건에 대한 해제일 뿐 양생포 제거까지를 의미하는 것은 아니며, 양생포 제거에 관하여서는 다음 절에서 언급하기로 한다.

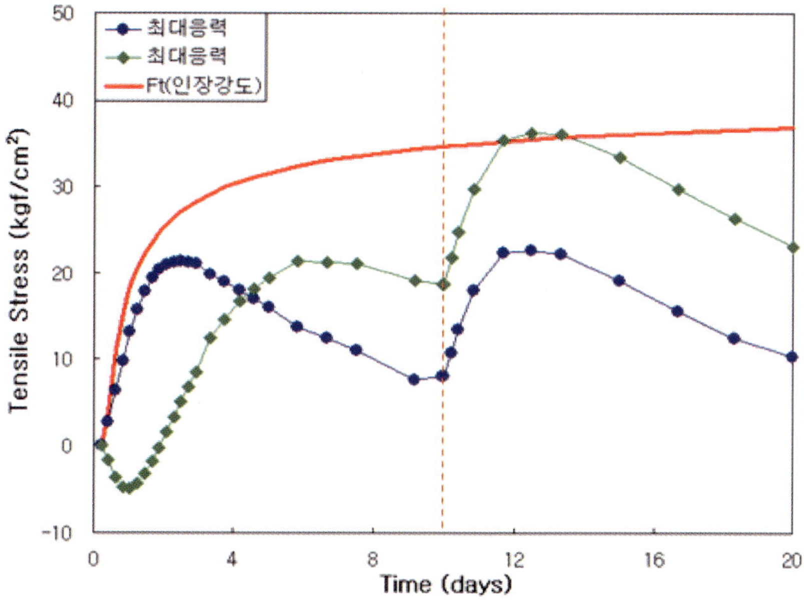

a) 10일간 가열한 경우

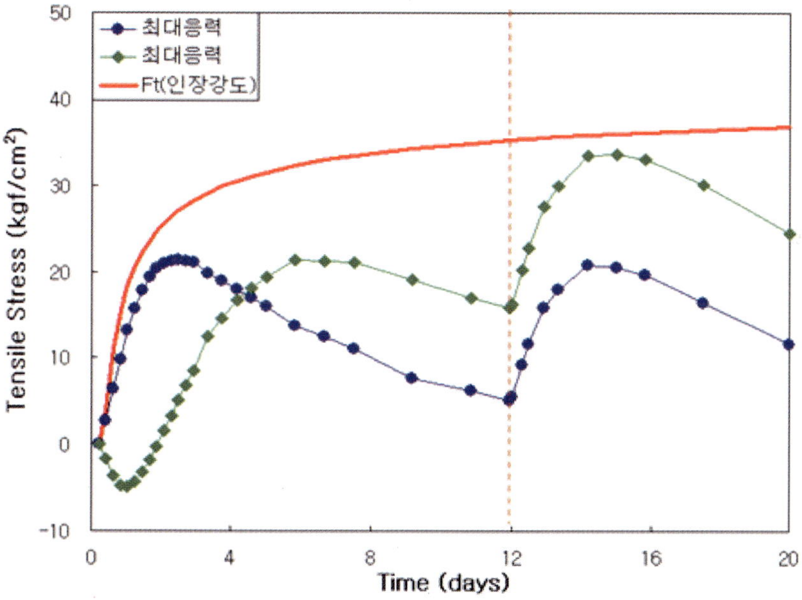

b) 12일간 가열한 경우

그림 56 가열 해제 시기에 따른 응력 변화

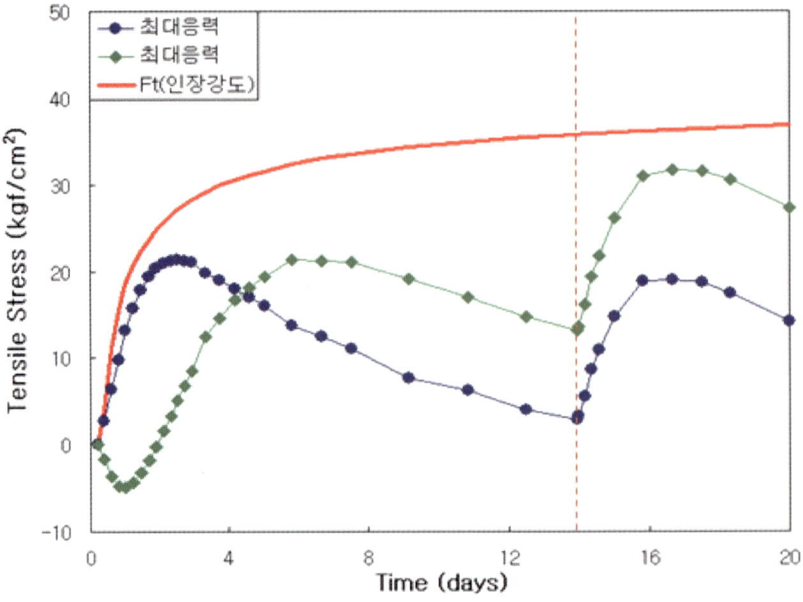

c) 14일간 가열 한 경우

그림 57 가열기간에 따른 응력변화

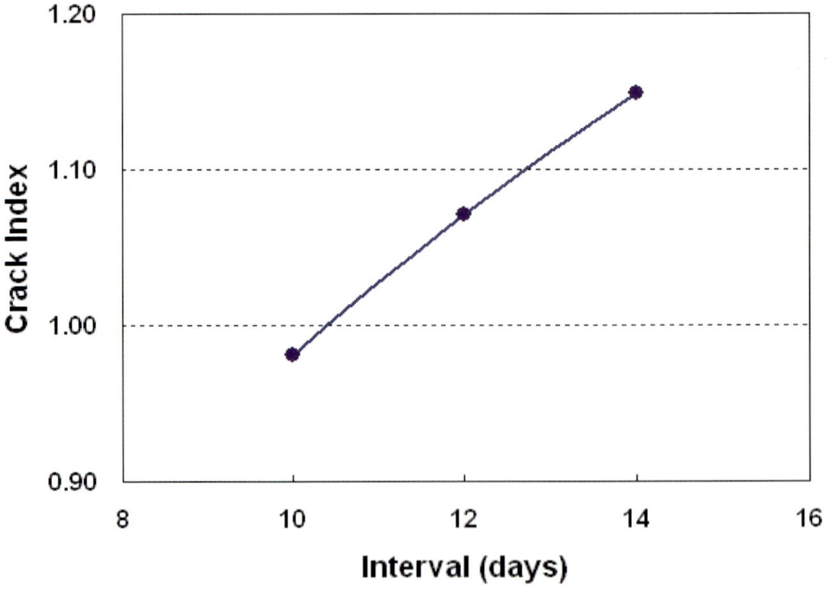

그림 58 가열 해제 시기에 따른 균열지수

5) 양생포 제거 시기 선정

타설 12일후 가열조건을 해제하고 바로 대기 중에 노출시키면 온도충격(급작스러운 온도변화로 인하여 발생되는 응력 집중현상)이 발생할 가능성이 매우 크다. 따라서 일정기간 양생포가 존치된 상태로 유지하여 급작스러운 온도변화를 방지하여야 하며,

양생포 제거 시에도 일시에 제거하는 방법과 순차적으로 1겹씩 제거하는 방법에 대한 검토를 수행하여 최적의 조건을 결정하여야 한다.

가열 해제 후 14일에 양생포를 동시 제거하는 경우와 온도 충격방지를 위해 최소한 1일의 여유시간을 두고 15일에 양생포를 순차 제거하는 경우에 대하여 검토하면, 그림 59 및 그림 60과 같다. 그림에서 보는 바와 같이 일시 제거 시 온도 충격으로 인하여 인장강도를 상회하고 있으며 순차 제거 시 인장강도를 상회하지 않는 것을 볼 수 있다. 또한 각각의 제거 시기 선정에 따른 결과를 균열지수로 나타내면 일시제거 시 균열지수 1.0, 순차 제거 시에는 균열지수 1.08로 순차 제거가 다소간의 여유를 더 가지는 것으로 나타나고 있어 1겹씩 순차적으로 양생포를 제거하는 것이 효과적인 것으로 판단된다.

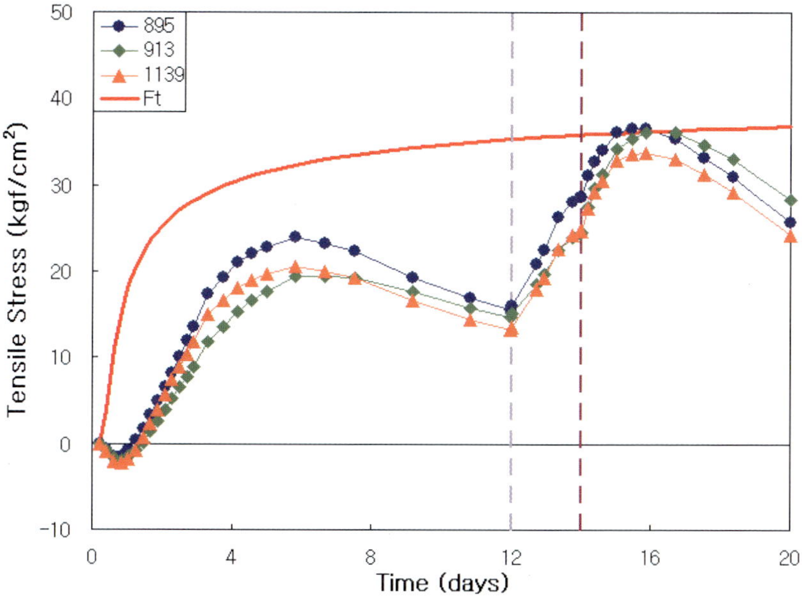

그림 59 양생포 일시 제거 시 응력

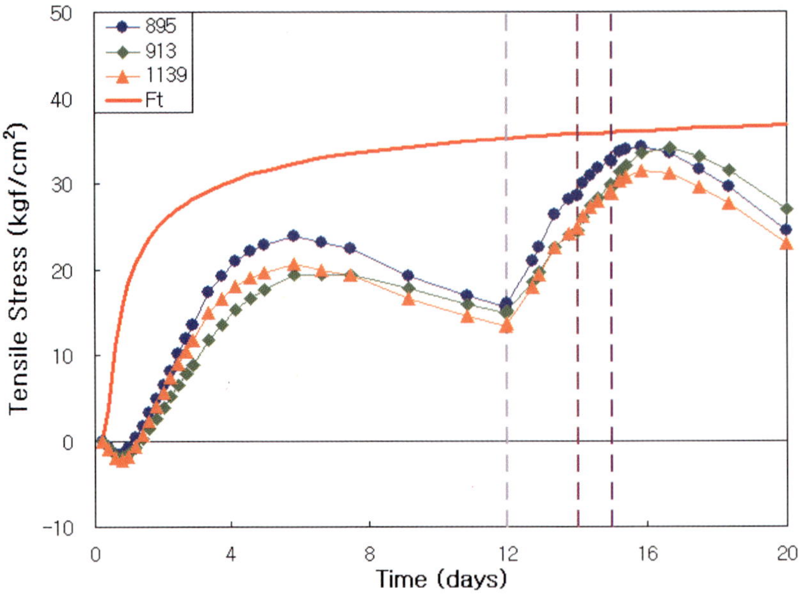

그림 60 양생포 순차 제거 시 응력

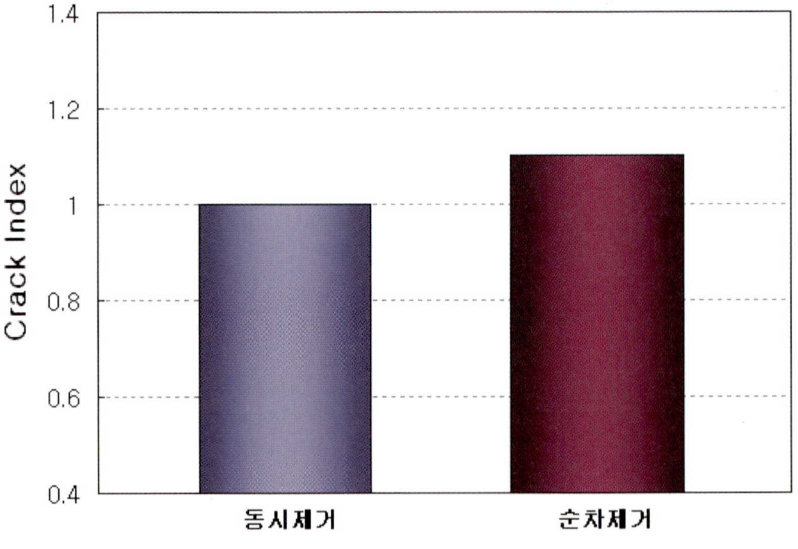

그림 61 양생포 제거에 따른 균열지수

4.3.6.3 온도해석 결과

온도해석 결과 콘크리트 부재의 최고온도는 콘크리트 타설 후 약 3~4일 후에 58~60℃가 발생되는 것으로 평가되었다. 또한 내·외부 최대온도차는 가열조건 시에는 표면부에서 20.1℃, 내부에서 49.6℃로 약 29.5℃ 정도의 온도차가 발생하는 것으로 예측되었으며, 가열해제 후에는 표면부에서 6.3℃, 내부에서 37.7℃로 약 31.4℃ 정도의 온도차가 발생하는 것으로 예측되었다.

표 4-10 MAT 콘크리트 부재의 온도해석 결과 요약

조 건		발생시기 (일)	최고온도 (℃)	최저온도 (℃)	최대온도차 (℃)
최대온도 발현		3.7	58.4	44.2	14.2
최대온도차 발현	가열 양생시	7.5	55.0	35.2	19.8
	가열 해제후	16.7	42.6	16.4	26.2

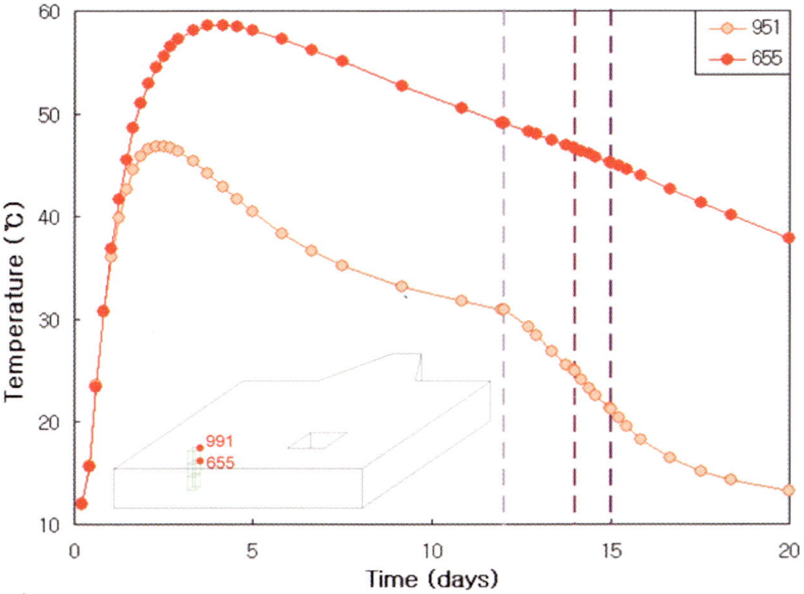

그림 62 시간에 따른 온도변화 곡선

4.3.6.4 온도 응력 해석

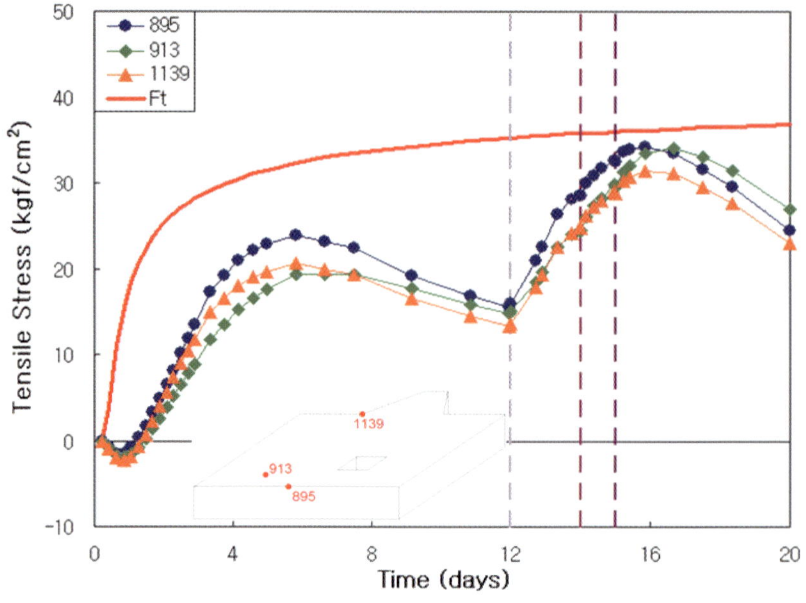

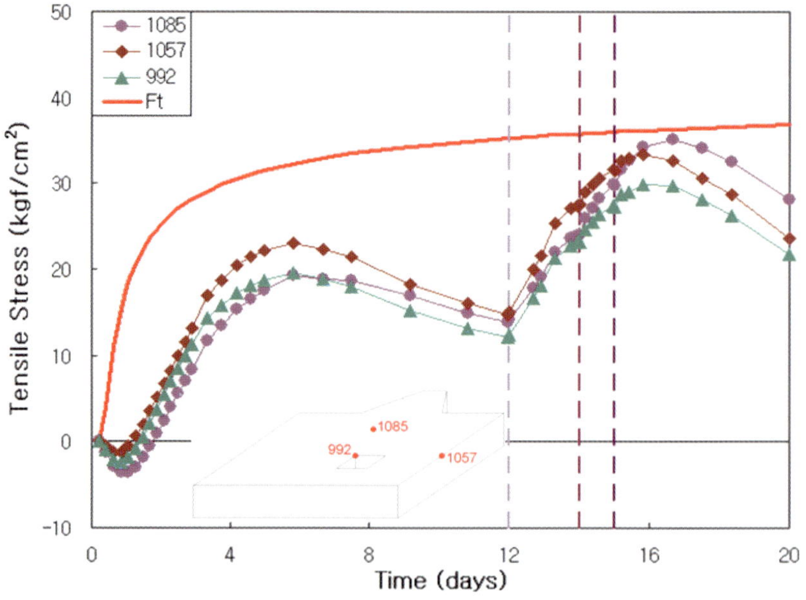

그림 63 시간에 따른 최대응력의 변화

4.3.6.5 해석결과 분석

균열발생확률을 나타내는 온도균열지수는 대상 구조물의 온도응력에 대한 저항성을 나타내는 수치로서 최대 수화열 발생시의 콘크리트의 인장강도를 온도응력으로 나눈 값을 사용하며, 온도균열지수의 값이 작을수록 균열발생확률은 크다.

온도균열지수 $I_{cr}(t) = \dfrac{f_{sp}(t)}{f_c(t)}$

여기서, $f_{sp}(t)$: 재령 t 일에서의 콘크리트 인장강도 (kgf/㎠)

$f_c(t)$: 재령 t 일에서의 수화열에 의한 온도응력 (kgf/㎠)

온도균열지수는 구조물의 중요도, 기능, 환경조건 등에 대응할 수 있도록 산정하여야 하며, 철근이 배치된 일반적인 구조물에서의 온도균열지수의 값은 다음과 같다.

균열을 방지할 경우 : 1.5이상
균열 발생을 제한할 경우 : 1.2이상 1.5미만
유해한 균열 발생을 제한할 경우 : 0.7이상 1.2미만

검토대상 구조물과 같은 매스콘크리트는 타설시 수화열에 의한 미세균열을 완전히 방지할 수 없으므로 해석 결과 값이 "유해한 균열발생을 제한할 경우"인 온도균열지수 0.7~1.2의 범위에 해당될 경우 구조적 안정성을 확보할 수 있을 것으로 판단된다. 따라서 부재의 균열발생 여부를 판단하기 위하여 온도해석결과를 이용하여 콘크리트의 강도해석 및 온도응력 해석을 수행하였으며, 온도응력 해석결과를 이용하여 재령별로 균열지수를 산정하였다. 해석결과를 정리하면 다음과 같다.

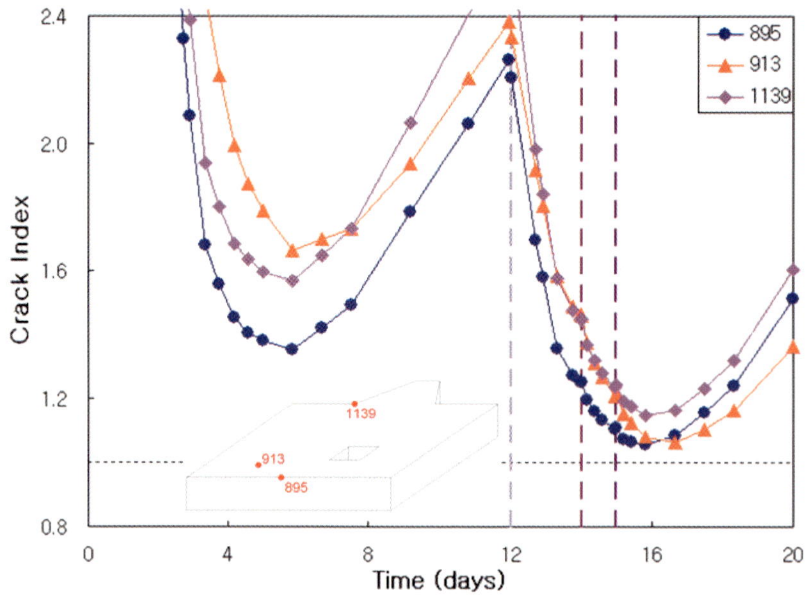

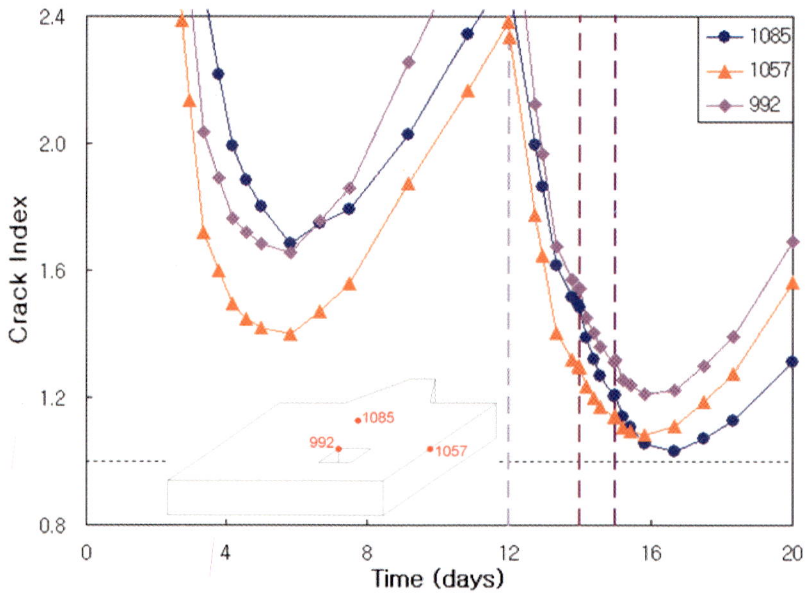

그림 64 시간에 따른 균열지수의 변화

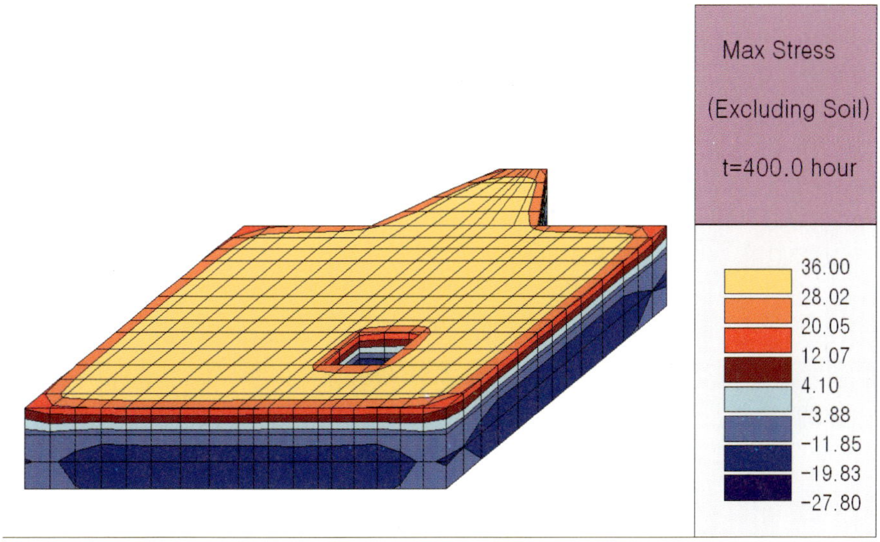

a) 최대응력 분포도

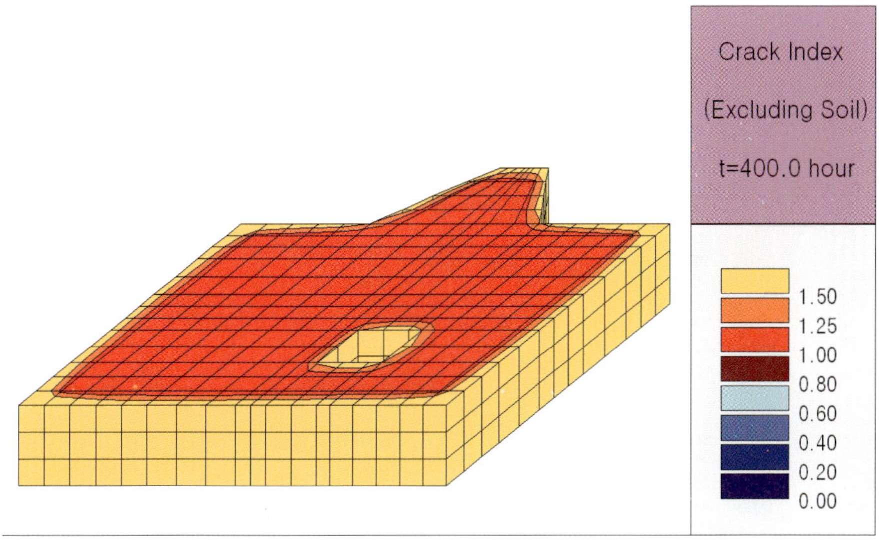

b) 균열지수 분포도

그림 65 시간에 따른 최대응력 및 균열지수 분포도

부재의 균열발생 여부를 판단하기 위하여 온도해석 결과를 이용하여 콘크리트의 강도해석 및 온도응력 해석을 수행하였으며, 온도응력 해석결과를 이용하여 재령별로 균열지수를 산정하여 부재의 유해한 균열 발생여부를 판단하여 보면 가열조건 하에서 1.19, 가열해제 후에는 1.10으로 평가되어, 콘크리트 표준시방서에서 제시하고 있는 유해한 균열 발생을 제한할 수준인 0.7~1.2 에 포함되고 있다. 따라서 가열 양생 중에는 균열이 발생되지 않을 것으로 판단되나, 가열 해제 후 양생포 제거 시에는 미세한 균열이 발생될 가능성이 다소 있기 때문에 콘크리트 상면 및 모서리 부위에 대해서 세심한 관찰 및 관리가 요망된다.

표 4-11 온도균열지수 해석 결과 요약

조　　건	온도균열지수	유해균열 발생확률(%)
가열 양생시	1.3	15 %
가열 해제후	1.08	42 %

4.3.6.6 소결

1) 벽산 온천동 ASTAR 현장의 MAT 기초에 대해 1월 중 타설을 설정으로 수화열 해석 결과 균열지수는 가열조건 하에서 1.19, 가열해제 후에는 1.10으로 평가되어 유해한 균열 발생을 제한 할 경우에 속하는 것으로 가열 양생 중에는 균열이 발생되지 않을 것으로 판단되나, 가열 해제 후 양생포 제거 시에는 미세한 균열이 발생될 가능성이 다소 있기 때문에 콘크리트 상면 및 모서리 부위에 대해서 세심한 관찰 및 관리가 요망된다.

4.3.7 2차 수화열 해석 및 결과

4.3.7.1 목 적

차기 타설 대상 기초 매트 콘크리트는 3월경에 타설될 것으로 예상되므로 동절기 타설되는 매트 기초 콘크리트보다 높은 외기온도 조건을 갖고 있다. 따라서 계절적 변화에 따른 대류조건 및 양생조건의 변화로 인한 최대온도의 발생 및 내·외부 온도차에 의한 응력 발생에 따른 균열지수를 검토하여 온도균열 저감방안을 수립하고자 한다.

4.3.7.2 수화열 해석

1) 배합설계 분석

당 현장의 콘크리트 시방배합은 아래의 표 4-12과 같으며, 표 4-13과 같은 해석조건을 기준으로 수화열 해석을 실시하였다.

표 4-12 MAT 콘크리트 배합설계

W / A (%)	S / a (%)	단위 재료량 (kg/m³)						비 고
		W	B	C	S	G	AD	
35.5	48.0	160	450	450	815	889	B×1.1%	

표 4-13 해석 조건

타설시기	Con'c 온도(℃)	외기온도(℃)	대류계수(kcal/m²·hr·℃)	
			대기노출	거푸집
3월 중	18	15	12.0	6.0

2) 부재의 모델링

해석 대상 부재의 경우 두께 3.1m인 기초부위를 그림 66과 같이 일체 타설하는 조건으로 타설 부위에 대한 수화열 해석을 수행하였다. 또한 부재 모델링을 위하여 그림 67과 같이 해석대상부재를 유한요소 모델로 변경하였다.

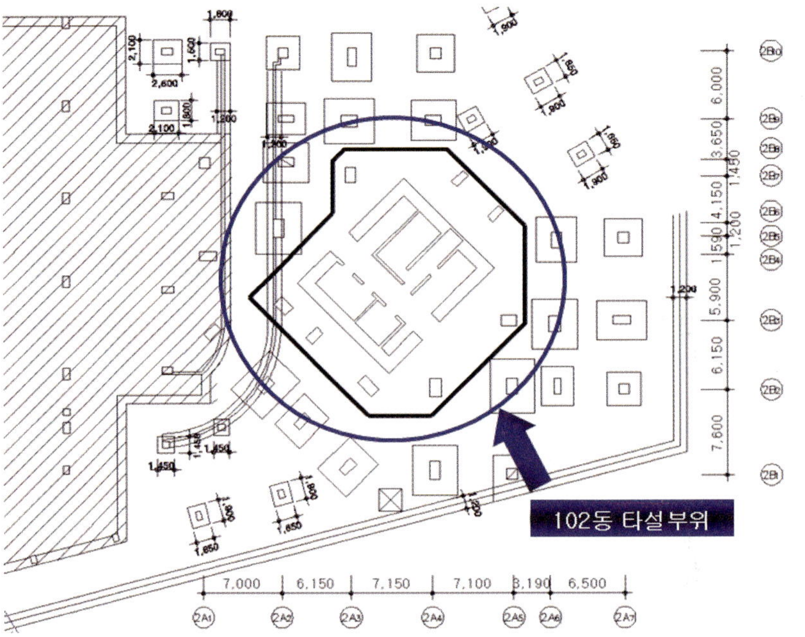

그림 66 102동 MAT 기초 평면도

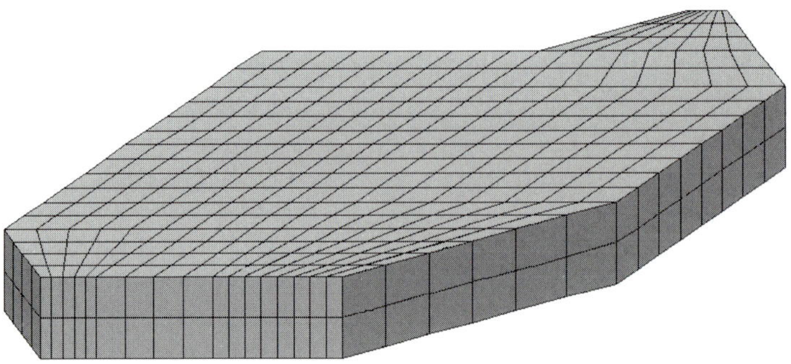

그림 67 MAT 콘크리트 부재의 모델링

4.3.7.3 온도해석 결과

온도해석 결과 콘크리트 부재의 최고온도는 콘크리트 타설 후 약 3~4일 후에 58~60℃가 발생되는 것으로 평가되었다. 또한 내·외부 최대온도차는 표면부에서 25.5℃, 내부에서 56.4℃로 약 30.9℃ 정도의 온도차가 발생하는 것으로 예측되었다.

표 4-14 MAT 콘크리트 부재의 온도해석 결과 요약

조 건	발생시기 (일)	최고온도 (℃)	최저온도 (℃)	최대온도차 (℃)
최대온도 발현	4.2	59.3	35.5	23.8
최대 온도차	7.5	56.4	25.5	30.9

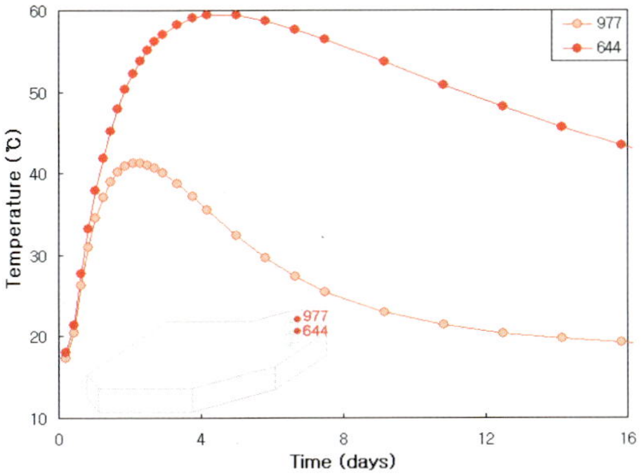

그림 68 시간에 따른 온도변화

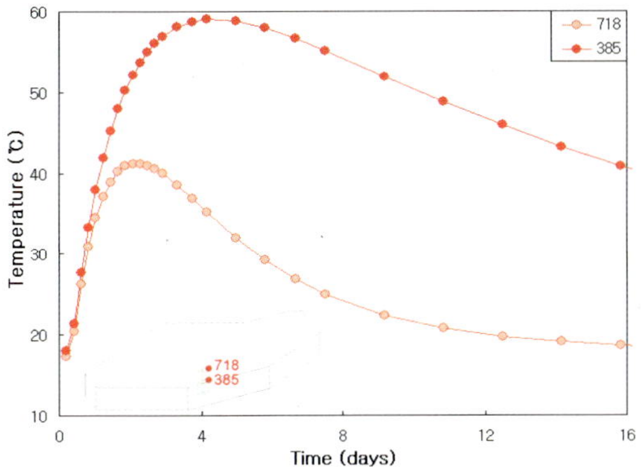

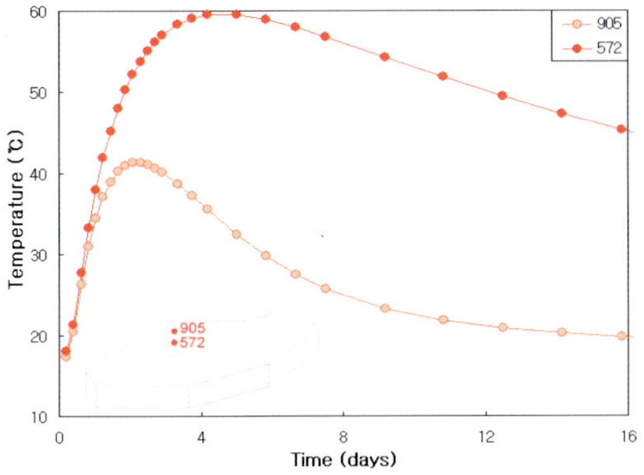

그림 69 시간에 따른 온도변화

4.3.7.4 온도 응력 해석

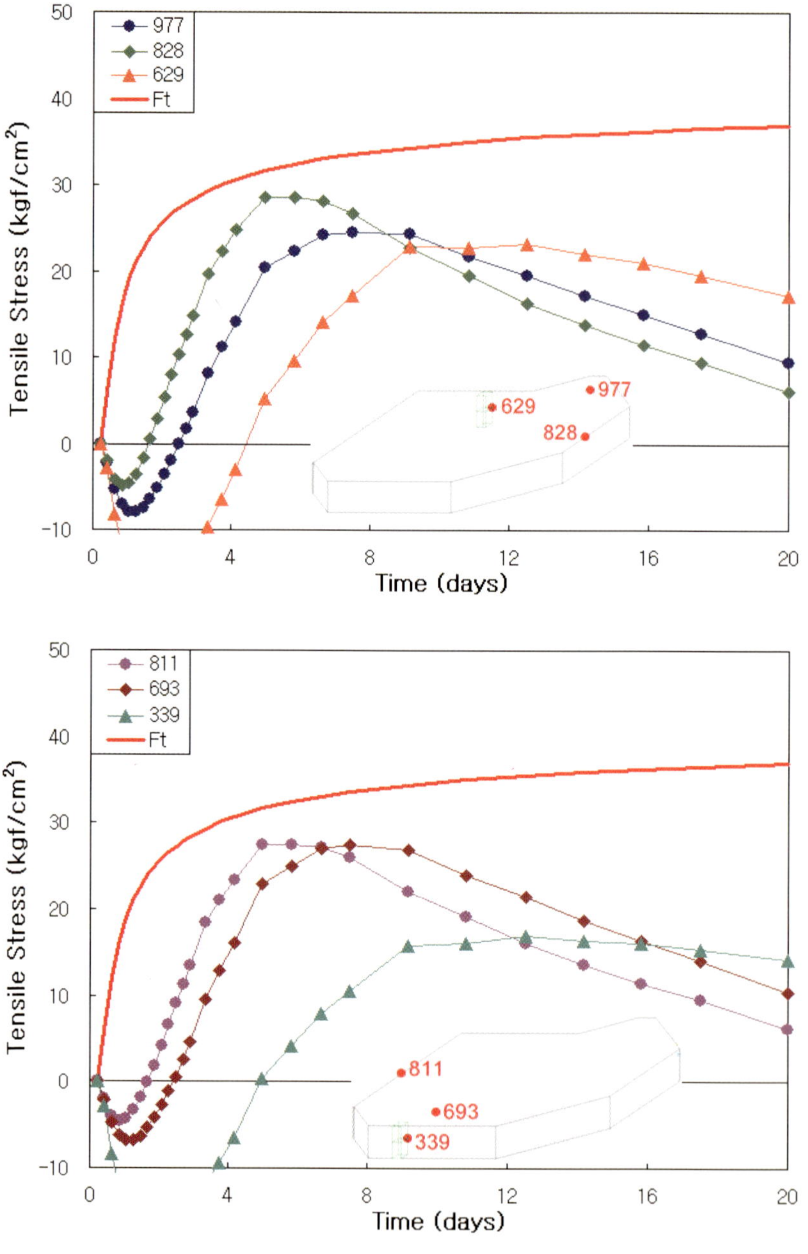

그림 70 시간에 따른 응력변화

4.3.7.5 해석결과 분석

균열발생확률을 나타내는 온도균열지수는 대상 구조물의 온도응력에 대한 저항성을 나타내는 수치로서 최대 수화열 발생 시의 콘크리트의 인장강도를 온도응력으로 나눈 값을 사용하며, 온도균열지수의 값이 작을수록 균열발생확률은 크다.

온도균열지수 $I_{cr}(t) = \dfrac{f_{sp}(t)}{f_c(t)}$

여기서, $f_{sp}(t)$: 재령 t 일에서의 콘크리트 인장강도 (kgf/㎠)

$f_c(t)$: 재령 t 일에서의 수화열에 의한 온도응력 (kgf/㎠)

온도균열지수는 구조물의 중요도, 기능, 환경조건 등에 대응할 수 있도록 산정하여야 하며, 철근이 배치된 일반적인 구조물에서의 온도균열지수의 값은 다음과 같다.

균열을 방지할 경우 : 1.5이상
균열 발생을 제한할 경우 : 1.2이상 1.5미만
유해한 균열 발생을 제한할 경우 : 0.7이상 1.2미만

검토대상 구조물과 같은 매스콘크리트는 타설시 수화열에 의한 미세균열을 완전히 방지할 수 없으므로 해석 결과 값이 "유해한 균열발생을 제한할 경우"인 온도균열지수 0.7~1.2의 범위에 해당될 경우 구조적 안정성을 확보할 수 있을 것으로 판단된다. 따라서 부재의 균열발생 여부를 판단하기 위하여 온도해석결과를 이용하여 콘크리트의 강도해석 및 온도응력 해석을 수행하였으며, 온도응력 해석결과를 이용하여 재령별로 균열지수를 산정하였다. 해석결과를 정리하면 다음과 같다.

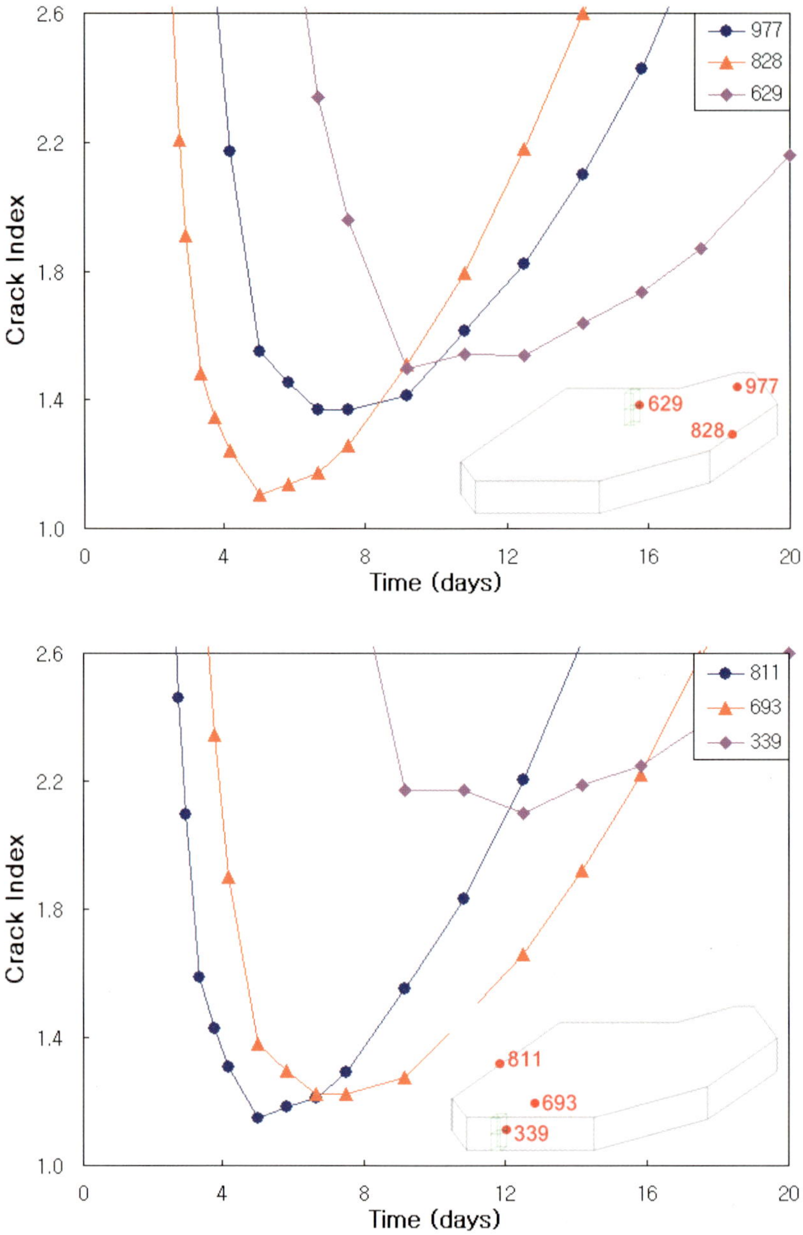

그림 71 시간에 따른 균열지수

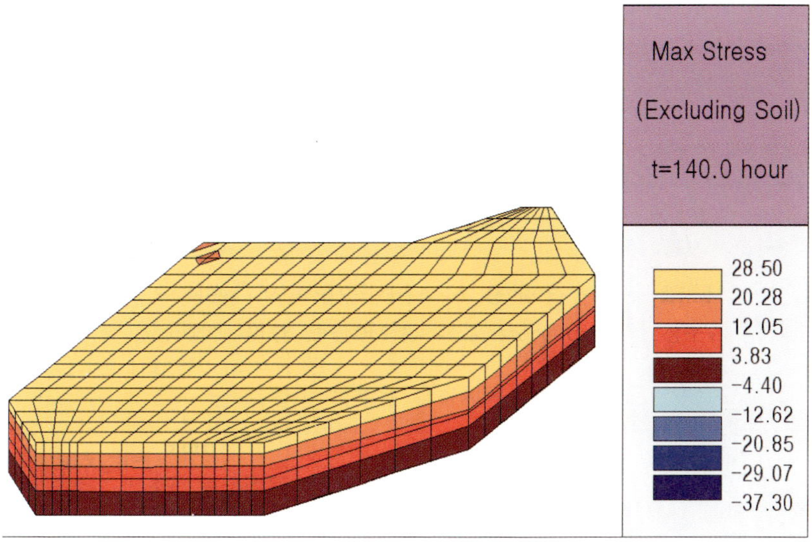

a) 최대응력 분포도

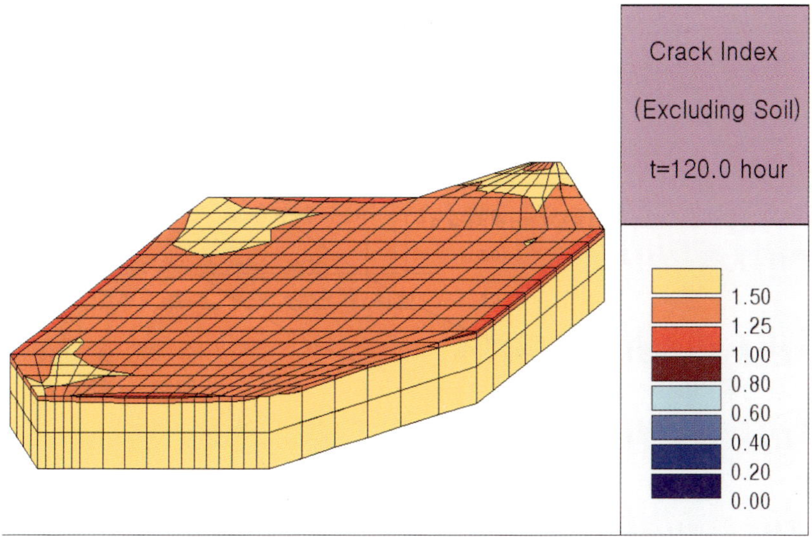

b) 균열지수 분포도

그림 72 시간에 따른 최대응력 및 균열지수 분포도

온도균열지수로 부재의 유해한 균열 발생여부를 판단하여 보면 1.1로 평가되어 콘크리트 표준시방서에서 제시하고 있는 유해한 균열발생을 제한할 경우인 온도균열지수 0.7~1.2의 범위에 해당되는 경우로 구조적 안정성을 확보할 수 있을 것으로 판단된다.

표 4-15 온도균열지수 해석 결과 요약

구 분	온도균열지수	유해균열 발생확률(%)
기초 MAT Con'c	1.1	40

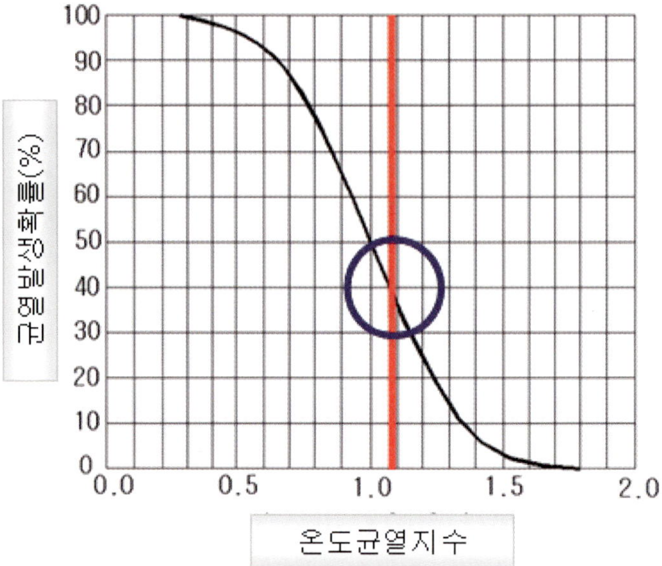

그림 73 균열지수에 따른 발생확률

4.3.7.6 소결

1) 벽산 온천동 ASTAR 현장의 MAT 기초에 대해 3월 중순 타설을 설정으로 2차 수화열 해석을 실시하였으며 그 결과 균열지수는 약 1.1로 유해한 균열발생을 제한할 경우에 속하는 것으로 구조적 안정을 유지할 수 있을 것으로 판단된다.

4.3.8 MAT 기초 품질관리 계획

4.3.8.1 시공적 측면

당 현장의 MAT 기초 콘크리트와 같은 Mass 구조물에서는 내·외부 온도차로 인한 표면에서의 온도균열 발생과 우각부 및 Open구에서의 응력 집중현상에 의한 균열 발생이 예상되므로 균열발생에 대한 제어가 필요할 경우 해당 부위에 대한 소요량의 철근 배치에 의해 응력을 완화하는 것이 균열제어에 효과적인 방법이다.

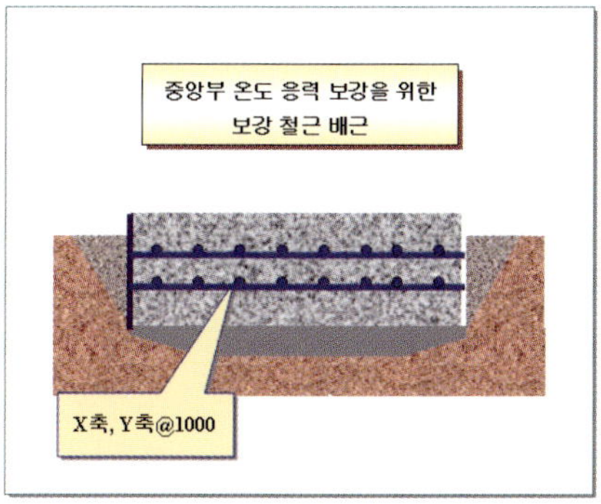

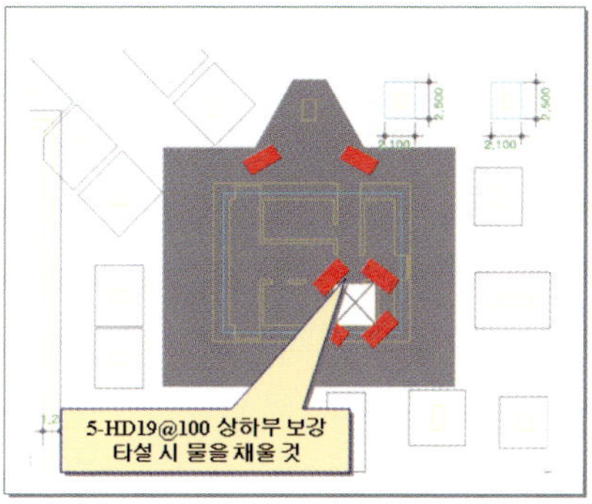

그림 74 우각부 철근 보강 및 형틀 시공에 의한 응력완화

이러한 이유로 벽산 온천동 ASTAR 현장의 경우에 저면에서의 구속도의 영향, 동절기 시공에 따른 콘크리트 내·외부 온도차에 의한 온도응력발생, 부재의 크기에 따른 균열 형태, 균열 간격, 균열 폭 등을 고려하여 MAT 기초 우각부 및 Open구에 대하여 보강철근을 배근하여 응력을 완화 시키는 방법에 대하여 제안한다.

4.3.8.2 양 생

1) 양생 세부계획

벽산 온천동 ASTAR 현장의 MAT 기초 부재의 경우 동절기 시공으로 인한 내·외부 온도차로 인한 응력의 증가 및 건조수축, 침하, 침강, 자기수축 균열에 대하여 부재를 보호해야 하며, 그에 대한 보온 및 표면보호에 대한 적절한 양생이 필요하다.

따라서 당 현장 양생기간은 표 4-16을 기본으로 하며, 콘크리트 타설 후 예기치 않은 기후 조건으로 인한 변수를 고려하기 위해 콘크리트 중심 및 표면온도, 외기온도를 측정한 후 그 결과에 따라 양생방법 및 양생기간을 조정한다.

표 4-16 세부 양생 일정표

일 정	세 부 내 용
1 일 차	❖ 외기온도가 영하로 내려가 콘크리트가 동해를 입을 우려가 있으면 열풍기를 이용하여 내부 온도 17~20℃ 로 유지 ❖ 약 10시간 이후 재 미장 실시(열풍기에 의한 변수고려 인원 대기)
2 일차	❖ 재 미장 후 비닐 1겹, 양생포 1겹 덮기
3~4 일차	❖ 최고온도 도달확인, 양생포 추가 1겹 덮기 및 열풍기 가동 ❖ 하강 시 부터 표면부와 중심부 온도편차 확인 ❖ 온도편차 Max. 25 ℃ 관리
5 일차 ~12 일차	❖ 열풍기 가동 및 양생포 관리
12 일차~14 일차	❖ 열풍기 중단 (양생포 유지: 온도차에 의해 양생포 매수결정)
14 일차~15 일차	❖ 내부 양생포 1일 1겹씩 순차적으로 제거(온도측정에 의해 양생포 제거 결정)

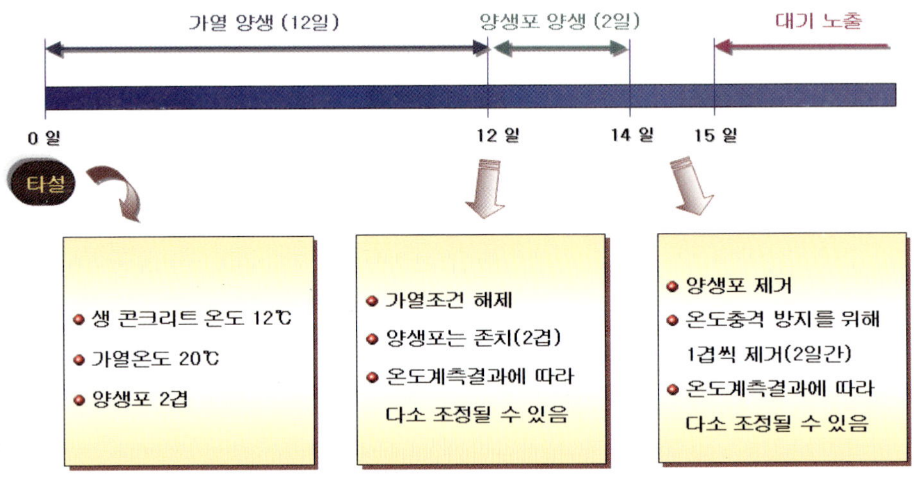

그림 75 양생 방법 선정

2) 수화열 센서 삽입 위치

아래의 그림 76은 콘크리트 타설 시 적용할 수화열 센서 삽입 위치 그림으로 내·외부 온도측정결과에 의해 양생포의 수량을 조절하여야 한다.

[비닐 1겹+양생포2겹]	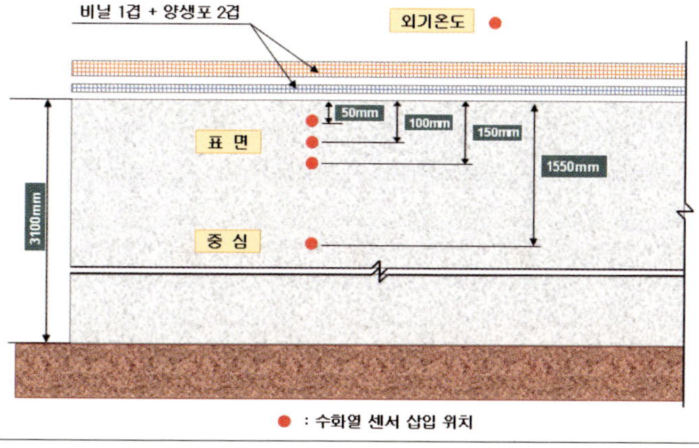

그림 76 양생방법 및 온도측정 부위

3) 표면마감

당 현장 MAT 기초는 부재두께 3.1m로 침하균열이 예상된다. 침하균열은 철근의 피복두께를 충분히 하고, 침강완료 후 재 미장을 통하여 방지할 수 있다. 따라서 당 현장에서는 침강 완료 후 재 미장을 실시하여 침하균열을 방지하도록 한다.

4.3.9 MAT 기초 콘크리트 품질관리

4.3.9.1 개 요

- 타 설 위 치 : A101-A동, A101-B동, A102동, A103동 매트 기초
- 콘크리트 규격 : 25-40-55
- 콘크리트 종류 : 저발열 콘크리트
  - 3성분계(혼합) 시멘트 100% 사용
  - 폴리카르본산계 고성능 감수제 사용
- 공 급 원 : 동헌산업, 동양산업, 대양레미콘

a) 매트 철근 배근 전경

b) 매트 철근 배근 전경

c) 매트 철근 배근 전경

d) 콘크리트 타설 전경

그림 77 타설 전경 사진

1) 생산전 품질관리

표 4-17 생산전 품질관리

구 분	항 목	결 과
설 계 조 건	- 설계기준강도 - 소요 Workability (슬럼프) - 콘크리트 요구성능	- 40 N/㎟ - 55±5.0cm - 3성분계(혼합) 시멘트
배 합 설 계	- W/B 비 결정 - 단위 수량 결정 - 단위 시멘트량 결정 - 고성능 감수제 첨가율 결정 - S/a 결정	- 35.5 % - 160 kg/㎥ - 450 kg/㎥ - 1.1 % - 48.0 %

2) 타설시 관리항목

표 4-18 타설시 관리항목

구 분	항 목	결 과
타설시 생산관리	- 골재 FM (조립율) - 재료분리 상태 - 저발열(혼합) 시멘트 품질상태 - 제조설비 확인	레미콘 공장 관리
타설시 현장관리	- 현장배합수정 : 오전 - 1회 : 오후 - 1회 - 슬럼프 : 150㎥ 당 1회 - 공기량 : 150㎥ 당 1회 - 염분시험 : 150㎥ 당 1회 - 압축강도 시험 · 7일 : 450㎥ 당 1회 · 28일 : 450㎥ 당 3회 - 수화열 측정 : 내외부 온도측정 - 양생관리 : 습윤양생	현장관리

4.3.9.2 품질시험 결과

1) A101-A동 품질시험

a) 굳지 않은 콘크리트 시험결과

표 4-21은 당 현장의 MAT 기초 콘크리트 타설시 굳지 않은 콘크리트 시험결과를 나타낸 표이다. 현장타설 시 각각의 슬럼프 값은 평균 57㎝로써 운반 및 타설 시간 1 시간 이내 소요시간에서 당 현장 슬럼프 규격 55±5㎝를 만족시켰다.

공기량 시험결과는 타설시 평균 3.4%, 염화물측정값은 0.056㎏/㎥로써 현장의 요구조건을 만족시키는 결과를 얻었다.

- 타설일자 : 2005 년 01 월 31 일
- 타 설 량 : 1013 ㎥
- 타설부위 : A101-A동 매트 기초
- 양 생 법 : 습윤 및 보온양생

표 4-19 시방 배합표

업체명	W/A (%)	S/a (%)	단위 재료량 (㎏/㎥)					
			W	B	C	S	G	AD
동헌산업	35.6	48.0	160	450	450	814	910	4.95
대양레미콘	35.6	48.0	160	450	450	831	902	4.95

표 4-20 현장 배합표

업체명	W/A (%)	S/a (%)	단위 재료량 (㎏/㎥)					
			W	B	C	S	G	AD
동헌산업	35.6	48.0	133	450	450	839	911	4.95
대양레미콘	35.6	48.0	143	450	450	861	889	4.95

표 4-21 콘크리트 물성시험 결과(A101-A동)

구 분	납품회사	콘크리트 온도(℃)	Slump Flow(㎝)	공기량(%)	염화물(kg/㎥)
1회	동헌산업	9.0	59.0	3.0	0.032
2회	동헌산업	10.0	58.0	3.6	0.036
3회	동헌산업	10.6	56.0	2.8	0.039
4회	동헌산업	8.6	57.0	3.4	0.045
5회	동헌산업	8.0	56.5	2.9	0.048
평균	동헌산업	9.2	57.3	3.1	0.04
6회	대양레미콘	6.6	57.5	3.3	0.064
7회	대양레미콘	6.1	57.0	4.1	0.074
8회	대양레미콘	5.9	57.5	3.7	0.081
평균	대양레미콘	6.2	57.3	3.7	0.073

그림 78 콘크리트 물성시험 사진(A101-A동)

b) 압축강도 시험결과

A101-A동 MAT 기초 콘크리트의 압축강도 측정 결과를 각 공장별로 표 4-22에 나타내었다. 총 9회 시험결과, 재령 28일 압축강도 발현율은 132~140%의 증진율을 나타내었고, 강도시험 값은 평균 53.2N/㎟으로 양호한 강도를 나타내었다.

표 4-22 압축강도 시험결과 (56일)

납품회사	공시체 No.		압축강도 (N/㎟)	1조평균	3조평균	강도발현율 (%)	비 고
동헌산업	1조	S-1	53.4	52.8	52.2	132.0	
		S-2	51.1				
		S-3	53.8				
동헌산업	2조	S-1	50.6	52.7		131.8	
		S-2	53.6				
		S-3	53.9				
동헌산업	3조	S-1	52.8	51.2		128.0	
		S-2	50.6				
		S-3	51.6				
동헌산업	1조	S-1	54.1	53.1	53.4	132.8	
		S-2	52.8				
		S-3	52.4				
동헌산업	2조	S-1	53.3	54.3		135.8	
		S-2	54.1				
		S-3	55.5				
동헌산업	3조	S-1	51.4	52.9		132.3	
		S-2	53.4				
		S-3	53.8				
대양레미콘	1조	S-1	56.4	56.2	54.1	140.5	
		S-2	55.4				
		S-3	56.9				
대양레미콘	2조	S-1	51.4	52.7		131.8	
		S-2	53.6				
		S-3	53.1				
대양레미콘	3조	S-1	52.9	53.3		133.3	
		S-2	53.6				
		S-3	53.4				

c) 콘크리트 수화열 측정결과

표 4-23 수화열 측정 데이터(A101-A동)

경과시간 (H)	대기온도 (℃)	양생실 온도관리 (℃)			Con'c 내,외 온도 관리 (℃)		
		양생실 내 부	Con'c 표 면	온도차	Con'c 표 면	중심부	온도차
12	1	-5	6	11	6	16	10
16	-1	0	8	8	8	21	13
20	5	1	9	8	9	24	15
24	-2	-1	10	11	10	26	16
28	-5	-1	11	12	11	28	17
32	-5	-2	11	13	11	30	19
36	-4	-2	13	15	13	33	20
40	-1	3	14	11	14	35	21
44	2	3	16	13	16	37	21
48	4	5	18	13	18	39	21
52	1	4	20	16	20	41	21
56	0	5	21	16	21	43	22
60	-3	4	22	18	22	44	22
64	4	8	23	15	23	45	22
68	6	7	24	17	24	46	22
72	2	7	25	18	25	47	22
76	1	7	27	20	27	48	21
80	0	6	28	22	28	48	20
84	4	6	29	23	29	48	19
88	5	7	30	23	30	49	19
92	7	9	30	21	30	49	19
96	3	6	31	25	31	49	18
100	0	7	31	24	31	50	19
104	2	9	31	22	31	50	19
108	1	9	32	23	32	50	18
112	5	9	32	23	32	50	18
116	7	10	33	23	33	50	17
120	3	8	33	25	33	50	17
124	1	8	33	25	33	50	17
128	0	9	33	24	33	50	17

경과시간 (H)	대기온도 (℃)	양생실 온도관리 (℃)			Con'c 내,외 온도 관리 (℃)		
		양생실 내 부	Con'c 표 면	온도차	Con'c 표 면	중심부	온도차
132	0	9	33	24	33	50	17
136	6	9	33	24	33	50	17
140	7	10	33	23	33	50	17
144	5	9	33	24	33	50	17
148	3	9	33	24	33	50	17
152	3	9	33	24	33	50	17
156	5	10	33	23	33	50	17
160	6	12	33	21	33	49	16
164	6	12	33	21	33	49	16
168	6	11	33	22	33	49	16
172	6	11	33	22	33	49	16
176	5	9	33	24	33	49	16
180	5	9	33	24	33	49	16
184	6	9	32	23	32	49	17
188	9	12	32	20	32	49	17
192	7	11	32	21	32	49	17
196	4	9	32	23	32	49	17
200	1	7	32	25	32	49	17
204	2	7	32	25	32	48	16
208	5	8	31	23	31	48	17
212	9	12	31	19	31	48	17
216	4	9	32	23	32	48	16
220	1	6	31	25	31	48	17
224	-1	6	31	25	31	48	17
228	-2	6	30	24	30	48	18
232	1	7	30	23	30	48	18
236	-	7	30	23	30	47	17
240	0	5	30	25	30	48	18
244	-2	5	30	25	30	48	18
248	-4	5	29	24	29	47	18
252	-5	4	29	25	29	47	18

경과시간 (H)	대기온도 (℃)	양생실 온도관리 (℃)			Con'c 내,외 온도 관리 (℃)		
		양생실 내 부	Con'c 표 면	온도차	Con'c 표 면	중심부	온도차
256	1	6	28	22	28	47	19
260	2	6	28	22	28	47	19
264	0	4	29	25	29	47	18
268	-3	3	28	25	28	46	18
272	-5	2	27	25	27	46	18
276	-5	0	25	25	25	46	19
280	0	0	25	25	25	45	20
284	1	2	24	22	24	45	21
288	-1	2	25	23	25	46	21
292	-3	0	25	25	25	45	20
296	-2	3	24	21	24	45	21
300	-3	1	24	23	24	45	21
304	-	6	24	18	24	45	21
308	5	8	24	16	24	45	21
312	2	5	24	19	24	45	21
316	-1	1	23	22	23	44	21
320	-3	1	22	21	22	44	22
324	-4	-1	21	22	21	44	23

그림 79 양생 및 수화열 측정 사진

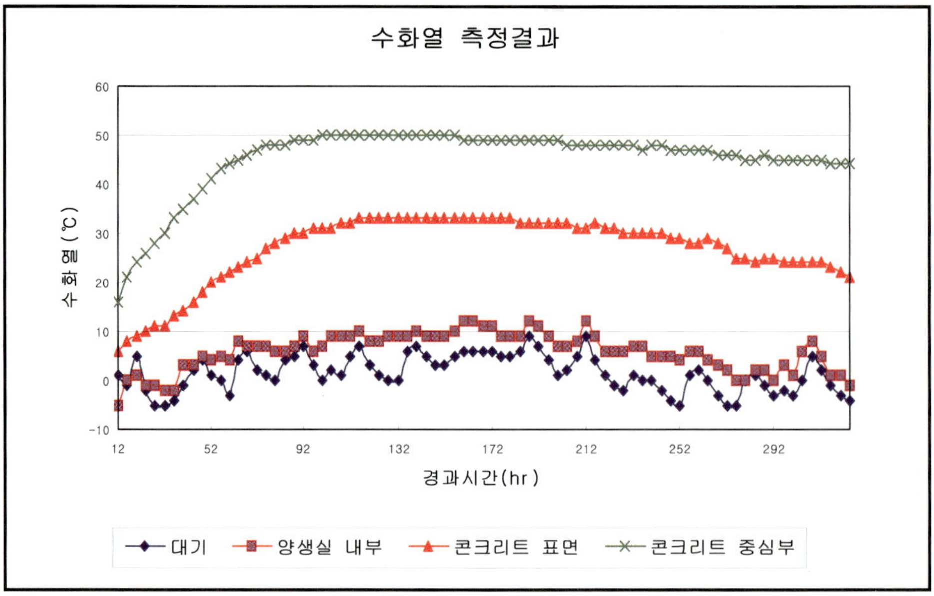

그림 80 수화열 측정 결과(A101-A동)

콘크리트 수화열은 콘크리트 중심부 및 표면온도를 측정하였다. 계측 결과를 보면 최고온도는 타설 후 약 80시간이 경과 후 도달하였으며, 약 120시간 이후 온도는 하강하기 시작하였다.

콘크리트 중심부의 경우 최대온도 이후 장시간 동안 온도 하강률이 크지 않은 것으로 나타나고 있다. 이는 수화열 및 수화발열속도를 최소로 억제시키는 저발열 시멘트의 특성과 타설 두께가 3.1m으로 내부 중심온도의 발열 후 중심에서 표면으로 온도가 전달되는 속도가 낮은 것으로 판단된다. 내·외부 온도편차에 대한 관리는 최대 25℃ 이내로 관리함으로써 유해한 균열이 발생치 않아 효율적인 양생관리가 된 것으로 나타났다.

2) A101-B동 품질시험 결과

a) 굳지 않은 콘크리트 시험 결과

표 4-26은 당 현장의 MAT 기초 콘크리트 타설시 굳지 않은 콘크리트 시험결과를 나타낸 표이다. 현장타설 시 각각의 슬럼프 값은 평균 55㎝로써 운반 및 타설 시간 1시간 이내 소요시간에서 당 현장 슬럼프 규격 55±5㎝를 만족시켰다.

공기량 시험결과는 타설시 평균 3.6%, 염화물측정값은 0.042㎏/㎥로써 현장의 요구조건을 만족시키는 결과를 얻었다.

■ 타설일자 : 2005 년 02 월 28 일
■ 타 설 량 : 1096 ㎥
■ 타설부위 : A101-B동 매트 기초
■ 양 생 법 : 습윤 및 보온양생

표 4-24 시방 배합표

업체명	W/A (%)	S/a (%)	단위 재료량 (kg/㎥)					
			W	B	C	S	G	AD
동헌산업	35.6	48.0	160	450	450	814	910	4.95
대양레미콘	35.6	48.0	160	450	450	831	902	4.95

표 4-25 현장 배합표

업체명	W/A (%)	S/a (%)	단위 재료량 (kg/㎥)					
			W	B	C	S	G	AD
동헌산업	35.6	48.0	137	450	450	835	911	4.95
대양레미콘	35.6	48.0	92	450	450	916	885	4.95

표 4-26 콘크리트 물성시험 결과(A101-B동)

구 분	납품회사	콘크리트 온도(℃)	Slump Flow(㎝)	공기량(%)	염화물(kg/㎥)
1회	동헌산업	3.9	58.0	3.6	0.054
2회	동헌산업	7.1	53.0	3.4	0.022
3회	동헌산업	7.8	57.0	3.2	0.041
4회	동헌산업	8.2	59.0	3.5	0.025
5회	동헌산업	9.0	56.0	3.7	0.051
평균	동헌산업	7.2	56.6	3.5	0.039
6회	대양레미콘	8.8	52.0	3.8	0.069
7회	대양레미콘	7.5	55.0	3.7	0.021
8회	대양레미콘	8.4	55.0	3.5	0.046
평균	대양레미콘	8.2	54.0	3.7	0.045

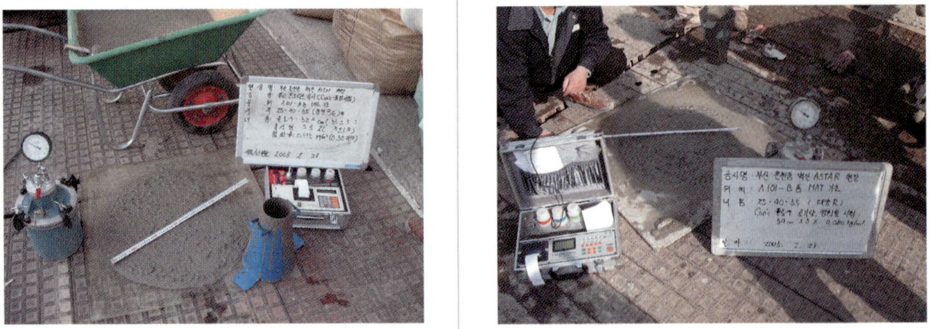

그림 81 콘크리트 물성시험 사진(A101-B동)

b) 압축강도 시험결과 (56일)

A101-B동 MAT 기초 콘크리트의 압축강도 측정 결과를 각 공장별로 표 4-27에 나타내었다. 총 9회 시험결과, 재령 28일 압축강도 발현율은 130~135%의 증진율을 나타내었고, 강도시험 값은 평균 53.2N/㎟으로 양호한 강도를 나타내었다.

표 4-27 압축강도 시험결과(56일)

납품회사	공시체 No.		압축강도 (N/㎟)	1조평균	3조평균	강도발현율 (%)	비 고
동헌산업	1조	S-1	53.2	52.5	53.0	131.3	
		S-2	52.6				
		S-3	51.8				
동헌산업	2조	S-1	54.8	53.7		134.3	
		S-2	51.1				
		S-3	55.1				
동헌산업	3조	S-1	53.6	52.8		132.0	
		S-2	52.8				
		S-3	52.0				
동헌산업	1조	S-1	52.1	54.0	53.4	135.0	
		S-2	55.9				
		S-3	53.9				
동헌산업	2조	S-1	51.1	52.6		131.5	
		S-2	54.7				
		S-3	51.9				
동헌산업	3조	S-1	53.1	53.5		133.8	
		S-2	55.7				
		S-3	51.6				
대양레미콘	1조	S-1	53.6	54.1	53.3	135.3	
		S-2	53.9				
		S-3	54.9				
대양레미콘	2조	S-1	52.1	52.3		130.8	
		S-2	50.9				
		S-3	53.9				
대양레미콘	3조	S-1	55.1	53.5		133.8	
		S-2	52.1				
		S-3	53.4				

c) 콘크리트수화열측정결과

표 4-28 수화열 측정 데이터(A101-B동)

경과시간 (H)	대기온도 (℃)	양생실 온도관리 (℃)			Con'c 내,외 온도 관리 (℃)		
		양생실 내 부	Con'c 표 면	온도차	Con'c 표 면	중심부	온도차
16	1	1	6	5	6	15	9
20	0	0	7	7	7	19	12
24	0	0	7	7	7	25	18
28	5	5	7	2	7	28	21
32	6	6	11	5	11	32	21
36	4	3	14	11	14	36	22
40	1	1	17	16	17	39	22
44	0	1	19	18	19	42	23
48	0	12	21	9	21	45	24
52	6	20	22	2	22	46	24
56	7	21	25	4	25	48	23
60	5	21	27	6	27	50	23
64	3	21	28	7	28	50	22
68	2	22	30	8	30	51	21
72	1	22	30	8	30	51	21
76	11	25	31	6	31	52	21
80	11	26	32	6	32	53	21
84	7	26	34	8	34	53	19
88	1	26	33	7	33	53	20
92	-2	24	33	9	33	52	19
96	-1	24	33	9	33	53	20
100	3	25	32	7	32	52	20
104	6	26	33	7	33	53	20
108	3	25	33	8	33	52	19
112	2	25	33	8	33	52	19
116	0	25	33	8	33	52	19
120	0	24	32	8	32	51	19
124	3	23	32	9	32	51	19
128	6	24	33	9	33	51	18

경과시간 (H)	대기온도 (℃)	양생실 온도관리 (℃)			Con'c 내,외 온도 관리 (℃)		
		양생실 내 부	Con'c 표 면	온도차	Con'c 표 면	중심부	온도차
132	3	24	33	9	33	51	18
136	2	23	33	10	33	51	18
140	−1	21	33	12	33	51	18
144	−1	24	32	8	32	51	19
148	2	24	32	8	32	51	19
152	3	25	32	7	32	51	19
156	4	25	32	7	32	51	19
160	3	23	31	8	31	51	20
164	5	23	31	8	31	51	20
168	7	24	31	7	31	51	20
172	5	25	31	6	31	51	20
176	10	20	26	6	26	51	25
180	6	10	26	16	26	51	25
184	6	9	26	17	26	51	25
188	6	9	27	18	27	51	24
192	5	10	25	15	25	50	25
196	15	19	26	7	26	50	24
200	14	16	26	10	26	50	24
204	13	15	26	11	26	50	24
208	13	15	26	11	26	49	23
212	11	14	26	12	26	49	23
216	13	14	26	12	26	49	23
220	14	14	25	11	25	49	24
224	14	14	25	11	25	49	24
228	10	13	25	12	25	49	24
232	8	13	25	12	25	49	24
236	7	13	25	12	25	49	24
240	9	13	25	12	25	49	24

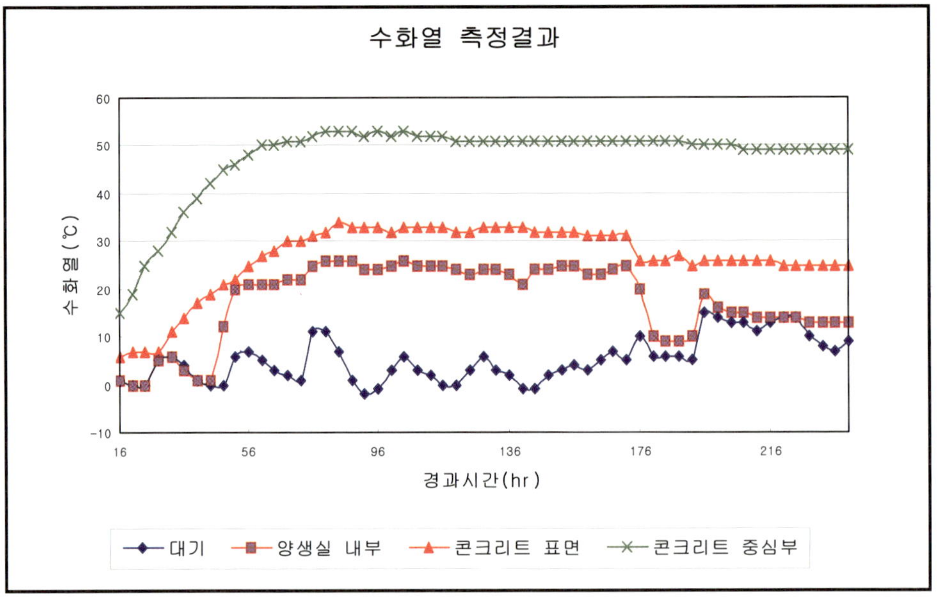

그림 82 수화열 측정 결과(A101-B동)

콘크리트 수화열은 콘크리트 중심부 및 표면온도를 측정하였다. 계측 결과를 보면 최고온도는 타설 후 약 80시간이 경과 후 도달하였으며, 약 120시간 이후 온도는 하강하기 시작하였다.

콘크리트 중심부의 경우 최대온도 이후 장시간 동안 온도 하강률이 크지 않은 것으로 나타나고 있다. 이는 수화열 및 수화발열속도를 최소로 억제시키는 저발열 시멘트의 특성과 타설 두께가 3.1m으로 내부 중심온도의 발열후 중심에서 표면으로 온도가 전달되는 속도가 낮은 것으로 판단된다. 내·외부 온도편차에 대한 관리는 최대 25℃ 이내로 관리하므로써 유해한 균열이 발생치 않아 효율적인 양생관리가 된 것으로 나타났다.

3) A103동 품질시험 결과

a) 굳지 않은 콘크리트 시험 결과

표 4-31은 당 현장의 MAT 기초 콘크리트 타설시 굳지 않은 콘크리트 시험결과를 나타낸 표이다. 현장타설 시 각각의 슬럼프 값은 평균 56㎝로써 운반 및 타설 시간 1시간 이내 소요시간에서 당 현장 슬럼프 규격 55±5㎝를 만족시켰다.

공기량 시험결과는 타설시 평균 3.3%, 염화물측정값은 0.055㎏/㎥로써 현장의 요구조건을 만족시키는 결과를 얻었다.

■ 타설일자 : 2005 년 03 월 11 일
■ 타 설 량 : 1121 ㎥
■ 타설부위 : A103동 매트 기초
■ 양 생 법 : 습윤 및 보온양생

표 4-29 시방 배합표

업체명	W/A (%)	S/a (%)	단위 재료량 (kg/㎥)					
			W	B	C	S	G	AD
대양레미콘	35.6	48.0	160	450	450	831	902	4.95
동헌산업	35.6	48.0	160	450	450	814	910	4.95

표 4-30 현장 배합표

업체명	W/A (%)	S/a (%)	단위 재료량 (kg/㎥)					
			W	B	C	S	G	AD
대양레미콘	35.6	48.0	143	450	450	856	894	4.95
동헌산업	35.6	48.0	137	450	450	835	911	4.95

표 4-31 콘크리트 물성시험 결과(A103동)

구 분	납품회사	콘크리트 온도(℃)	Slump Flow(㎝)	공기량(%)	염화물(kg/㎥)
1회	대양레미콘	8.9	55.5	3.4	0.077
2회	대양레미콘	8.4	53.5	3.6	0.067
3회	대양레미콘	9.6	56.5	2.9	0.075
평균	대양레미콘	9.0	55.2	3.3	0.073
4회	동헌산업	8.2	59	2.8	0.024
5회	동헌산업	8.8	57.0	3.4	0.054
6회	동헌산업	9.0	58.0	3.2	0.034
7회	동헌산업	9.8	57.5	3.6	0.031
8회	동헌산업	10.0	58.5	3.5	0.037
평균	동헌산업	9.2	58.0	3.3	0.036

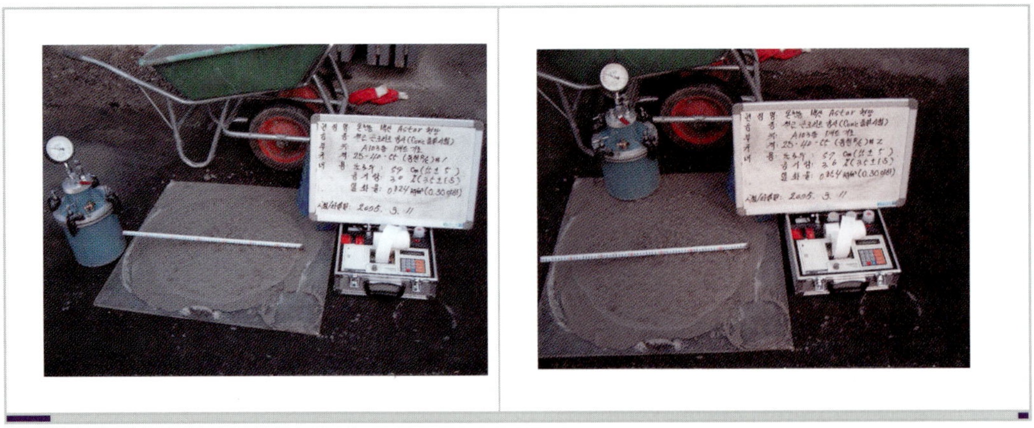

그림 83 콘크리트 물성시험 사진(A103동)

b) 압축강도 시험결과 (56일)

A103동 MAT 기초 콘크리트의 압축강도 측정 결과를 각 공장별로 표 4-32에 나타내었다. 총 9회 시험결과, 재령 28일 압축강도 발현율은 128~136%의 증진율을 나타내었고, 강도시험 값은 평균 53.8N/㎟으로 양호한 강도를 나타내었다.

표 4-32 압축강도 시험 결과(56일)

납품회사	공시체 No.		압축강도 (N/㎟)	1조평균	3조평균	강도발현율 (%)	비 고
대양레미콘	1조	S-1	55.2	54.7	54.3	136.8	
		S-2	53.0				
		S-3	55.9				
대양레미콘	2조	S-1	53.6	54.4		136.0	
		S-2	54.4				
		S-3	55.1				
대양레미콘	3조	S-1	52.1	53.9		134.8	
		S-2	53.6				
		S-3	55.9				
동헌산업	1조	S-1	56.1	54.9	53.3	137.3	
		S-2	54.8				
		S-3	53.9				
동헌산업	2조	S-1	53.2	53.7		134.3	
		S-2	54.8				
		S-3	53.1				
동헌산업	3조	S-1	52.8	51.4		128.5	
		S-2	50.9				
		S-3	50.5				
동헌산업	1조	S-1	53.5	52.5	53.9	131.3	
		S-2	52.0				
		S-3	52.1				
동헌산업	2조	S-1	53.1	54.0		135.0	
		S-2	54.9				
		S-3	54.1				
동헌산업	3조	S-1	54.2	55.1		137.8	
		S-2	56.0				
		S-3	55.0				

c) 콘크리트수화열측정결과

표 4-33 수화열 측정 데이터(A103동)

경과시간 (H)	대기온도 (℃)	양생실 온도관리 (℃)			Con'c 내,외 온도 관리 (℃)		
		양생실 내 부	Con'c 표 면	온도차	Con'c 표 면	중심부	온도차
16	4	5	12	7	12	14	2
20	-1	5	10	5	10	16	6
24	-3	5	10	5	10	19	9
28	-4	6	9	3	9	23	14
32	4	7	11	4	11	27	16
36	7	8	13	5	13	31	18
40	2	9	17	8	17	36	19
44	2	11	20	9	20	38	18
48	4	11	23	12	23	41	18
52	5	13	25	12	25	44	19
56	12	20	26	6	26	46	20
60	12	18	29	11	29	48	19
64	7	18	31	13	31	50	19
68	5	17	32	15	32	52	20
72	5	18	33	15	33	52	19
76	10	20	34	14	34	53	19
80	19	28	35	7	35	52	17
84	17	26	38	12	38	53	15
88	12	25	39	14	39	54	15
92	13	25	39	14	39	54	15
96	14	25	39	14	39	54	15
100	12	24	38	14	38	53	15
104	17	27	39	12	39	54	15
108	17	28	40	12	40	54	14
112	15	27	40	13	40	54	14
116	14	26	41	15	41	54	13
120	13	26	39	13	39	54	13
124	15	26	37	11	37	54	16
128	15	24	36	12	36	54	18
132	16	23	35	12	35	54	19
136	13	18	34	16	34	54	21

경과시간 (H)	대기온도 (℃)	양생실 온도관리 (℃)			Con'c 내,외 온도 관리 (℃)		
		양생실 내 부	Con'c 표 면	온도차	Con'c 표 면	중심부	온도차
140	12	15	33	18	33	54	22
144	11	14	32	18	32	54	22
148	14	16	32	16	32	54	22
152	15	16	31	15	31	54	23
156	16	18	31	13	31	54	23
160	14	18	31	13	31	54	23
164	11	18	31	13	31	54	23
168	8	16	30	14	30	53	23
172	4	8	29	21	29	54	25
176	6	8	29	21	29	53	24
180	11	11	30	19	30	53	23
184	10	8	28	20	28	53	25
188	3	7	28	21	28	53	25
192	2	7	28	21	28	52	24
196	8	8	28	20	28	52	24
200	10	7	28	21	28	52	24
204	12	9	28	19	28	52	24
208	10	9	27	18	27	51	24
212	7	8	27	19	27	51	24
216	6	7	27	20	27	51	24
220	8	8	26	16	26	50	24
224	11	10	26	16	26	50	24
228	14	11	26	15	26	50	24
232	12	13	25	12	25	49	24
236	7	12	25	13	25	49	24
240	6	11	25	14	25	48	23
244	10	14	25	11	25	48	23
248	12	15	25	10	25	48	23
252	15	18	24	6	24	48	24
256	12	16	24	7	24	47	23
260	8	14	24	10	24	47	23
264	7	14	23	9	23	46	23
268	10	16	23	7	23	46	23

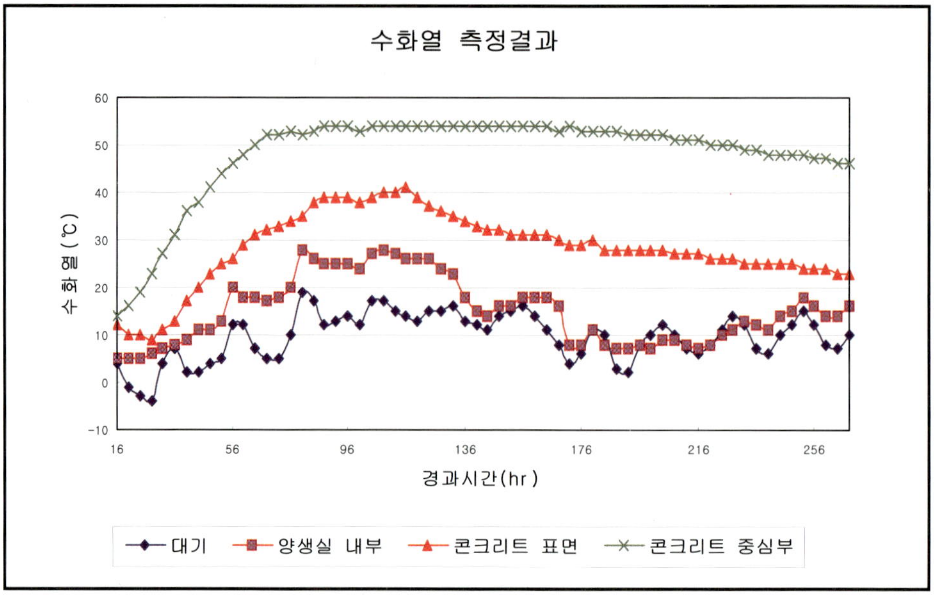

그림 84 수화열 측정 결과(A103동)

콘크리트 수화열은 콘크리트 중심부 및 표면온도를 측정하였다. 계측 결과를 보면 최고온도는 타설 후 약 80시간이 경과 후 도달하였으며, 약 120시간 이후 온도는 하강하기 시작하였다.

콘크리트 중심부의 경우 최대온도 이후 장시간 동안 온도 하강률이 크지 않은 것으로 나타나고 있다. 이는 수화열 및 수화발열속도를 최소로 억제시키는 저발열 시멘트의 특성과 타설 두께가 3.1m으로 내부 중심온도의 발열후 중심에서 표면으로 온도가 전달되는 속도가 낮은 것으로 판단된다. 내·외부 온도편차에 대한 관리는 최대 25℃ 이내로 관리하므로써 유해한 균열이 발생치 않아 효율적인 양생관리가 된 것으로 나타났다.

4) A102동 품질시험 결과

a) 굳지 않은 콘크리트 시험 결과

표 4-36은 당 현장의 MAT 기초 콘크리트 타설시 굳지 않은 콘크리트 시험결과를 나타낸 표이다. 현장타설 시 각각의 슬럼프 값은 평균 55㎝로써 운반 및 타설 시간 1시간 이내 소요시간에서 당 현장 슬럼프 규격 55±5㎝를 만족시켰다.

공기량 시험결과는 타설시 평균 3.4%, 염화물측정값은 0.047kg/㎥로써 현장의 요구조건을 만족시키는 결과를 얻었다.

■ 타설일자 : 2005 년 04 월 19 일
■ 타 설 량 : 1206 ㎥
■ 타설부위 : A102동 매트 기초
■ 양 생 법 : 습윤 및 보온양생

표 4-34 시방 배합표

업체명	W/A (%)	S/a (%)	단위 재료량 (kg/㎥)					
			W	B	C	S	G	AD
동양산업	35.5	48.0	160	450	450	815	889	4.95
대양레미콘	35.6	48.0	160	450	450	831	902	4.95

표 4-35 현장 배합표

업체명	W/A (%)	S/a (%)	단위 재료량 (kg/㎥)					
			W	B	C	S	G	AD
동양산업	35.5	48.0	104	450	450	880	881	4.95
대양레미콘	35.6	48.0	73	450	450	940	881	4.95

표 4-36 콘크리트 물성시험 결과(A102동)

구 분	납품회사	콘크리트 온도(℃)	Slump Flow(㎝)	공기량(%)	염화물(kg/㎥)
1회	동양산업	13.0	57.0	3.4	0.039
2회	동양산업	14.0	58.0	3.2	0.044
3회	동양산업	14.0	56.0	2.9	0.059
4회	동양산업	15.0	56.5	2.9	0.044
5회	동양산업	15.0	58.0	3.3	0.050
평균	동양산업	14.2	57.1	3.1	0.047
6회	대양레미콘	16.0	56.0	3.7	0.080
7회	대양레미콘	16.0	52.0	3.3	0.050
8회	대양레미콘	16.5	53.0	3.3	0.023
9회	대양레미콘	16.5	54.0	3.6	0.040
평균	대양레미콘	16.2	53.7	3.5	0.048

그림 85 콘크리트 물성시험 사진(A102동)

b) 압축강도 시험결과 (56일)

A101-A동 MAT 기초 콘크리트의 압축강도 측정 결과를 각 공장별로 표 4-37에 나타내었다. 총 9회 시험결과, 재령 28일 압축강도 발현율은 131~142%의 증진율을 나타내었고, 강도시험 값은 평균 53.8N/㎟으로 양호한 강도를 나타내었다.

표 4-37 압축강도 시험 결과(56일)

납품회사	공시체 No.		압축강도 (N/㎟)	1조평균	3조평균	강도발현율 (%)	비 고
동양산업	1조	S-1	53.4	53.7	53.5	134.3	
		S-2	52.6				
		S-3	55.1				
동양산업	2조	S-1	51.4	53.0		132.6	
		S-2	53.6				
		S-3	54.1				
동양산업	3조	S-1	55.8	53.8		134.6	
		S-2	50.8				
		S-3	54.9				
동양산업	1조	S-1	54.2	53.4	53.1	133.6	
		S-2	52.2				
		S-3	53.9				
동양산업	2조	S-1	54.4	53.1		132.8	
		S-2	51.1				
		S-3	53.9				
동양산업	3조	S-1	50.7	52.9		132.3	
		S-2	55.4				
		S-3	52.6				
대양레미콘	1조	S-1	57.4	57.0	55.0	142.4	
		S-2	58.1				
		S-3	55.4				
대양레미콘	2조	S-1	52.9	54.6		136.5	
		S-2	56.1				
		S-3	54.8				
대양레미콘	3조	S-1	53.6	53.3		133.3	
		S-2	55.0				
		S-3	51.4				
대양레미콘	1조	S-1	53.7	52.4	53.7	131.1	
		S-2	52.9				
		S-3	50.7				
대양레미콘	2조	S-1	55.9	55.4		138.4	
		S-2	54.8				
		S-3	55.4				
대양레미콘	3조	S-1	56.4	53.2		133.1	
		S-2	51.5				
		S-3	51.8				

c)콘크리트수화열측정결과

표 4-38 수화열 측정 데이터(A102동)

경과시간 (H)	대기온도 (℃)	양생실 온도관리 (℃)			Con'c 내,외 온도 관리 (℃)		
		양생실 내 부	Con'c 표 면	온도차	Con'c 표 면	중심부	온도차
0	16	-	-	-	16	19	3
4	15	-	-	-	17	21	4
8	14	-	-	-	20	26	6
12	13	-	-	-	22	33	11
16	14	-	-	-	25	38	13
20	17	-	-	-	25	42	17
24	13	-	-	-	26	44	18
28	14	-	-	-	30	52	22
32	13	-	-	-	30	55	25
36	11	-	-	-	31	56	25
40	11	-	-	-	32	57	25
44	15	-	-	-	33	57	24
48	17	-	-	-	37	58	21
52	12	-	-	-	38	60	22
56	11	-	-	-	37	61	24
60	9	-	-	-	36	61	25
64	9	-	-	-	36	61	25
68	14	-	-	-	35	59	24
72	14	-	-	-	36	60	24
76	13	-	-	-	36	60	24
80	10	-	-	-	37	60	23
84	9	-	-	-	37	60	23
88	10	-	-	-	38	60	22
92	14	-	-	-	38	60	22
96	18	-	-	-	39	60	21
100	14	-	-	-	39	60	21
104	10	-	-	-	37	61	24
108	9	-	-	-	36	61	25
112	11	-	-	-	35	60	25
116	15	-	-	-	34	59	25
120	15	-	-	-	34	59	25
124	12	-	-	-	35	59	24
128	12	-	-	-	35	58	23
132	11	-	-	-	35	58	23
136	12	-	-	-	34	58	24
140	16	-	-	-	34	57	23

경과시간 (H)	대기온도 (℃)	양생실 온도관리 (℃)			Coc 내,외 온도 관리 (℃)		
		양생실 내 부	Con'c 표 면	온도차	Con'c 표 면	중심부	온도차
140	16	–	–	–	34	57	23
144	16	–	–	–	34	57	23
148	14	–	–	–	33	58	25
152	15	–	–	–	34	57	23
156	13	–	–	–	35	57	22
160	14	–	–	–	35	57	22

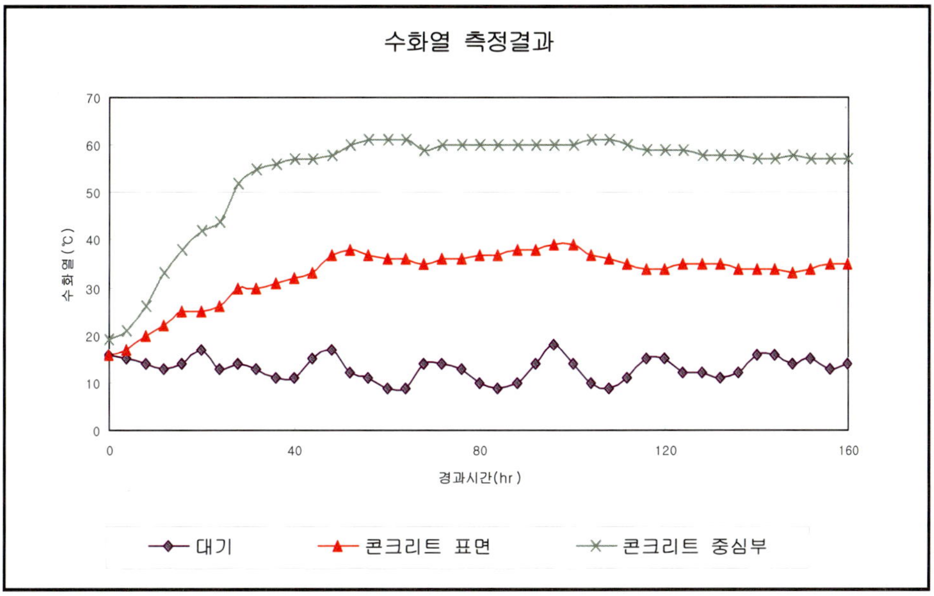

그림 86 수화열 측정 결과(A102동)

콘크리트 수화열은 콘크리트 중심부 및 표면온도를 측정하였다. 계측 결과를 보면 최고온도는 타설 후 약 56시간이 경과 후 도달하였으며, 약 112시간 이후 온도는 하강하기 시작하였다. 기 실시된 매트 기초 콘크리트보다 유리한 외기온도 조건과 생콘크리트온도의 상승으로 인하여 최대온도 상승을 초래한 것으로 판단된다. 내・외부 온도편차에 대한 관리는 최대 25℃ 이내로 관리함으로써 유해한 균열이 발생치 않아 효율적인 양생관리가 된 것으로 나타났다.

4.3.10 종 합 결 론

벽산 온천동 ASTAR 현장에 적용한 Mat 기초 콘크리트의 품질관리 전반에 대한 결론은 다음과 같다.

(1) 배합은 3성 분계를 이용한 저발열 시멘트를 사용하고 단위 시멘트 량은 총 450 kg/㎥를 사용 한 MAT 기초 콘크리트를 설계하여 초기 수화 발열량의 저감 및 반응 속도를 지연하여, 수화응력을 최대한 감소시키고 장기 강도의 발현과 작업성을 동시에 만족시키는 시방배합을 현장에 적용하였다.

(2) 콘크리트 타설시 작업성과 밀접한 관련이 있는 슬럼프 Flow시험은 측정값이 규격치인 55±5㎝의 범위를 만족하여 품질요건을 충족시키고 작업성을 확보하였다.

(3) 현장에 사용된 매트 기초 콘크리트는 압축강도가 40N/㎟ 로 배합설계 시 재령 56일의 강도를 배합설계의 목표 강도하여 실시되었고, 현장에서 타설 시 반입 콘크리트의 품질관리를 실시한 결과는 재령 56일 압축강도의 평균이 53N/㎟로 약 132%의 강도 발현을 보이고 있어 양호한 강도 증진을 보였다.

(4) 콘크리트 타설 전 MAT기초의 수화열 해석을 통하여 수화발열량을 예측하고, 이 자료를 토대로 MAT 기초 타설 부위 중 열응력에 취약한 부분을 보강하고, 양생계획을 수립한 후 실 구조물을 계획에 의거 타설 및 양생을 실시하여 내·외부 온도차를 25℃ 내로 관리함으로써 MAT 기초 콘크리트의 온도균열이 발생치 않아 시공시의 조치가 효율적으로 실시된 것으로 나타났다.

4.4 구조

철근

1 개

1.1 구조규

1.1.1 적용 규

가. 건축법
나. 건축 강구
다. 극한강도
라. 콘크리트
마. 건축물 하

1.1.2 참고자료

가. 내진설계
나. 도로교 표
다. ACI 318
라. Foundat

1.2 구조개

1.2.1 위치 : 부
1.2.2 연면적 :
1.2.3 규모 : 지
1.2.4 지상높이

1.3 구조재

1.3.1 콘크리트

구 분
타워동(101동) (지하~지붕층)
타워동(102동) (지하~지붕층)
타워동(103동) (지하~지붕층)
일반저층부 (B5 ~ 3F)

* 분리타설시

1.3.2 RE-BAR

SD40(Fy =4
SD50(Fy =5

1.3.3 STEEL

SM400 t <4
SM400 t >4

1.3.4 STUD BO

1.3.5 BOLT

H.T BOLT : F
ANCHOR BC

1.4 설계하

1.4.1 적재하중

용도
ELE. 기계실
ROOF
아파트
3층 정원
근린생활시설
사우나
계단실

철근콘크리트 구조일반사항-13

3	철골 구조 (STRUCTURAL STEEL)

1. 철골 제작업체는 도면에 상세히 표시되어 있지 않는 모든 부재의 접합 (Connetion) Detail에 대해 책임을 지며 이를 Shop Drawing에 반영하여 승인을 받는다.

2. Shop Drawing에 표시된 모든 철골제작 및 ERECTION 상세도는 면허가 있는 구조기술자에 의해 작성되고 검토된 후 건축주의 승인을 위해 제출하여야 한다. 건축주의 승인을 받았다고 해서 잘못 설계 및 표시된 Shop Drawing에 대해서 면책 받을 수는 없다.

3. 모든 철골 부재 및 접합 상세도는 Korea Steel Design/Detail Standard 및 AISC(American institute of Steel Contruction)에 준하며 원설계자(Engineer of Record)의 서면 승인 없이 어떤 부재도 원설계도와 달리 대체 할 수 없다.

4. 도면에 명확히 표시되어 있는 부재 연결 방법은 Bolting 혹은 Welding으로 할 수 있으며, Single Plate를 사용한 경우 부재 단부에 특별히 반력이 도면에 표시되어 있지 않는 경우는 다음표에 따라 Bolt를 정한다.

보 Depth (mm)	보 Depth NO. OF ROWS	볼 트 NO. OF COLUMNS	볼 트 (FT10T)
150~250	2	1	M20
300~350	3	1	M20
400	4	1	M20
450	5	1	M20
500	6	1	M20
550~600	7	1	M20
650~800	8	1	M20
850	6 X 2	2	M20
990~1000	8 X 2	2	M20

* NOTE : MIN.BOLT PICTH : 70mm~75mm BOLT TO BOLT
  35mm BOLT TO EDGR
* DEPTH : 1000 이상은 특수 DETAIL 참조할 것.

5. 모든 볼트 Connection에 사용되는 볼트는 KSB 1010에 부합된 고강도 볼트를 사용하여야 되고 승인없이 Slotted Hole Bolt Connection은 허용되지 않는다.

6. 모든 용접봉은 AWS A501 Grade E70에 부합된 것을 사용하여야 하고 모든 구조용 용접은 AWS(AMERICAN WELDING SOCIETY) 시방서에 기술된 바와같은 용접사 자격증이 있는자로 한정한다.

7. 철골부재에 필요한 CUTS, HOLES, COPING등은 반드시 SHOP DRAWING에 표시되어 제작되어야하며 현장에서는 어떤 HOLE도 뚫어서는 안된다.

8. 철골제작 협력업체는 제작전에 건축과 기계설비 도면을 참작 검토하여 DIMENSION에 착오가 없도록 긴밀히 협조해야한다.

9. 모든 철골 부재중에 외기에 노출되어 설치된 경우는 제작후 아연도금철 해야한다. 시공중에는 철골구조물이 완성될때까지 철골 FRAME의 안정 임시 BRACING 혹은 GUYS를 설치하고 도면에 요구된 경우 임시로 SHORING도 설치해야 한다.

10. 모든 철골 부재중에 용접을 할 표면, 볼팅하는 부분, 콘크리트에 매설 혹은 내화 피복을 받아야 할 경우 그 철골 부재 혹은 부분에 PAINT 칠해서는 안된다.

11. 시공중에는 철골 FRAME의 정확도를 유지하기 위해 지속적으로 SURVEY를 해야한다.

12. 모든 앵카볼트는 KS SS400에 부합되어야 하고 BASE PLATE 밑의 충진은 무수축 CONCRETE로 그라우팅 한다.

13. 모든 STUD BOLT는 ASTM A108에 부합되어야 한다.
용접접합부의 용접조건은 아래를 기준으로 한다.

1) 모살용접 (Fillet Welding)
두께가 16mm를 초과하는 경우 60°양면 개선용접법을 적용한다

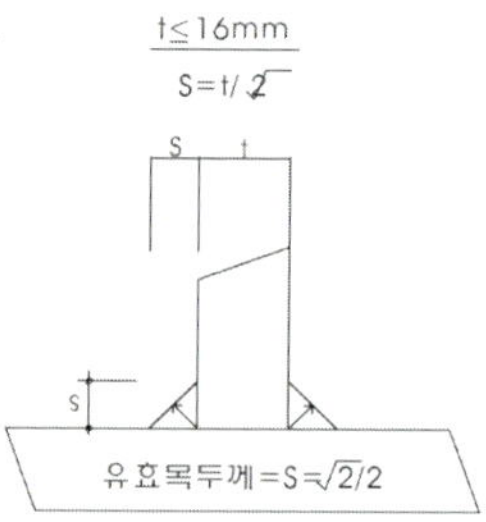

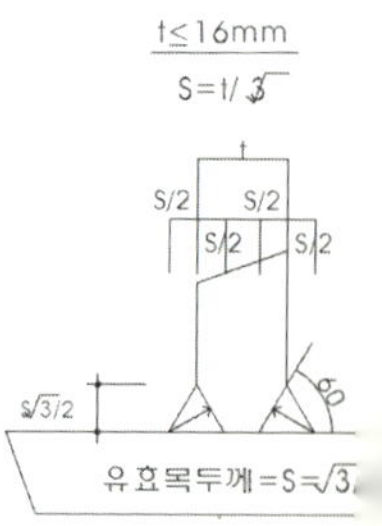

용접각장(Size) 표준표

단

t	4	5	6	7	8	9	10	11	12	13	14
S	3	4	5	6	7	8	9	10	10	11	12
t	17	18	19	20	21	22	23	24	25	26	28
S	10	11	11	12	13	13	14	14	15	16	17

* 주) 1. 상기표에서 두께(t)가 32mm를 초과하는 경우 S>t 3를√ 적용하여 계산한 각장(S)으로 용접하여야 한다.

2. 용접 Size (각장) 결정방법

FILLET 용접에서 중요한 것은 유효목두께(각목)이며

유효목두께 x 2 = t (두께)가 되도록 Size를 규정한 것이다.

2) 부분용입용접(P.P.W)

일면용접과 양면용접이 있으며 철골제작자는 아래의 표준을 참고하여

접합부의 개선표준을 선정한 후 감리자 및 감독의 승인을 받는다.

A) T형 용접부

일면(1면)용접	양면(2면)용접
12mm≤t≤32mm	16mm≤t≤32mm

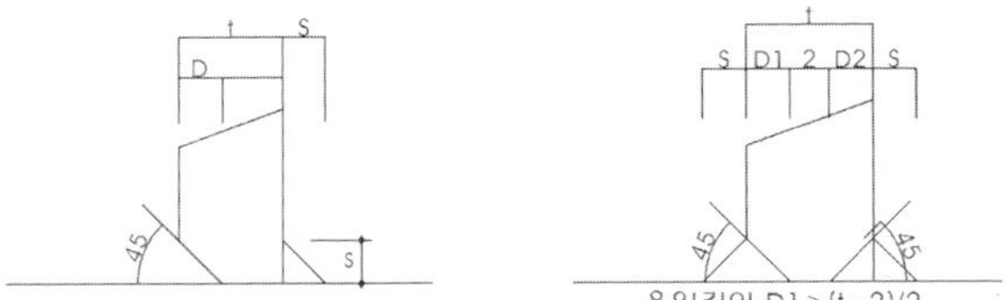

용입깊이 D>2√t + 3mm

용입깊이 D1>(t−2)/2
용입깊이 D2>(t−2)/2

* 주) 1. 보강 Fillet 용접각장(S)은 t/4<S<10mm 이며 개선을 취하지 않은 반대편에도 보강 Fillet 용접을 한다.

2. 일면(1면)용접의 두께별 용입깊이(D)는 아래와 같다.

t	12	16	19	22	25	28	32
D	10	11	12	13	13	14	15

B) 맞댐(Butt)용접부

일면(1면)개선인 경우 용입깊이 D≥2√t + 3mm

양면(2면) 개선(V형)인 경우 용입깊이 D≥2 √t를 표준으로 한다.

일면(1면)용접	양면(K형)용접 ("A" Type)	양면(V형)용접 ("B" Type)
6mm≤t<25mm	t≥25mm	t≥25mm

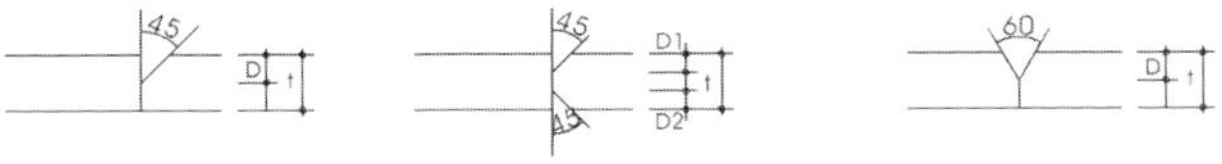

D>2√t + 3mm	D1>2√t, D2≥2√t	D>2√t

@ 주) 단, Column flange&Column flang가 현장용접으로 부분 용입용접(P.P.W)인 경우는,

t<40mm이면 완전용입용접 (F.P.W)

t>40mm이면 양면용접의 용입깊이 D(D1+D2)>0.75t 이상이어야 한다.

부산온천동
벽산 A·STAR
공동주택 신축공사

(주)종합건축사사무소 건원
ARCHITECTS | PLANNERS | ENGINEERS
건축사 김종국
서울 강남구 역삼동 678-36 아가방B/D
TEL (02)527-1234 · FAX (02)527-1271

설 계 DRAWN BY

검 토 CHECKED BY

심 사 SUBMITTED BY

승 인 APPROVED BY
건원

승 인 APPROVED BY
구조기술사
윈 기 수

특기사항 NOTES

REV.	DATE	APPR.	DESCRIPTION

일 자 DATE	축 척 SCALE
2005. 08.	A3 : NONE
	A1 : NONE

도 면 명 DRAWING TITLE
STRUCTURAL GENERAL NOTES (13)

파 일 명 FILE NAME

도면번호 DRAWING NO
SG-0019

일련번호 SHEET NO
□□-□□□□

철근콘크리트 구조일반사항-12

마. 콘크리트 기준 압축 강도(F'c)차이가 1.4배 이상인
수직재와 수평재 간의 콘크리트 분리타설 위치 및 상세

1) 타설 원칙 : 콘크리트 기준 압축 강도 (F'c)가 500Kgf/cm2인 전단벽 및 기둥과 콘크리트 기준 압축 강도(F'c)가 270Kgf/cm2인 슬래브 및 보가 서로 만나는 곳의 콘크리트 분리 타설 위치 및 상세는 아래에 준한다.
분리타설시 구조계산 기준(1-3-1)에 의한 강도가 상이할 경우 별도의 구조기술사 승인을 받아야 한다.

2) 분리 타설 위치 및 상세

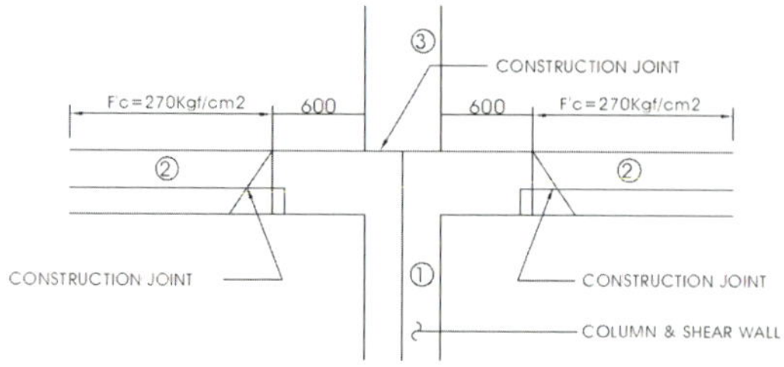

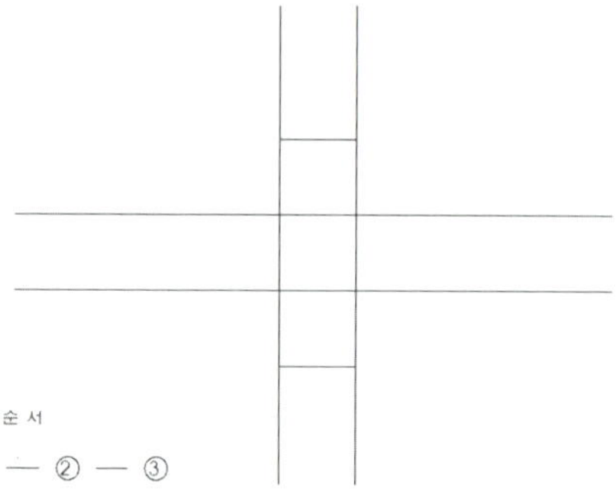

3) 시공순서

① — ② — ③

2.10.5 기타 상세도

가. WALL 인방 철근 배근 상세

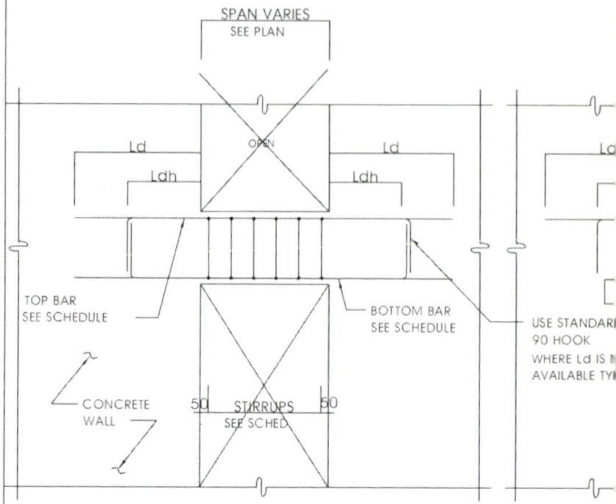

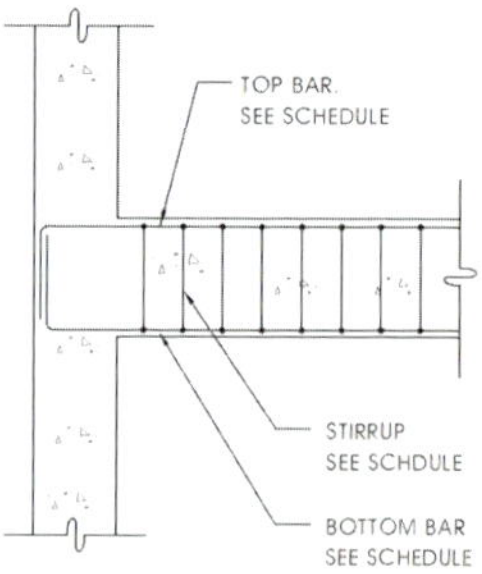

USE STANDAR
90 HOOK
WHERE Ld IS
AVAILABLE TY

* Ld

NOTE.
R.C. WALL AN
NOT SHOWN

다. CONC RETE CURB ON GRADE

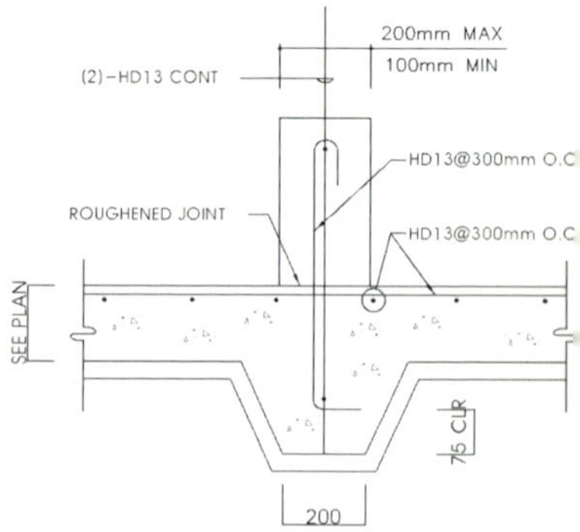

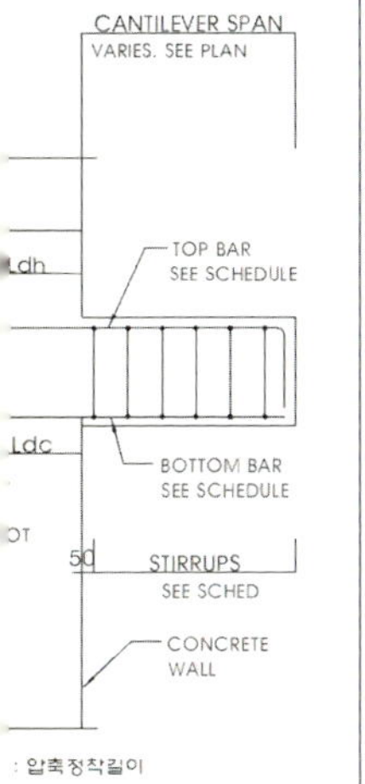

나. RC WALL DETAIL

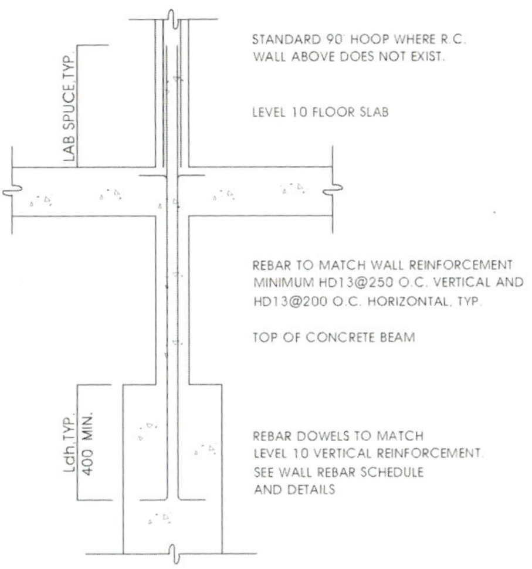

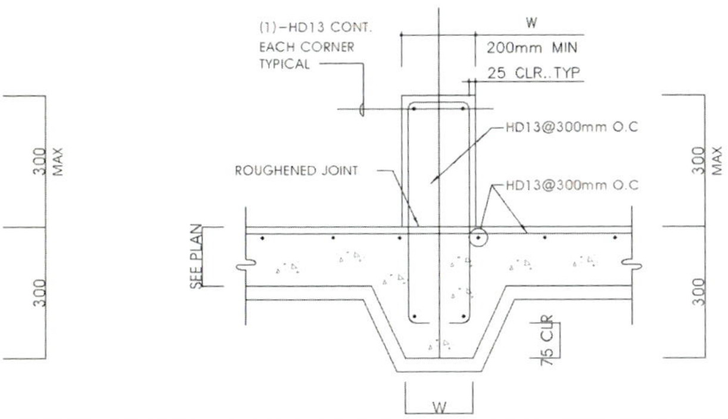

부산온천동
벽산 A·STAR
공동주택 신축공사

(주)종합건축사사무소 건원
ARCHITECTS | PLANNERS | ENGINEERS
건축사 김종국
서울 강남구 역삼동 678-36 아가방B/D
TEL (02)527-1234 · FAX (02)527-1271

설 계 DRAWN BY

검 토 CHECKED BY

심 사 SUBMITTED BY

승 인 APPROVED BY
건원

승 인 APPROVED BY
구조기술사
황 기 수

특기사항 NOTES

REV	DATE	APPR	DESCRIPTION

일 자 DATE	축 척 SCALE
2005. 08.	A3 : NONE
	A1 : NONE

도 면 명 DRAWING TITLE

STRUCTURAL
GENERAL NOTES (12)

파 일 명 FILE NAME

도면번호 DRAWING NO.

SG-0018

일련번호 SHEET NO.

□□-□□□□

철근콘크리트 구조일반사항-11

2.10.3 OPENING 보강 상세

가.SLAB OPENING

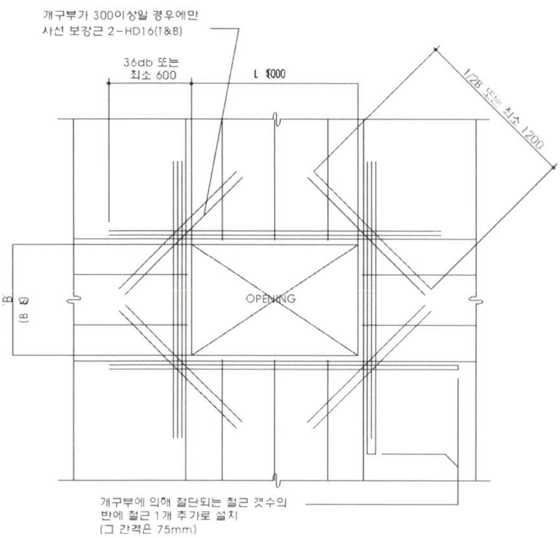

나. 보와 기초를 관통하는 수평 PIPE SLEEVE 보강 상세

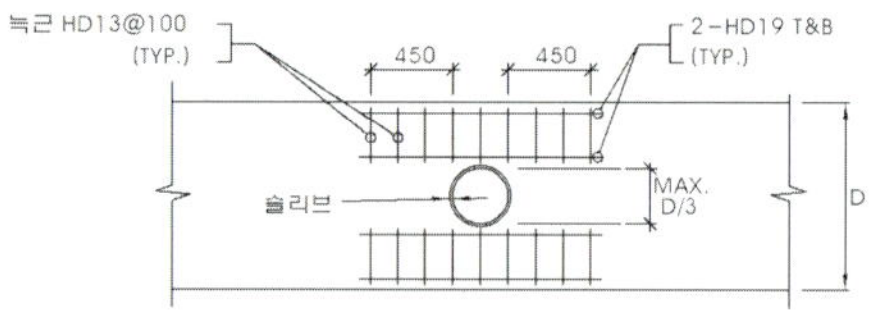

NOTE: 보와 기초에 하나 이상의 PIPE가
관통시에는 구조 ENGINEER의 승인을 얻을것.
별도의 상세도면이 명기가 될 경우
명기된 도면이 우선임.

다. 보를 수직 관통하는 PIPE SLEEVE의 보강상세

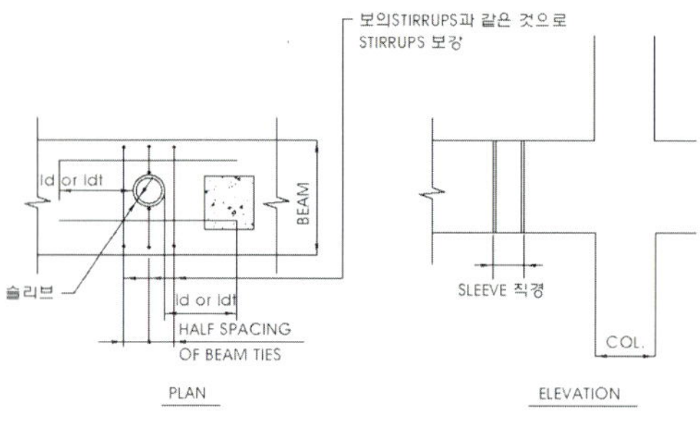

라. 슬래브를 관통하는 PIPE SLEEVE(TYP.)

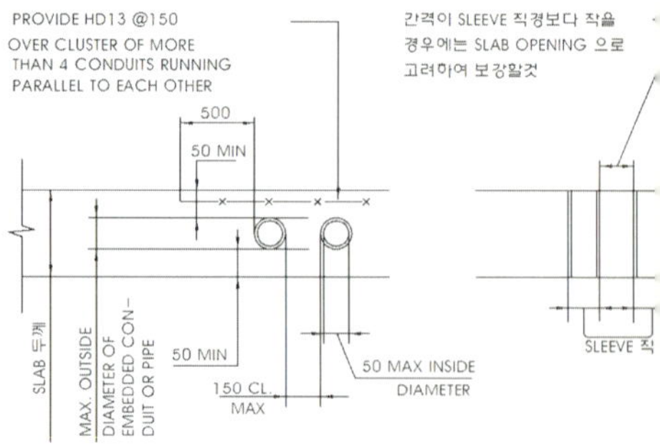

NOTE : 1. 알루미늄 SLEEVE는 사용하지 말것

마. 슬래브내 CONDUIT PIPE 상세

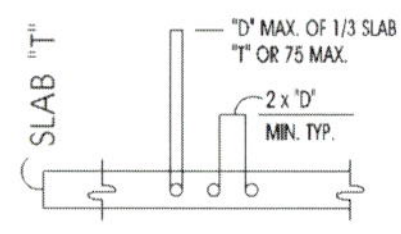

NOTE:
NO CROSS OVERS ALLOWED.

바. 벽 개구부 주위의 최소 배근 상세

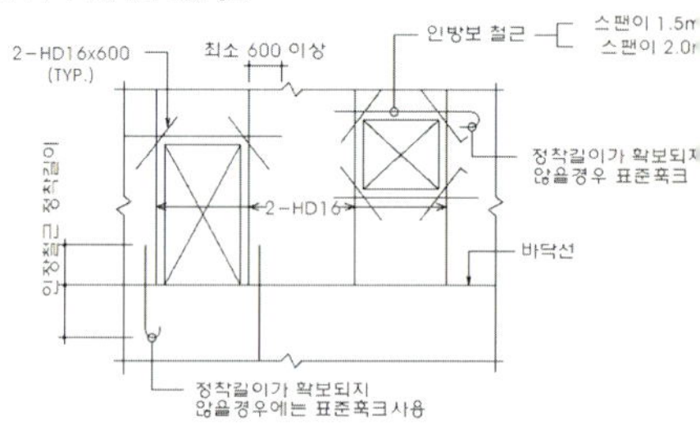

1. 모든 벽 배근의 철근이음은 인장이음으로 한다.
2. 대각선 보강철근은 슬래브에 준한다.
3. 보강근은 양쪽방향 모두 보강한다.
4. 상세 도면이 있는 부분은 상세도면에 준함.

(도서에 보강 도면이 있을시 보강 도면이 우선임.)

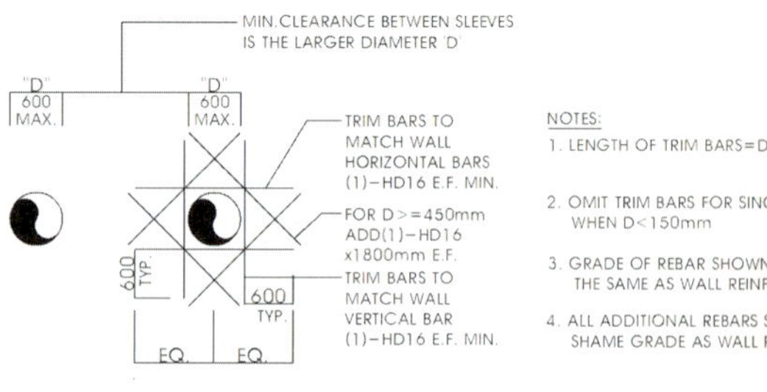

7

이하 : 2-HD19
- 1.5m : 2-HD22

8

1200mm

E OPENINGS

SHOULD BE
RCEING STEEL.

ALL HAVE
INF.

2.10.4 각종 JOINT 상세도

가. 벽체 시공 줄눈

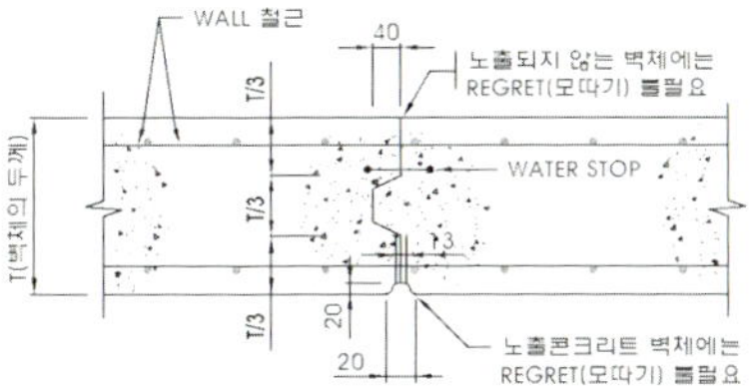

나. 슬래브 시공줄눈 상세

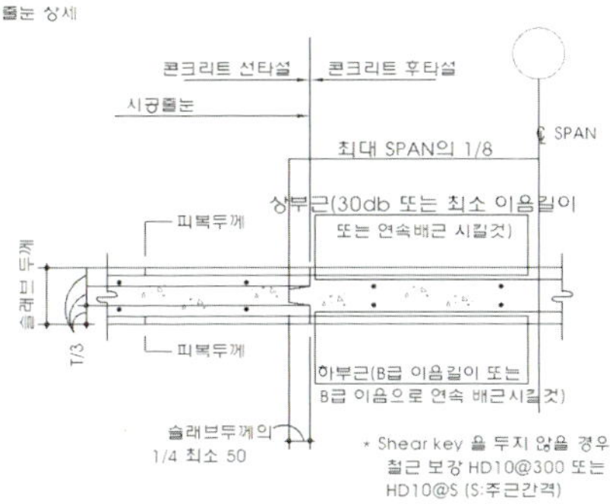

다. S.O.G(Slab On Grade)의 시공줄눈 상세

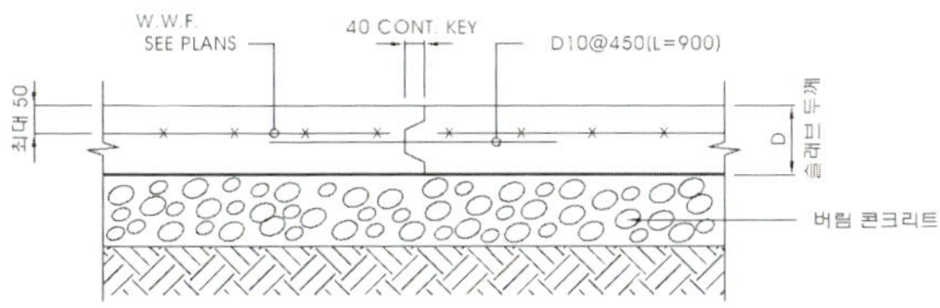

라. S.O.G(Slab On Grade)의 조절줄눈 상세

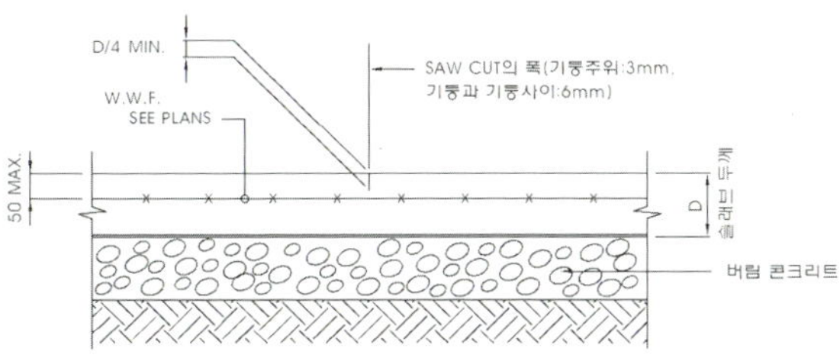

부산온천동
벽산 A·STAR
공동주택 신축공사

(주)종합건축사사무소 건원
ARCHITECTS | PLANNERS | ENGINEERS
건축사 김종국
서울 강남구 역삼동 678-36 아가방B/D
TEL (02)527-1234 · FAX (02)527-1271

설 계 DRAWN BY

검 토 CHECKED BY

제 시 SUBMITTED BY

승 인 APPROVED BY
건원

승 인 APPROVED BY
구조기술사
원 기 수

특기사항 NOTES

REV	DATE	APPR	DESCRIPTION

일 자 DATE	축 척 SCALE
2005. 08.	A3 : NONE
	A1 : NONE

도 면 명 DRAWING TITLE
STRUCTURAL
GENERAL NOTES (11)

파 일 명 FILE NAME

도면번호 DRAWING NO.
SG-0017

일련번호 SHEET NO.
□□-□□□□

철근콘크리트 구조일반사항-10

2.9 기초 배근 상세

2.9.1 독립기초

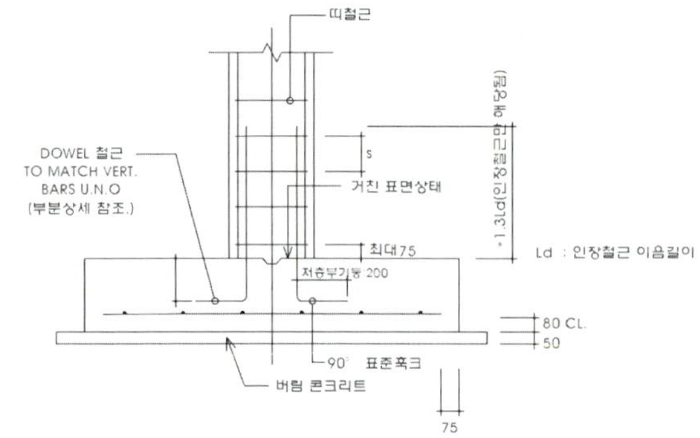

- DOWEL 철근의 크기와 수는 기둥의 배근도를 참조 할것.
- 기초판의 크기와 철근 배근은 기초 일람표를 따른다.

2.9.2 복합 기초

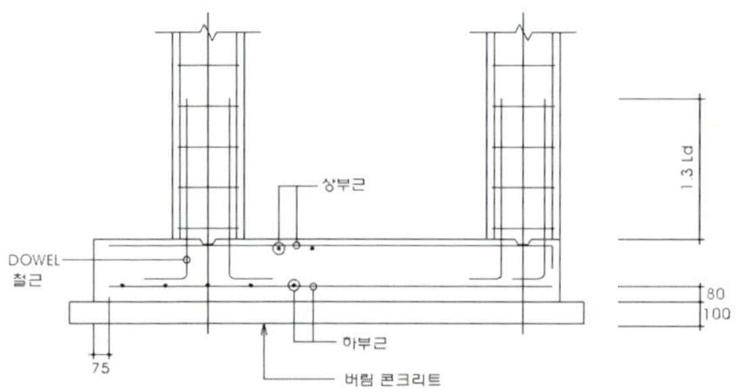

- 상 하부근의 크기와 간격은 기초 일람표에 따른다.
- 철근의 배근상세가 특별히 표기되어 있지 않는한 위 상세에 따른다.

2.10 철근 배근 상세

2.10.1 각종 CON'C SLAB 상세도

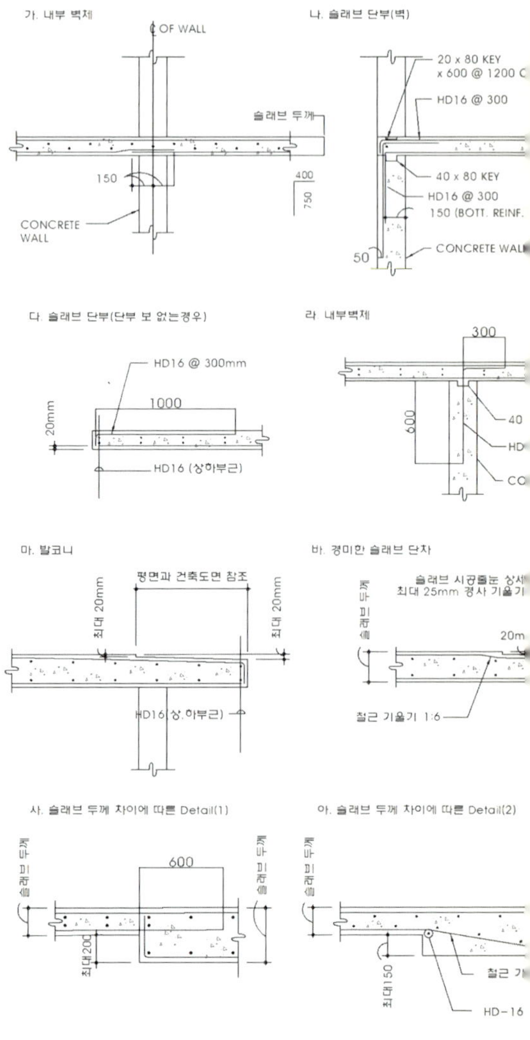

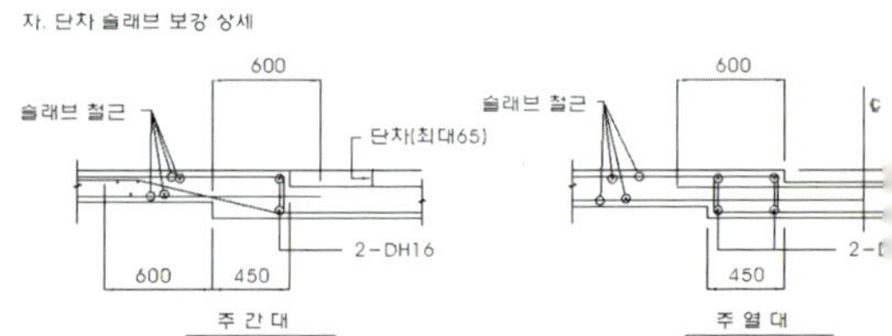

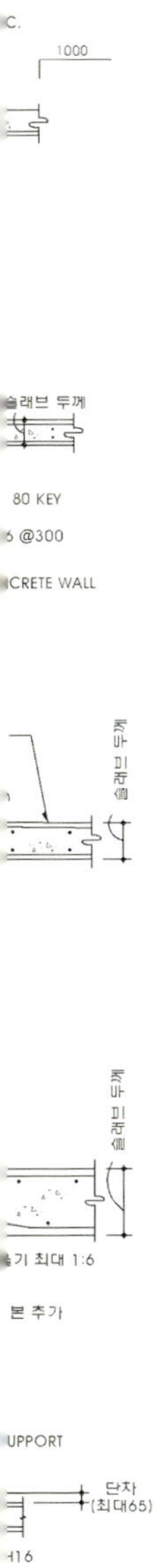

차. S.O.G(Slab On Grade) 단차 상세

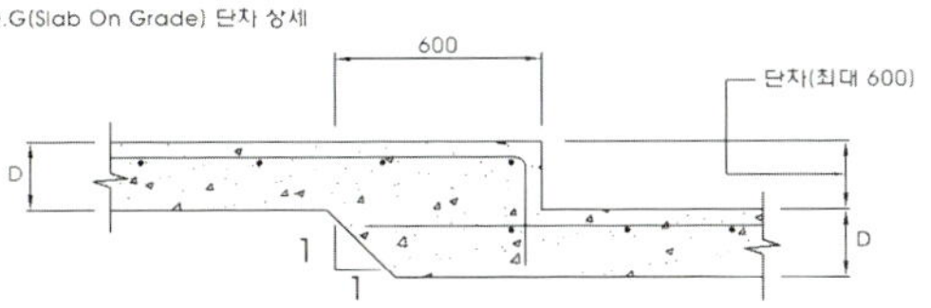

카. S.O.G(Slab On Grade) 램프 상세

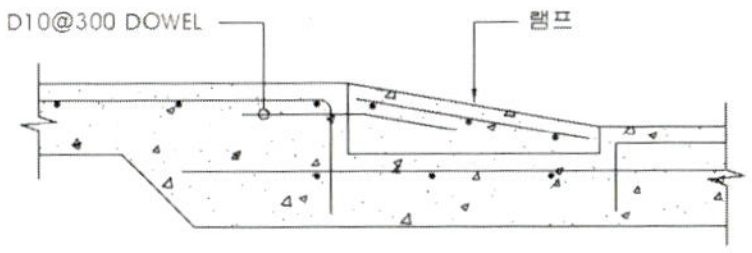

2.10.2 NOTES

가. [T] 상부근

[B] 하부근

CS 주열대

MS 주간대

나. 슬래브 배근도 참조할 것.

다. 슬래브 EDGE 부분의 슬래브 상부근은 철근 표준 HOOK으로 정착시켜야 함.

LEGEND;

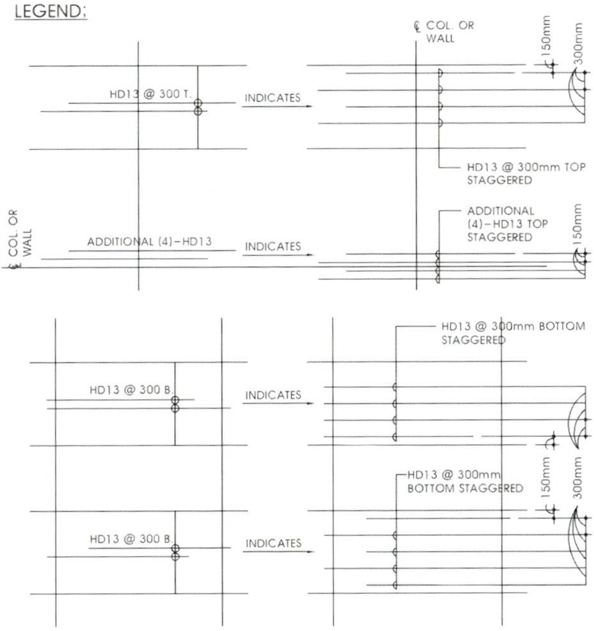

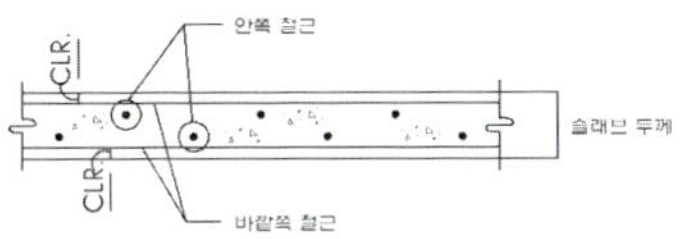

부산온천동
벽산 A·STAR
공동주택 신축공사

㈜종합건축사사무소 건원
ARCHITECTS | PLANNERS | ENGINEERS
건축사 김종국
서울 강남구 역삼동 678-36 아가방B/D
TEL (02)527-1234 · FAX (02)527-1271

설 계 DRAWN BY

검 토 CHECKED BY

심 사 SUBMITTED BY

승 인 APPROVED BY
건원

승 인 APPROVED BY
구조기술사
원 기 수

특기사항 NOTES

REV	DATE	APPR	DESCRIPTION

일 자 DATE	축 척 SCALE
2005. 08.	A3 : NONE
	A1 : NONE

도 면 명 DRAWING TITLE

STRUCTURAL GENERAL NOTES (10)

파 일 명 FILE NAME

도면번호 DRAWING NO.

SG-0016

일련번호 SHEET NO.

□□-□□□□

철근콘크리트 구조일반사항-9

2.7.3 기둥 띠철근 배근간격 상세

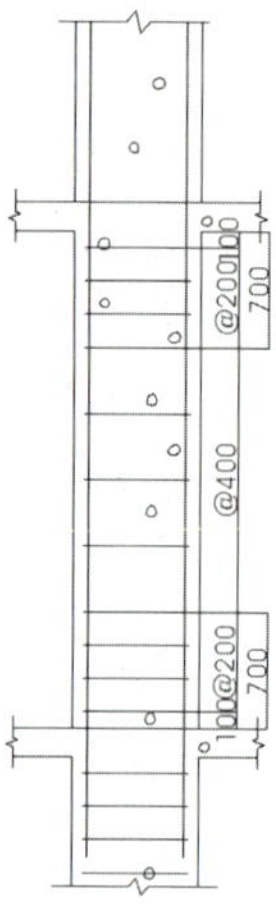

* 위 상세는 내진설계가 적용되는 기둥(지상1층이상의 타워동 기둥)에 적용함.
* 지하층 모든 기둥과 저층부(주차장부분) 기둥은 내진설계 적용이 아니므로 띠철근 간격을 전구간 @300간격을 적용함.

2.7.4 구형 기둥의 표준 띠철근 상세

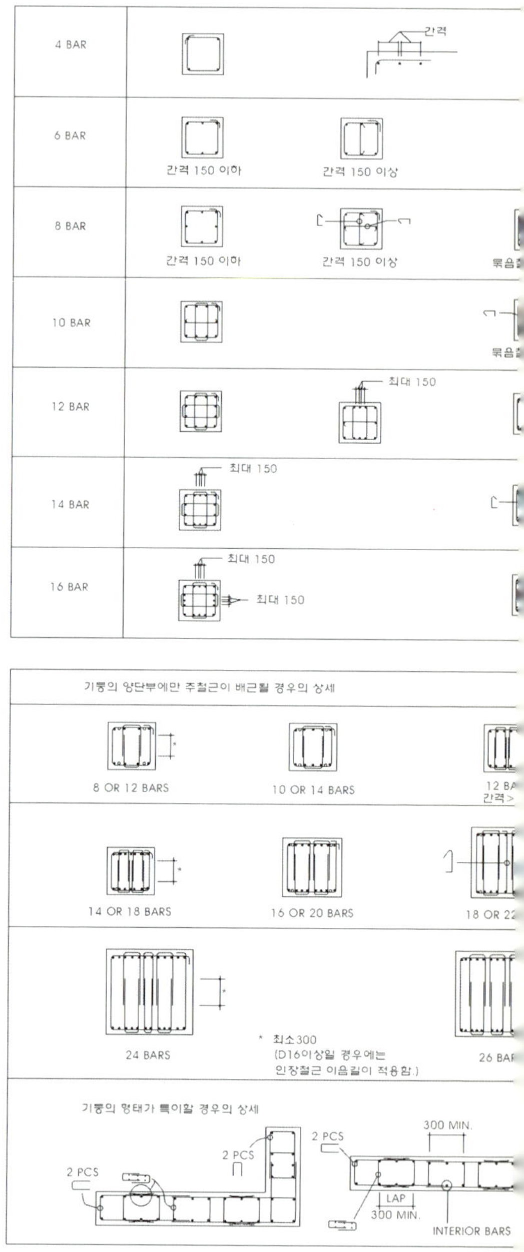

2.8 벽(WALL)배근 상세

2.8.1 교차되는 경우

가. 복배근

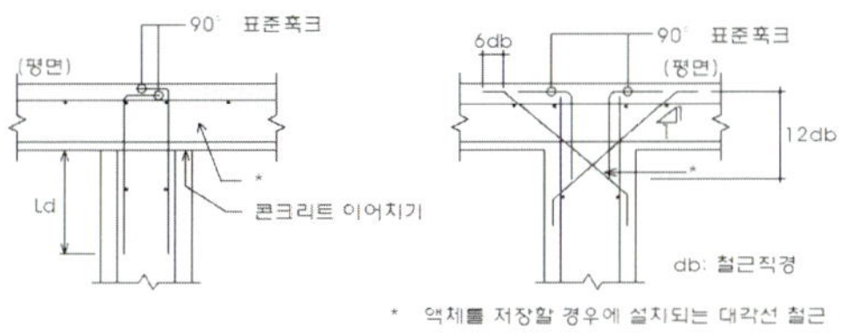

나. 단배근

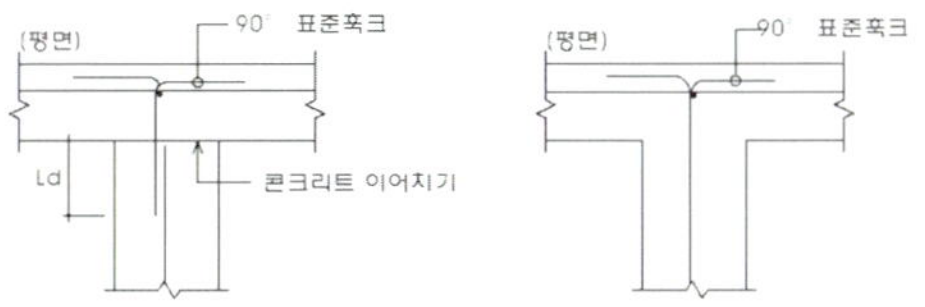

2.8.2 코너의 경우

가. 복배근

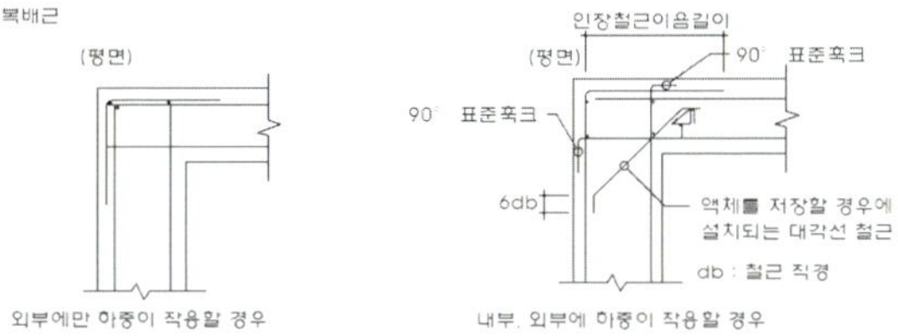

나. 단 배 근

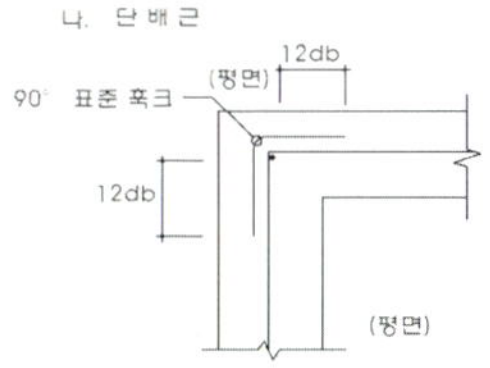

2.8.3 벽(WALL)의 단부

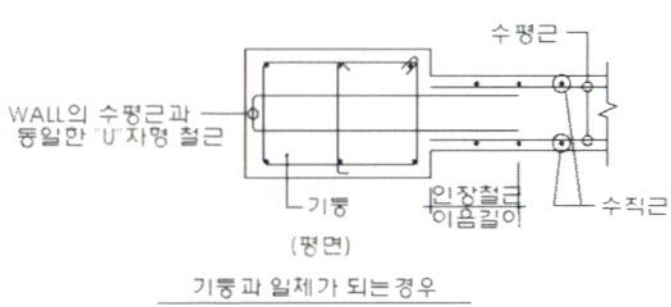

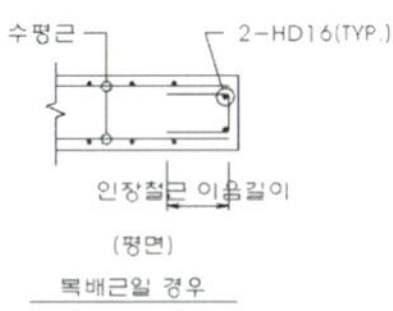

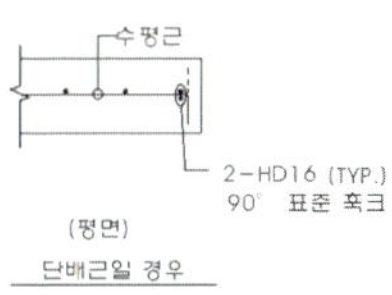

부산온천동
벽산 A·STAR
공동주택 신축공사

(주)종합건축사사무소 건원
ARCHITECTS | PLANNERS | ENGINEERS
건축사 김종국
서울 강남구 역삼동 678-36 아가방B/D
TEL (02)527-1234 · FAX (02)527-1271

설 계 DRAWN BY	
검 토 CHECKED BY	
심 사 SUBMITTED BY	
승 인 APPROVED BY 건원	
승 인 APPROVED BY 구조기술사 왕 기 수	
특기사항 NOTES	

REV	DATE	APPR	DESCRIPTION

일 자 DATE	축 척 SCALE
2005. 08.	A3 : NONE A1 : NONE

도 면 명 DRAWING TITLE

STRUCTURAL GENERAL NOTES (9)

파 일 명 FILE NAME

도면번호 DRAWING NO.

SG-0015

일련번호 SHEET NO.

철근콘크리트 구조일반사항-8

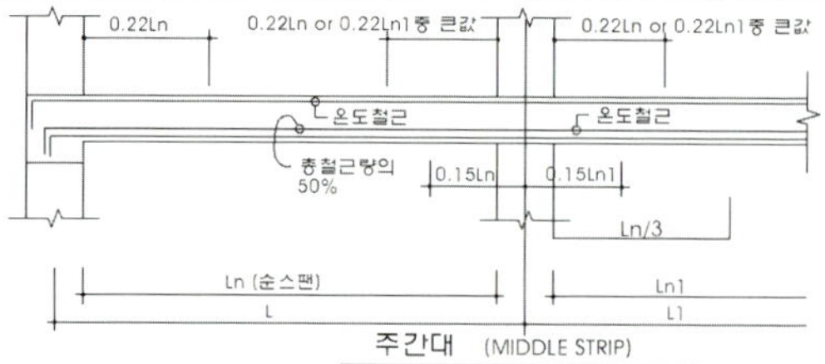

주간대 (MIDDLE STRIP)

2.5.3 배근시 주의사항

주열대 부위 배근시 기둥 상부에는 최소한 슬래브 상부 철근은 양방향으로 각각 2개이상 철근을 연속시켜 배근하거나 외부기둥일 경우 ANCHOR 시켜야 함. (이음은 B급 인장이음으로 함)

2.6. 보 배근 상세도

2.6.1 보의 주 철근

가. 일반보 (BEAM)

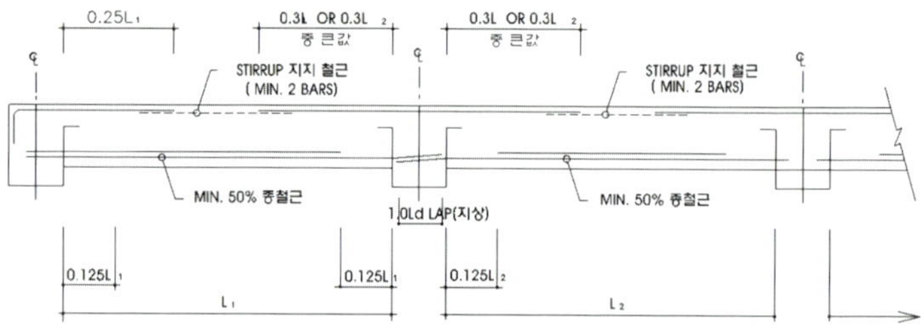

나. 일반보 (GIRDER)

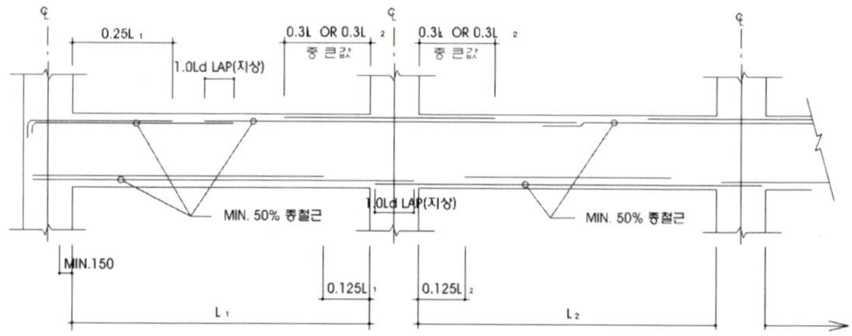

NOTE : 스판 경간에 이음을 해서는 안됨. 만약 스판 경간에 부득이 이음을 할 경우는 이음 길이 1.3Ld로 하고 이음구간에 폐쇄형 STIRRUP(HOOP)로 보강하여야 한다. 지상은 2층이상을 지상으로 한다.

다. 캔틸레버 보

캔틸레버 스팬이 짧을때에는 상부 인장 철근을 기둥철근과 동시에 뭐어 가공할것. (ㄷ)

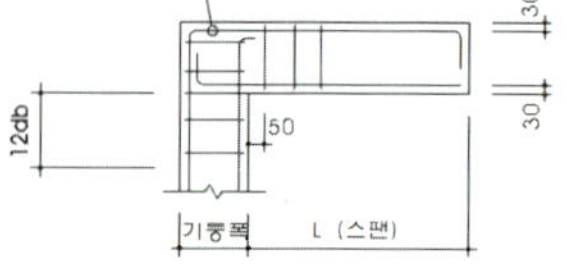

캔틸레버 보의 정착

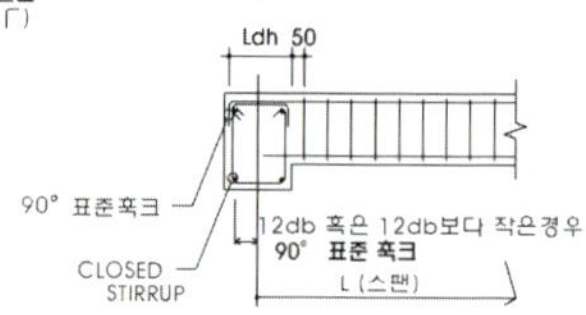

보와 보의 정착

라. 보의 춤이 900mm를 초과할때는 보 양면에 주 인장 철근의 10% 이상을 300mm, 또는 보폭 이내의 간격으로 수평철근을 배근한다.

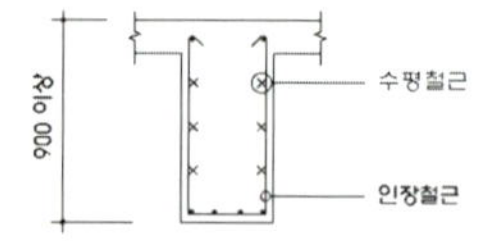

* 보일람표에 별도로 표기되어 있는 경우를 제외하고는 상기사항을 적용함.

2.6.2 보의 스티럽 (STIRRUP)

가. 스티럽의 간격

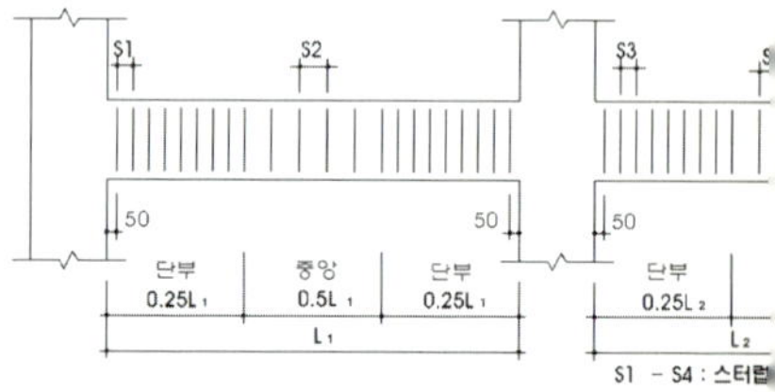

S1 - S4 : 스터럽

* 보 일람표에 별도로 표기되어 있는 경우를 제외하고는 상기 사항을

나. 스티럽의 형태

1) 폐쇄형 스터럽 (지상2층이상)
- 적용 기준 : 1 전단과 비틀림을 동시에 받는 보
: 2 내진설계 적용대상인 경우

	한쪽만 슬래브가 있는 보	양쪽에 슬래브가 있는 보	양쪽 모두 슬래브가 없는 보
형태	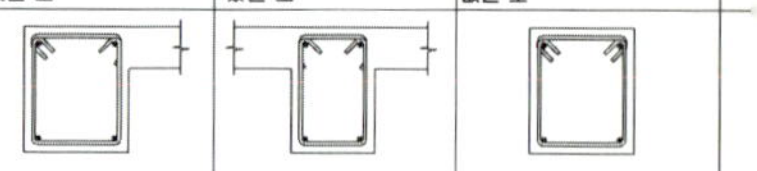		

* 저층부(주차장부분-지상2,3층에 적용)의 스터럽은 보일람표 상에 표기된 스터럽 1개 건너 1개씩 폐쇄형 스터럽으로 시공함.
(예) 보의 스터럽 간격이 @200이면 폐쇄형 스터럽은 @400간격으로 시공함.

2) 개방형 스터럽 (지상1층이하)
- 적용 기준 : ① 덮개 철근(cap tie)가 필요 없는 보
: ② 비틀림의 영향이 없고 전단에 의하여 배근이 되는 보
: ③ 내진설계 적용대상이 아닌 경우
: ④ 1층이하 BEAM&GIRDER CAP스터럽은 HD10@750
: OR 스터럽간격의 3배로 한다.

형태	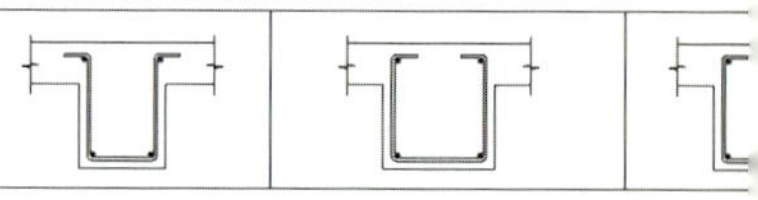

다. 콘크리트보에서 이어치기를 할 경우의 시공 JOINT

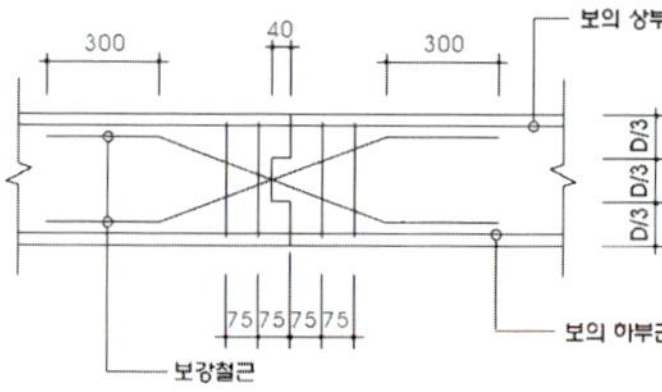

보
200
200 -
500 -
1000

2.7. 기둥 배근 상세도

2.7.1 기둥 철근 이음 (기둥크기가 변화하는 경우)

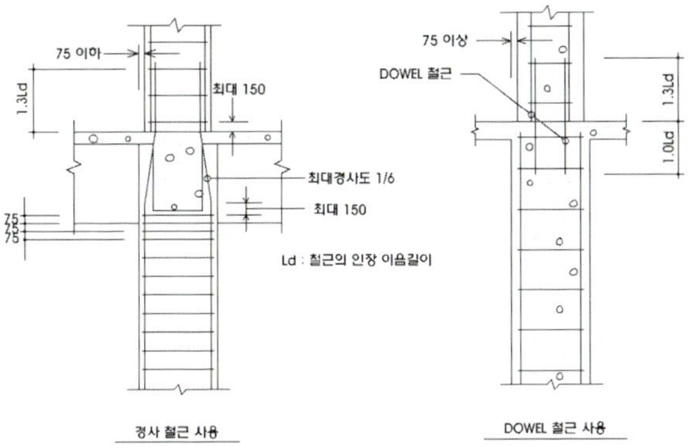

2.7.2 기둥 철근 이음 (기둥크기의 변화가 없을 경우)

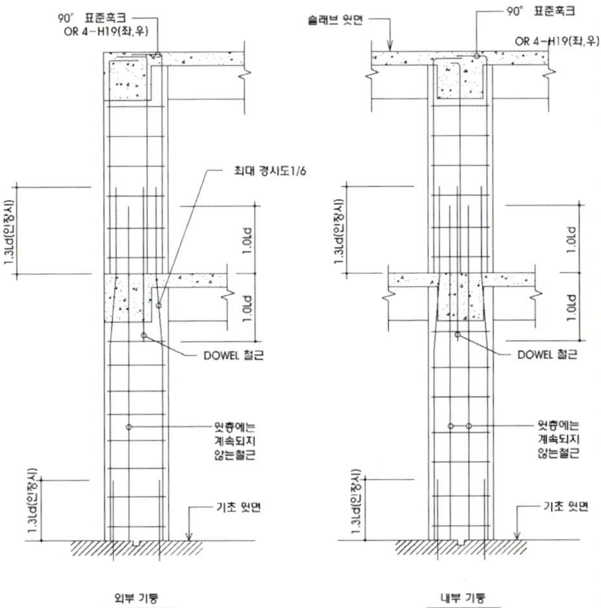

중앙
0.5L₂
간격
적용함.

깊은 보

인장철근
겹침이음길이

간격을 기준으로

폭	보강 철근 갯수
미만	1 - HD 19
00	2 - HD 19
000	4 - HD 19
이상	HD19 @ 300 으로 배근할것

부산온천동
벽산 A·STAR
공동주택 신축공사

(주)종합건축사사무소 건원
ARCHITECTS | PLANNERS | ENGINEERS
건축사 김종국
서울 강남구 역삼동 678-36 아가방B/D
TEL (02)527-1234 · FAX (02)527-1271

설 계 DRAWN BY

검 토 CHECKED BY

심 사 SUBMITTED BY

승 인 APPROVED BY
건원

승 인 APPROVED BY
구조기술사
왕 기 수

특기사항 NOTES

REV	DATE	APPR	DESCRIPTION

일 자 DATE	축 척 SCALE
2005. 08.	A3 : NONE
	A1 : NONE

도 면 명 DRAWING TITLE
STRUCTURAL
GENERAL NOTES (8)

파 일 명 FILE NAME

도면번호 DRAWING NO.
SG-0014

일련번호 SHEET NO.
□□-□□□□

철근콘크리트 구조일반사항-7

2.4 철근 배근 상세

2.4.1 일방향 슬래브

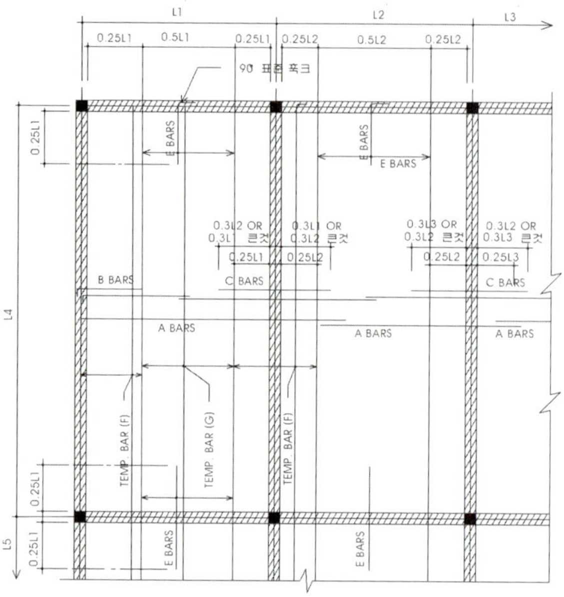

일방향 슬래브(평면)

* L1' : 보 중심간 거리
L1 : 순 스팬

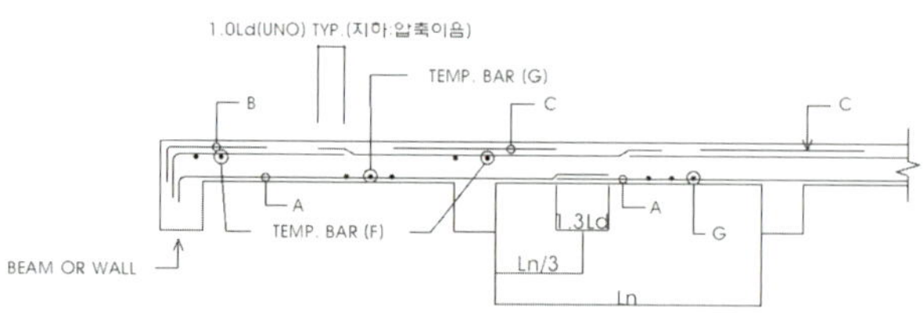

일방향 슬래브(단면)

1. 철근 'A' - 'C' BAR 는 단변 방향으로 배근되며 구조 계산에 따라 철근 단면적 및 철근 간격이 결정됨.
2. 철근 'B'와 'C' : 50% SHORT
   50% LONG FOR LAP SPLICE
3. 온도철근 (TEMP. BAR) : F 및 G - BAR - 슬래브두께 t=120-150 : HD10@300
   t=180-200 : HD10@250
   t=200-300 : HD13@250
4. MIN. E BARS : HD13@300

2.4.2 이방향 슬래브(TWO WAY SLAB WITH BEAMS)

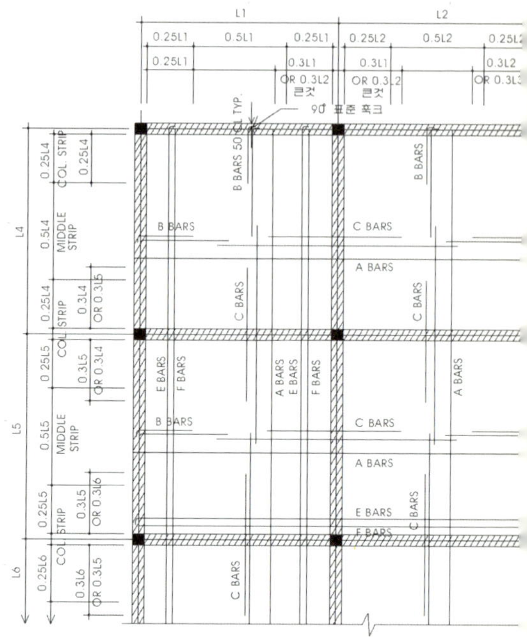

NOTE
*L1' : 보 중심간 거리
*L1 : 순 스팬

이방향 슬래브(평면)

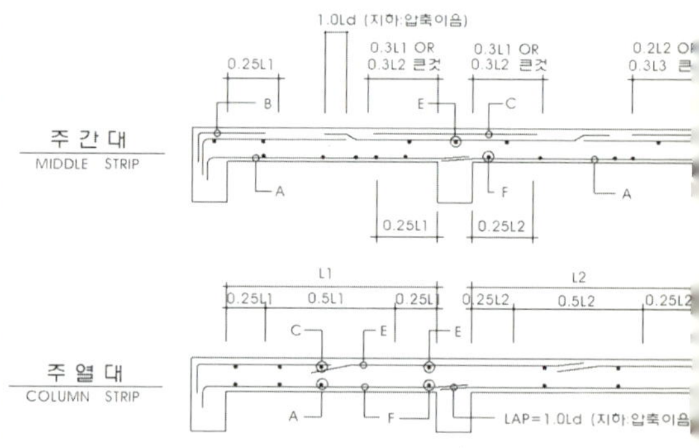

이방향 슬래브(단면)

1. 철근 'A' - 'C' BAR 는 구조 계산에 따라 철근 단면적 및 철근 간격이 결정됨.
2. 철근 'B'와 'C' : 50% SHORT
   50% LONG FOR LAP SPLICE
3. 철근 'E' 'F' 는 주열대에 설치된 연속 혹은 LAP SPLICE된 철근

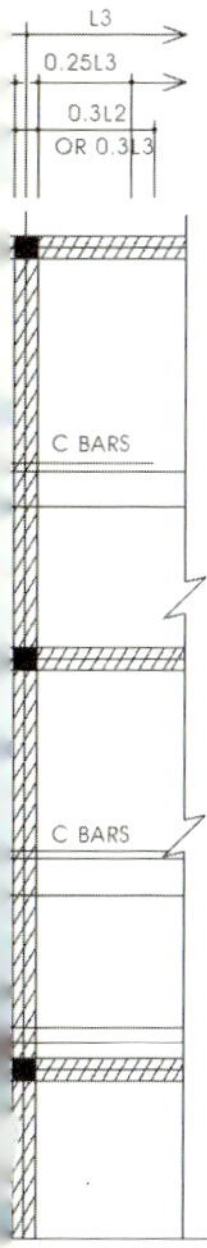

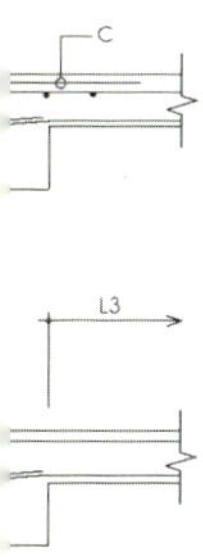

2.5 FLAT SLAB 또는 FLAT PLATE

2.5.1 슬래브의 구분

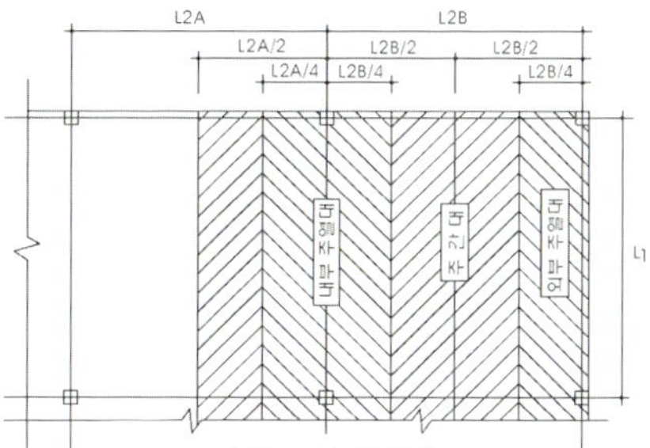

a) L2 ≤ L1 일 경우

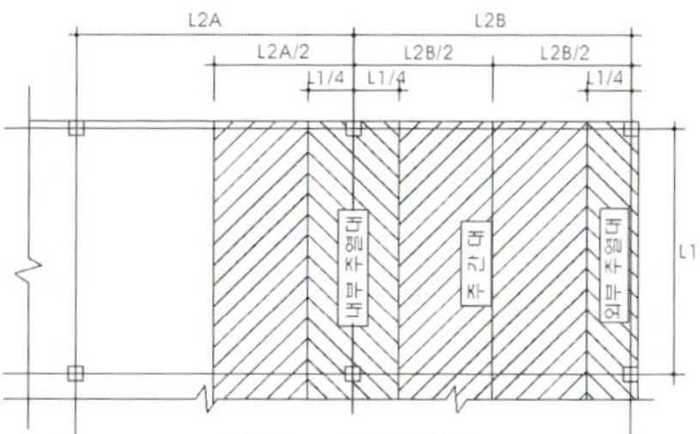

b) L2 > L1 일 경우

2.5.2 슬래브 단면

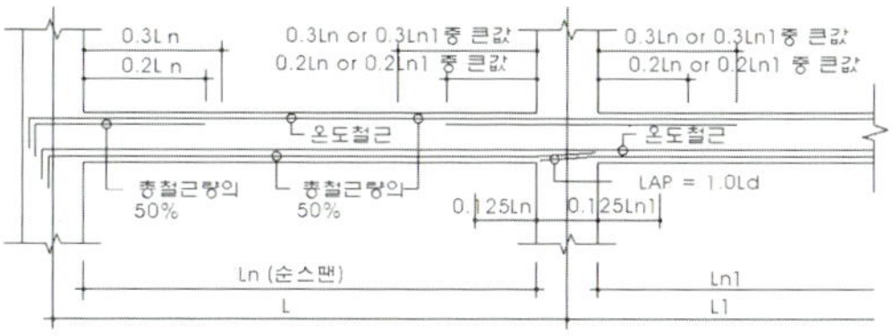

주열대 (COLUMN STRIP)

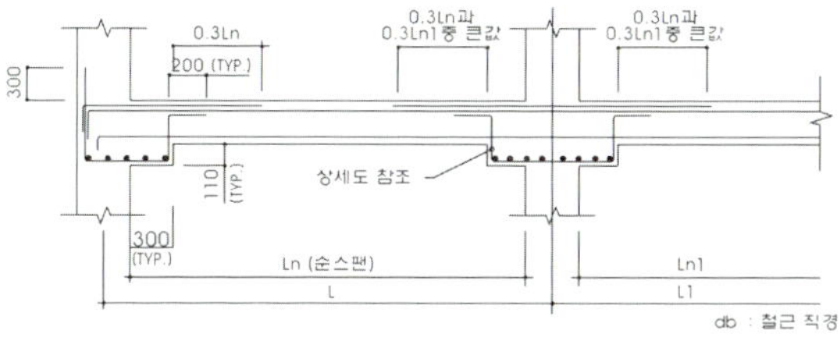

주열대 (COLUMN STRIP W/CAPITAL)

부산온천동
벽산 A·STAR
공동주택 신축공사

(주)종합건축사사무소 건원
ARCHITECTS I PLANNERS I ENGINEERS
건축사 김종국
서울 강남구 역삼동 678-36 아가방B/D
TEL (02)527-1234 · FAX (02)527-1271

설계 DRAWN BY	
검토 CHECKED BY	
검사 SUBMITTED BY	
승인 APPROVED BY	건원
승인 APPROVED BY	구조기술사 황기수
특기사항 NOTES	

REV.	DATE	APPR.	DESCRIPTION

일자 DATE	축척 SCALE
2005. 08.	A3 : NONE
	A1 : NONE

도면명 DRAWING TITLE

STRUCTURAL GENERAL NOTES (7)

파일명 FILE NAME

도면번호 DRAWING NO.

SG-0013

일련번호 SHEET NO.

철근콘크리트 구조일반사항-6

나. 인장이형철근 정착길이(1.3Ld)/B급이음길이 (fy=5,000kgf/cm² 일 경우)

(단위 : mm)

콘크리트 강도 fck (kgf/cm)²	철근호칭	슬래브 , 기초 : T > 300 mm 경우 상.하철근 구분 적용 / T < 300mm 경우 기타철근 적용 / 벽체, 옹벽 : 기타 철근 적용						보 (피복두께=40mm)		기둥 (40mm)
		하부 철근(또는 기타철근)			상부 철근			하부근	상부근	수직근
		외부근 (20mm)	내부근 (30mm)	내.외부근 (≥40mm)	내부근 (20mm)	외부근 (30mm)	내.외부근 (≥40mm)			
210	HD10	390	390	390	510	510	510	430	560	390
	HD13	630	520	520	810	670	670	720	930	630
	HD16	920	690	650	1200	900	840	1050	1360	920
	HD19	1260	950	780	1640	1240	1010	1300	1690	1260
	HD22	2020	1440	1260	2630	1870	1640	1890	2460	1890
	HD25	2520	1810	1650	3270	2360	2140	2160	2810	2160
	HD29	3040	2220	2090	3960	2890	2710	2430	3160	2430
	HD32	3600	2660	2580	4670	3450	3360	2710	3520	2710
240	HD10	360	360	360	470	470	470	400	530	360
	HD13	580	490	490	760	630	630	670	870	580
	HD16	860	640	610	1120	840	790	980	1280	860
	HD19	1180	890	730	1530	1160	950	1220	1580	1180
	HD22	1890	1340	1180	2460	1750	1530	1770	2300	1770
	HD25	2360	1700	1540	3060	2210	2000	2020	2630	2020
	HD29	2850	2080	1950	3700	2700	2540	2280	2960	2280
	HD32	3360	2480	2420	4370	3230	3140	2530	3290	253[illegible]
270	HD10	340	340	340	450	450	450	380	500	340
	HD13	550	460	460	720	590	590	630	820	550
	HD16	810	610	570	1060	790	740	920	1200	810
	HD19	1110	840	690	1450	1090	890	1150	1490	1110
	HD22	1780	1270	1110	2320	1650	1440	1670	2170	1670
	HD25	2220	1600	1450	2890	2080	1890	1910	2480	1910
	HD29	2680	1960	1840	3490	2550	2390	2150	2790	2150
	HD32	3170	2340	2280	4120	3050	2960	2390	3100	2390
300	HD10	330	330	330	420	420	420	360	470	330
	HD13	520	430	430	680	560	560	600	780	520
	HD16	770	580	540	1000	750	710	880	1140	770
	HD19	1050	800	650	1370	1040	850	1090	1410	1050
	HD22	1690	1200	1050	2200	1560	1370	1580	2050	1580
	HD25	2110	1520	1380	2740	1970	1790	1810	2350	1810
	HD29	2550	1860	1750	3310	2420	2270	2040	2650	2040
	HD32	3010	2220	2160	3910	2890	2810	2260	2940	2260

콘크리트 강도 fck (kgf/cm)²
350
400
450
500

NOTE

1. 상.하부근의 정의

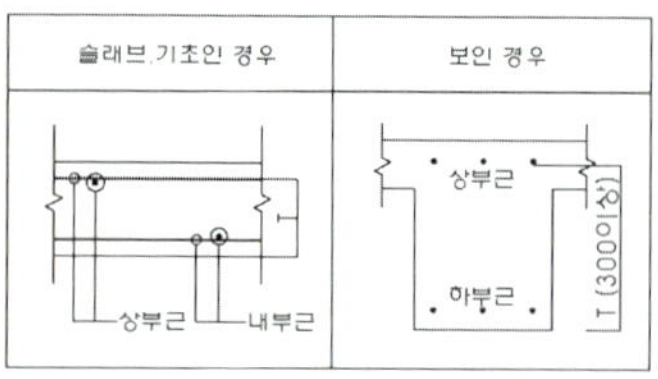

2. 내.외부근의 정의

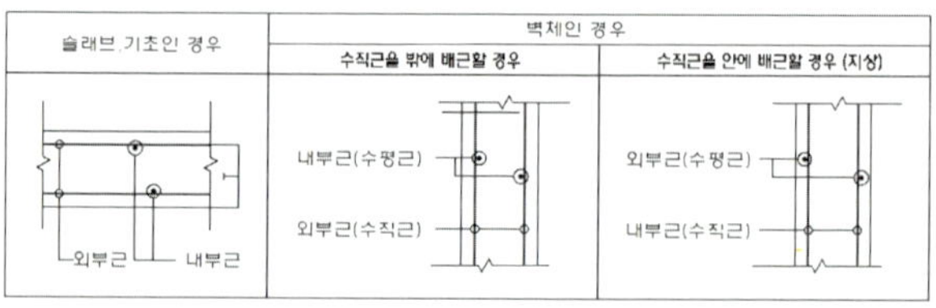

3. 피복두께 확보가 어려운 일반 SLAB(SUSPENDED SLAB)는 내.외부근 구분없이 외부근 값을 적용한다.

2.3.13 인장 이음 분류 및 기타

가. 인장 이음 분류

실제 배근 소요량	겹침
소요 철근량,	≤
≥ 2	A
< 2	B

(단위 : mm)

근호칭	슬래브 . 기초 : T > 300 mm 경우 상.하철근 구분 적용						보		기둥
	T < 300mm 경우 기타철근 적용						(피복두께=40mm)		(40mm)
	벽체, 옹벽 : 기타 철근 적용								
	하부 철근(또는 기타철근)			상부 철근			하부근	상부근	수직근
	외부근	내부근	내.외부근	외부근	내부근	내.외부근			
	(20mm)	(30mm)	(≥40mm)	(20mm)	(30mm)	(≥40mm)			
10	300	300	300	390	390	390	340	440	300
13	480	400	400	630	520	520	550	720	480
16	720	530	500	930	690	650	810	1060	720
19	980	740	600	1270	960	790	1010	1310	980
22	1570	1110	970	2040	1450	1270	1460	1900	1460
25	1950	1410	1280	2540	1830	1660	1670	2180	1670
29	2360	1720	1620	3070	2240	2100	1890	2450	1890
32	2790	2060	2000	3620	2670	2600	2100	2730	2100
10	300	300	300	370	370	370	310	410	300
13	450	380	380	590	490	490	520	670	450
16	670	500	470	870	650	610	760	990	670
19	910	690	570	1190	900	730	940	1220	910
22	1470	1040	910	1910	1350	1190	1370	1780	1370
25	1820	1310	1190	2370	1710	1550	1570	2040	1570
29	2210	1610	1510	2870	2090	1970	1760	2290	1760
32	2610	1920	1870	3390	2500	2430	1960	2550	1960
10	300	300	300	350	350	350	300	380	300
13	430	350	350	560	460	460	490	640	430
16	630	470	440	820	610	580	720	930	630
19	860	650	530	1120	850	690	890	1150	860
22	1380	980	860	1800	1280	1120	1290	1680	1290
25	1720	1240	1130	2240	1610	1460	1480	1920	1480
29	2080	1520	1430	2700	1970	1850	1660	2160	1660
32	2460	1810	1760	3190	2360	2290	1850	2400	1850
10	300	300	300	330	330	330	300	360	300
13	410	340	340	530	440	440	460	600	410
16	600	450	420	780	580	550	680	880	600
19	820	620	510	1060	800	660	840	1100	820
22	1310	930	820	1700	1210	1060	1220	1590	1220
25	1630	1180	1070	2120	1530	1390	1400	1820	1400
29	1970	1440	1350	2560	1870	1760	1580	2050	1580
32	2330	1720	1670	3030	2240	2180	1750	2280	1750

음 길이내에서 최대 이음 비율	
50%	> 50%
이음	B급 이음
이음	B급 이음

부산온천동
벽산 A·STAR
공동주택 신축공사

(주)종합건축사사무소 건원
ARCHITECTS | PLANNERS | ENGINEERS
건축사 김종국
서울 강남구 역삼동 678-36 아가방B/D
TEL (02)527-1234 · FAX (02)527-1271

설 계 DRAWN BY

검 토 CHECKED BY

제 시 SUBMITTED BY

승 인 APPROVED BY
건원

승 인 APPROVED BY
구조기술사
평 기 우

특기사항 NOTES

REV	DATE	APPR	DESCRIPTION

일 자 DATE: 2005. 08.
축 척 SCALE: A3 : NONE / A1 : NONE

도 면 명 DRAWING TITLE
STRUCTURAL GENERAL NOTES (6)

파 일 명 FILE NAME

도면번호 DRAWING NO
SG-0012

SHEET NO.

2.3.12 인장이형철근 정착길이(1.3Ld)/B급이음길이

가. 인장이형철근 정착길이(1.3Ld)/B급이음길이 (fy=4,000kgf/cm² 일 경우)

(단위 : mm)

콘크리트 강도 fck (kgf/cm)²	철근호칭	슬래브, 기초 : T > 300 mm 경우 상.하철근 구분 적용 / T < 300mm 경우 기타철근 적용 / 벽체, 옹벽 : 기타 철근 적용						보 (피복두께=40mm)		기둥 (40mm)
		하부 철근(또는 기타철근)			상부 철근					
		외부근 (20mm)	내부근 (30mm)	내.외부근 (≥40mm)	외부근 (20mm)	내부근 (30mm)	내.외부근 (≥40mm)	하부근	상부근	수직근
210	HD10	310	310	310	400	400	400	350	450	310
	HD13	500	420	420	650	540	540	570	740	500
	HD16	740	550	520	960	720	680	840	1090	740
	HD19	1010	760	620	1310	990	810	1040	1350	1010
	HD22	1620	1150	1010	2100	1490	1310	1510	1960	1510
	HD25	2010	1450	1320	2620	1890	1710	1730	2250	1730
	HD29	2440	1780	1670	3170	2310	2170	1950	2530	1950
	HD32	2880	2120	2070	3740	2760	2690	2170	2810	2170
240	HD10	300	300	300	380	380	380	320	420	300
	HD13	470	390	390	610	500	500	540	700	470
	HD16	690	520	490	900	670	630	780	1020	690
	HD19	940	710	580	1230	930	760	970	1270	940
	HD22	1510	1070	940	1970	1400	1220	1410	1840	1410
	HD25	1880	1360	1230	2450	1760	1600	1620	2100	1620
	HD29	2280	1660	1560	2960	2160	2030	1820	2370	1820
	HD32	2690	1990	1930	3500	2580	2510	2030	2630	2030
270	HD10	300	300	300	360	360	360	310	400	300
	HD13	440	370	370	570	480	480	500	660	440
	HD16	650	490	460	850	630	600	740	960	650
	HD19	890	670	550	1160	870	720	920	1190	890
	HD22	1430	1010	890	1860	1320	1150	1330	1730	1330
	HD25	1780	1280	1160	2310	1660	1510	1530	1980	1530
	HD29	2150	1570	1470	2790	2040	1920	1720	2230	1720
	HD32	2540	1870	1820	3300	2440	2370	1910	2480	1910
300	HD10	300	300	300	340	340	340	300	380	300
	HD13	420	350	350	540	450	450	480	620	420
	HD16	620	460	430	800	600	570	700	910	620
	HD19	840	640	520	1100	830	680	870	1130	840
	HD22	1350	960	840	1760	1250	1090	1260	1640	1260
	HD25	1690	1210	1100	2190	1580	1430	1450	1880	1450
	HD29	2040	1490	1400	2650	1930	1820	1630	2120	1630
	HD32	2410	1780	1730	3130	2310	2250	1810	2350	1810

콘크리트 강도 fck (kgf/cm)²
350
400
450
500

NOTE

1. 상.하부근의 정의

슬래브.기초인 경우	보인 경우

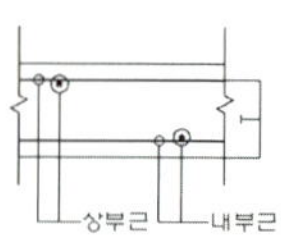

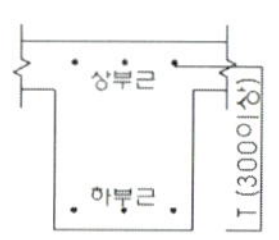

2. 내.외부근의 정의

슬래브.기초인 경우	벽체인 경우: 수직근을 밖에 배근할 경우	벽체인 경우: 수직근을 안에 배근할 경우 (지상)

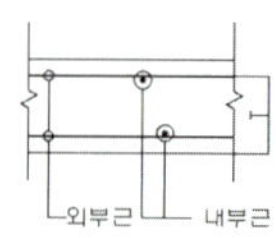

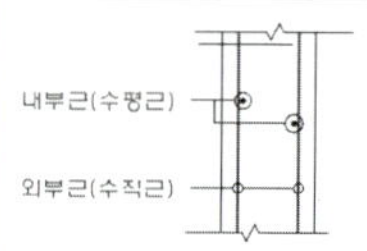

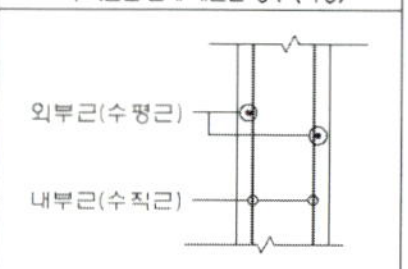

3. 피복두께 확보가 어려운 일반 SLAB(SUSPENDED SLAB)는 내.외부근 구분없이 외부근 값을 적용한다.

(단위 : mm)

근호칭	슬래브 , 기초 : T > 300 mm 경우 상.하철근 구분 적용 / T < 300mm 경우 기타철근 적용 / 벽체, 옹벽 : 기타 철근 적용						보 (피복두께=40mm)		기둥 (40mm)
	하부 철근(또는 기타철근)			상부 철근					
	외부근 (20mm)	내부근 (30mm)	내.외부근 (≥40mm)	외부근 (20mm)	내부근 (30mm)	내.외부근 (≥40mm)	하부근	상부근	수직근
10	300	300	300	310	310	310	300	350	300
13	390	320	320	500	420	420	440	580	390
16	570	430	400	740	550	520	650	840	570
19	780	590	480	1020	770	630	810	1050	780
22	1250	890	780	1630	1160	1010	1170	1520	1170
25	1560	1120	1020	2030	1460	1330	1340	1740	1340
29	1890	1380	1290	2450	1790	1680	1510	1960	1510
32	2230	1650	1600	2900	2140	2080	1680	2180	1680
10	300	300	300	300	300	300	300	330	300
13	360	300	300	470	390	390	410	540	360
16	540	400	380	700	520	490	610	790	540
19	730	550	450	950	720	590	750	980	730
22	1170	830	730	1520	1080	950	1100	1420	1100
25	1460	1050	950	1900	1370	1240	1250	1630	1250
29	1760	1290	1210	2290	1670	1570	1410	1830	1410
32	2080	1540	1500	2710	2000	1950	1570	2040	1570
10	300	300	300	300	300	300	300	310	300
13	340	300	300	440	370	370	390	510	340
16	500	380	350	660	490	460	570	750	500
19	690	520	430	900	680	550	710	920	690
22	1110	790	690	1440	1020	890	1030	1340	1030
25	1380	990	900	1790	1290	1170	1180	1540	1180
29	1660	1210	1140	2160	1580	1480	1330	1730	1330
32	1970	1450	1410	2550	1890	1830	1480	1920	1480
10	300	300	300	300	300	300	300	300	300
13	320	300	300	420	350	350	370	480	320
16	480	360	340	620	460	440	540	710	480
19	650	490	400	850	640	530	670	880	650
22	1050	740	650	1360	970	850	980	1270	980
25	1310	940	850	1700	1220	1110	1120	1460	1120
29	1580	1150	1080	2050	1500	1410	1260	1640	1260
32	1860	1380	1340	2420	1790	1740	1400	1820	1400

철근콘크리트 구조일반사항-4

나. 인장이형철근 정착길이(Ld)/A급이음길이 (fy=5,000kgf/cm²일 경우)

(단위 : mm)

콘크리트 강도 fck (kgf/cm)²	철근호칭	슬래브 , 기초 : T > 300 mm 경우 상.하철근 구분 적용 / T < 300mm 경우 기타철근 적용 / 벽체, 옹벽 : 기타 철근 적용						보 (피복두께=40mm)		기둥 (40mm)
		하부 철근(또는 기타철근)			상부 철근					
		외부근 (20mm)	내부근 (30mm)	내.외부근 (≥40mm)	외부근 (20mm)	내부근 (30mm)	내.외부근 (≥40mm)	하부근	상부근	수직근
210	HD10	300	300	300	390	390	390	330	430	300
	HD13	480	400	400	630	520	520	550	720	480
	HD16	710	530	500	920	690	650	810	1050	710
	HD19	970	730	600	1260	950	780	1000	1300	970
	HD22	1560	1100	970	2020	1440	1260	1450	1890	1450
	HD25	1940	1400	1270	2520	1810	1650	1660	2160	1660
	HD29	2340	1710	1610	3040	2220	2090	1870	2430	1870
	HD32	2770	2040	1990	3600	2660	2580	2080	2710	2080
240	HD10	300	300	300	360	360	360	310	400	300
	HD13	450	370	370	580	490	490	510	670	450
	HD16	660	500	470	860	640	610	750	980	660
	HD19	910	690	560	1180	890	730	940	1220	910
	HD22	1460	1030	910	1890	1340	1180	1360	1770	1360
	HD25	1810	1310	1190	2360	1700	1540	1560	2020	1560
	HD29	2190	1600	1500	2850	2080	1950	1750	2280	1750
	HD32	2590	1910	1860	3360	2480	2420	1950	2530	1950
270	HD10	300	300	300	340	340	340	300	380	300
	HD13	420	350	350	550	460	460	490	630	420
	HD16	630	470	440	810	610	570	710	920	630
	HD19	860	650	530	1110	840	690	880	1150	860
	HD22	1370	970	850	1780	1270	1110	1280	1670	1280
	HD25	1710	1230	1120	2220	1600	1450	1470	1910	1470
	HD29	2070	1510	1420	2680	1960	1840	1650	2150	1650
	HD32	2440	1800	1750	3170	2340	2280	1840	2390	1840
300	HD10	300	300	300	330	330	330	300	360	300
	HD13	400	330	330	520	430	430	460	600	400
	HD16	590	440	420	770	580	540	680	880	590
	HD19	810	610	500	1050	800	650	840	1090	810
	HD22	1300	920	810	1690	1200	1050	1220	1580	1220
	HD25	1620	1170	1060	2110	1520	1380	1390	1810	1390
	HD29	1960	1430	1340	2550	1860	1750	1570	2040	1570
	HD32	2310	1710	1660	3010	2220	2160	1740	2260	1740

콘크리트 강도 fck (kgf/cm)²	철…
350	HD…
400	HD…
450	HD…
500	HD…

NOTE

1. 상.하부근의 정의

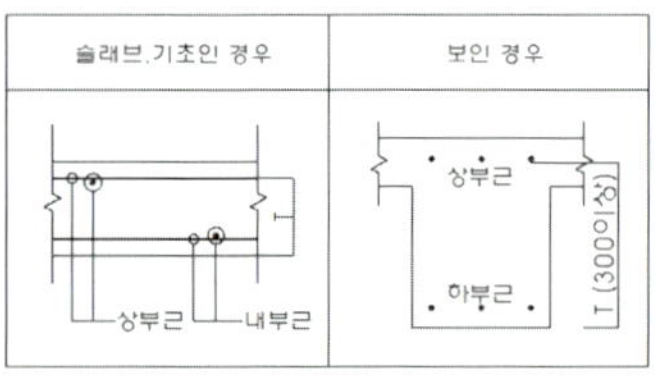

2. 내.외부근의 정의

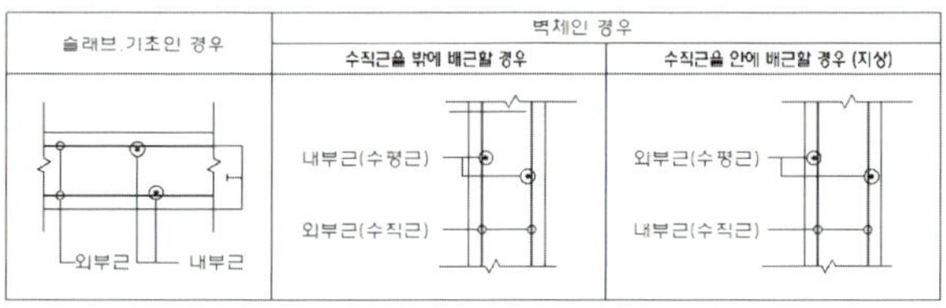

3. 피복두께 확보가 어려운 일반 SLAB(SUSPENDED SLAB)는 내.외부근 구분없이 외부근 값을 적용한다.

(단위 : mm)

호칭	슬래브 , 기초 : T > 300 mm 경우 상.하철근 구분 적용 T < 300mm 경우 기타철근 적용 벽체. 옹벽 : 기타 철근 적용						보 (피복두께=40mm)		기둥 (40mm)
	하부 철근(또는 기타철근)			상부 철근			하부근	상부근	수직근
	외부근 (20mm)	내부근 (30mm)	내.외부근 (≥40mm)	외부근 (20mm)	내부근 (30mm)	내.외부근 (≥40mm)			
0	300	300	300	300	300	300	300	340	300
3	370	310	310	480	400	400	430	550	370
6	550	410	390	720	530	500	620	810	550
9	750	570	460	980	740	600	770	1010	750
2	1210	860	750	1570	1110	970	1130	1460	1130
5	1500	1080	980	1950	1410	1280	1290	1670	1290
9	1810	1320	1240	2360	1720	1620	1450	1890	1450
2	2140	1580	1540	2790	2060	2000	1610	2100	1610
0	300	300	300	300	300	300	300	310	300
3	350	300	300	450	380	380	400	520	350
6	510	380	360	670	500	470	580	760	510
9	700	530	430	910	690	570	720	940	700
2	1130	800	700	1470	1040	910	1050	1370	1050
5	1400	1010	920	1820	1310	1190	1200	1570	1200
9	1700	1240	1160	2210	1610	1510	1360	1760	1360
2	2000	1480	1440	2610	1920	1870	1510	1960	1510
0	300	300	300	300	300	300	300	300	300
3	330	300	300	430	350	350	380	490	330
6	490	360	340	630	470	440	550	720	490
9	660	500	410	860	650	530	680	890	660
2	1060	750	660	1380	980	860	990	1290	990
5	1320	950	870	1720	1240	1130	1140	1480	1140
9	1600	1170	1100	2080	1520	1430	1280	1660	1280
2	1890	1400	1360	2460	1810	1760	1420	1850	1420
0	300	300	300	300	300	300	300	300	300
3	310	300	300	410	340	340	360	460	310
6	460	340	320	600	450	420	520	680	460
9	630	480	390	820	620	510	650	840	630
22	1010	720	630	1310	930	820	940	1220	940
25	1260	900	820	1630	1180	1070	1080	1400	1080
29	1520	1110	1040	1970	1440	1350	1210	1580	1210
32	1790	1320	1290	2330	1720	1670	1350	1750	1350

부산온천동
벽산 A·STAR
공동주택 신축공사

(주)종합건축사사무소 건원
ARCHITECTS | PLANNERS | ENGINEERS
건축사 김종국
서울 강남구 역삼동 678-36 아가방B/D
TEL (02)527-1234 · FAX (02)527-1271

설계 DRAWN BY: 건원

검토 CHECKED BY

심사 SUBMITTED BY

승인 APPROVED BY

승인 APPROVED BY: 구조기술사 탁 기 수

특기사항 NOTES
* T : 철근 상하 순간격

REV	DATE	APPR	DESCRIPTION

일자 DATE	축척 SCALE
2005. 08.	A3 : NONE A1 : NONE

도면명 DRAWING TITLE
STRUCTURAL GENERAL NOTES (4)

파일명 FILE NAME

도면번호 DRAWING NO
SG-0010

일련번호 SHEET NO

2.3.10 압축철근의 정착및 이음

가) 압축 철근의 정착

(fy=4.000kgf/cm²)

CONC / SIZE	fck=240 kgf/cm²	fck=300 kgf/cm²	fck=350 kgf/cm²	fck=400 kgf/cm²	fck=500 kgf/cm²	기 타
HD10	210	200	200	200	200	
HD13	270	240	230	210	210	
HD16	330	300	280	260	260	
HD19	390	350	330	310	310	
HD22	450	410	380	360	360	
HD25	520	460	430	400	400	
HD29	600	540	500	470	470	
HD32	660	590	550	520	520	

CONC / SIZE	fck=240
HD29	750
HD32	830

나) 압축 철근의 최소 이음 길이

철 근 크 기	
이 음	SD4
길 이	SD5

2.3.11 인장이형철근 정착길이(Ld)/A급이음길이

가. 인장이형철근 정착길이(Ld)/A급이음길이 (fy=4.000kgf/cm²일 경우)

(단위 : mm)

콘크리트 강도 fck (kgf/cm²)	철근호칭	슬래브, 기초 : T > 300 mm 경우 상.하철근 구분 적용 * / T < 300mm 경우 기타철근 적용 / 벽체, 옹벽 : 기타 철근 적용						보 (피복두께=40mm)		기둥 (40mm)
		하부 철근(또는 기타철근)			상부 철근			하부근	상부근	수직근
		외부근 (20mm)	내부근 (30mm)	내.외부근 (≥40mm)	외부근 (20mm)	내부근 (30mm)	내.외부근 (≥40mm)			
210	HD10	300	300	300	310	310	310	300	350	300
	HD13	380	320	320	500	420	420	440	570	380
	HD16	570	420	400	740	550	520	650	840	570
	HD19	780	590	480	1010	760	620	800	1040	780
	HD22	1240	880	770	1620	1150	1010	1160	1510	1160
	HD25	1550	1120	1010	2010	1450	1320	1330	1730	1330
	HD29	1870	1370	1290	2440	1780	1670	1500	1950	1500
	HD32	2210	1630	1590	2880	2120	2070	1670	2170	1670
240	HD10	300	300	300	300	300	300	300	320	300
	HD13	360	300	300	470	390	390	410	540	360
	HD16	530	400	370	690	520	490	600	780	530
	HD19	730	550	450	940	710	580	750	970	730
	HD22	1160	830	720	1510	1070	940	1090	1410	1090
	HD25	1450	1040	950	1880	1360	1230	1240	1620	1240
	HD29	1750	1280	1200	2280	1660	1560	1400	1820	1400
	HD32	2070	1530	1490	2690	1990	1930	1560	2030	1560
270	HD10	300	300	300	300	300	300	300	310	300
	HD13	340	300	300	440	370	370	390	500	340
	HD16	500	370	350	650	490	460	570	740	500
	HD19	680	520	420	890	670	550	710	920	680
	HD22	1100	780	680	1430	1010	890	1030	1330	1030
	HD25	1370	980	890	1780	1280	1160	1170	1530	1170
	HD29	1650	1210	1130	2150	1570	1470	1320	1720	1320
	HD32	1950	1440	1400	2540	1870	1820	1470	1910	1470
300	HD10	300	300	300	300	300	300	300	300	300
	HD13	320	300	300	420	350	350	370	480	320
	HD16	480	350	330	620	460	430	540	700	480
	HD19	650	490	400	840	640	520	670	870	650
	HD22	1040	740	650	1350	960	840	970	1260	970
	HD25	1300	930	850	1690	1210	1100	1110	1450	1110
	HD29	1570	1140	1080	2040	1490	1400	1250	1630	1250
	HD32	1850	1370	1330	2410	1780	1730	1390	1810	1390

콘크리트 강도 fck (kgf/cm²)
350
400
450
500

(fy=5.000kgf/cm²)

gf/cm²	fck=300 kgf/cm²	fck=350 kgf/cm²	fck=400 kgf/cm²	fck=500 kgf/cm²	기 타
	670	620	580	580	
	740	690	640	640	

(단위 mm)

	HD10	HD13	HD16	HD19	HD22	HD25	HD29	HD32
	300	380	460	550	640	720	840	920
	410	540	660	780	910	1030	1190	1320

(단위 : mm)

근호칭	슬래브 , 기초 : T > 300 mm 경우 상.하철근 구분 적용						보		기둥
	T < 300mm 경우 기타철근 적용						(피복두께=40mm)		(40mm)
	벽체, 옹벽 : 기타 철근 적용						하부근	상부근	수직근
	하부 철근(또는 기타철근)			상부 철근					
	외부근	내부근	내.외부근	외부근	내부근	내.외부근			
	(20mm)	(30mm)	(≥40mm)	(20mm)	(30mm)	(≥40mm)			
D10	300	300	300	300	300	300	300	300	300
D13	300	300	300	390	320	320	340	440	300
D16	440	330	310	570	430	400	500	650	440
D19	600	450	370	780	590	480	620	810	600
D22	960	680	600	1250	890	780	900	1170	900
D25	1200	860	790	1560	1120	1020	1030	1340	1030
D29	1450	1060	1000	1890	1380	1290	1160	1510	1160
D32	1710	1270	1230	2230	1650	1600	1290	1680	1290
D10	300	300	300	300	300	300	300	300	300
D13	300	300	300	360	300	300	320	410	300
D16	410	310	300	540	400	380	470	610	410
D19	560	430	350	730	550	450	580	750	560
D22	900	640	560	1170	830	730	840	1100	840
D25	1120	810	730	1460	1050	950	960	1250	960
D29	1360	990	930	1760	1290	1210	1090	1410	1090
D32	1600	1180	1150	2080	1540	1500	1210	1570	1210
D10	300	300	300	300	300	300	300	300	300
D13	300	300	300	340	300	300	300	390	300
D16	390	300	300	500	380	350	440	570	390
D19	530	400	330	690	520	430	550	710	530
D22	850	600	530	1110	790	690	790	1030	790
D25	1060	760	690	1380	990	900	910	1180	910
D29	1280	930	880	1660	1210	1140	1020	1330	1020
D32	1510	1120	1090	1970	1450	1410	1140	1480	1140
D10	300	300	300	300	300	300	300	300	300
D13	300	300	300	320	300	300	300	370	300
D16	370	300	300	480	360	340	420	540	370
D19	500	380	310	650	490	400	520	670	500
D22	810	570	500	1050	740	650	750	980	750
D25	1000	720	660	1310	940	850	860	1120	860
D29	1210	890	830	1580	1150	1080	970	1260	970
D32	1430	1060	1030	1860	1380	1340	1080	1400	1080

부산온천동
벽산 A·STAR
공동주택 신축공사

(주)종합건축사사무소 건원
ARCHITECTS | PLANNERS | ENGINEERS
건축사 김종국
서울 강남구 역삼동 678-36 아가방B/D
TEL (02)527-1234 · FAX (02)527-1271

설 계 DRAWN BY

검 토 CHECKED BY

심 사 SUBMITTED BY

승 인 APPROVED BY
건원

승 인 APPROVED BY
구조기술사
왕 기 수

특기사항 NOTES

REV.	DATE	APPR.	DESCRIPTION

일 자 DATE	축 척 SCALE
2005. 08.	A3 : NONE
	A1 : NONE

도 면 명 DRAWING TITLE

STRUCTURAL GENERAL NOTES (3)

파 일 명 FILE NAME

도면번호 DRAWING NO.

SG-0009

일련번호 SHEET NO.

□□-□□□□

철근콘크리트 구조일반사항-2

2.3.6 철근의 피복두께 및 이음위치

가. 현장 타설 콘크리트

(단위 mm)

흙에 접하여 타설되고 영구적으로 흙속에 묻혀있는 콘크리트	TOWER MAT 기초	하부 철근	90
		상부 철근	60
	지하주차장 기초(독립)	하부 철근	90
		상부 철근	40
흙에 접하거나 외기에 면한 경우	HD29 이상 철근		60
	HD25 이하 철근		50
	HD16 이하 철근		40
흙이나 외기에 접하지 않는 경우	지하슬래브(HD22 이하)	하부 철근	20
		상부 철근	25
	지상 슬래브	상. 하부 철근	20
	보. 기둥. CORE WALL	HD29 이상	50
		HD25 이하	40

나. 철근의 이음 위치

1) 철근의 이음은 설계도 또는 시방서에 규정되어 있거나 공사 감리자 및 구조설계자가 허가하는 곳 이외에는 이음을 해서는 안된다.

2) HD35 보다 큰 칫수의 철근은 겹침이음을 해서는 안된다.

3) 용접이음 및 기계적 이음을 감리자의 허가하에 사용할 수도 있다.

4) 이음의 위치는 응력이 큰 곳은 피하고 또한 같은 위치에 집중하지 않도록 한다.

5) 압축을 받는 부재에서 서로 다른 철근을 이을때의 이음길이는 굵은 철근의 정착길이, 가는 철근의 이음길이 중 큰것으로 한다.

6) 휨부재에서 서로 접촉되지 않은 (NONCONTACT) 이음철근의 철근간격은 이음길이의 1/5 이하 또는 150mm 이하로 한다.

나. 스터럽 및 띠철근의 표준 훅크

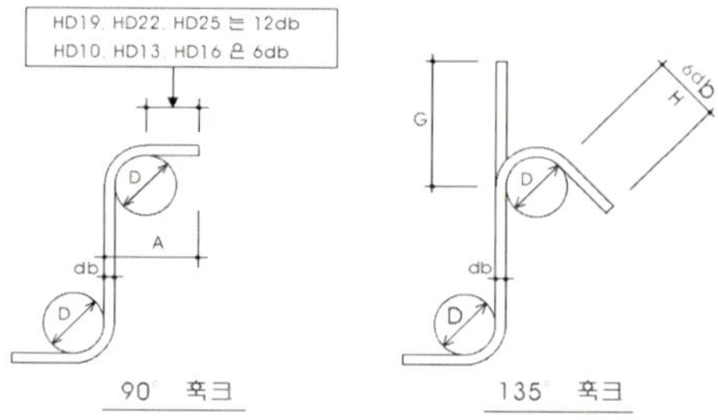

90° 훅크 | 135° 훅크

철근크기	굴곡 직경(mm) (D)	90° 훅크 A (mm)	135° 훅크 G (mm)	135° 훅크 H (mm)
HD10	40	100	100	60
HD13	60	120	120	80
HD16	70	150	140	100
HD19	120	310	200	120
HD22	140	360	230	140
HD25	160	410	270	150

2.3.8 철근의 단부가 표준 훅크로 되

가. 최소 정착 길이 Ldh(mm)

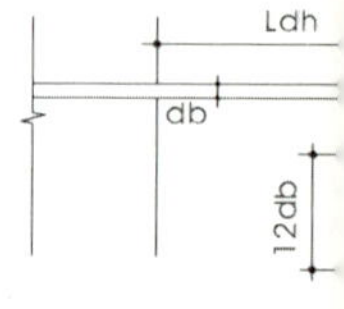

90° 표

적용구분	a) 일반적인 경우 측면피복 70r 마구리 피복 (90° 표준 hc	
fck(kgf/cm²)	240	300
db (mm)	14db	12db
HD10	150	150
HD13	180	160
HD16	220	200
HD19	260	240
HD22	310	270
HD25	350	310
HD29	390	350
HD32	440	390

* 상기조건에 맞지 않는경우 a)에
b)에서는 철근간격이 3 db 이
나. 훅크는 압축을 받는 철근의 정

2.3.7 철근의 후크

가. 일반 철근의 180° 및 90° 표준 훅크(STANDARD HOOK)

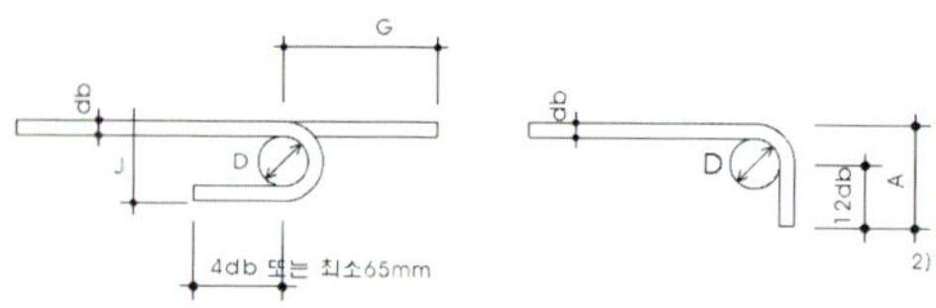

180° 훅크 | 90° 훅크

철근크기	굴곡직경 (D) (mm)	180° 훅크 G (mm)	180° 훅크 J (mm)	90° 훅크 A (mm)
HD10	60	130	80	160
HD13	80	160	110	210
HD16	100	180	130	260
HD19	120	210	160	310
HD22	140	260	180	360
HD25	160	280	210	410
HD29	250	380	300	500
HD32	270	430	340	550
HD35	310	490	380	600

2.3.9 묶음철근의 정착 및 이음길이

가. 묶음철근의 정착 및 이음길이는 아래와 같이 증가 시킨다.
2개의 묶음철근 : ---10% 증가
3개의 묶음철근 : ---20% 증가
4개의 묶음철근 : ---33% 증가

나. 묶음내 각 철근의 이음은 서로 중첩되지 않아야 한다.

* 비 고) 철근이음 위치

1)

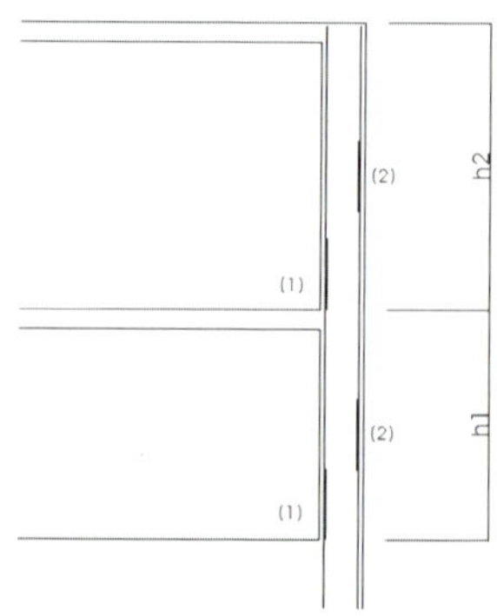

가. (1) 위치이음 : 압축이음
나. (2) 위치이음 : A급이음
다. 기타위치 : B급이음
라. 수평철근 : 압축이음

2)

가. (1) 위치이음 : 압축
다. 기타 : 인장이음

ㅓ 있는 인장 철근의 정착

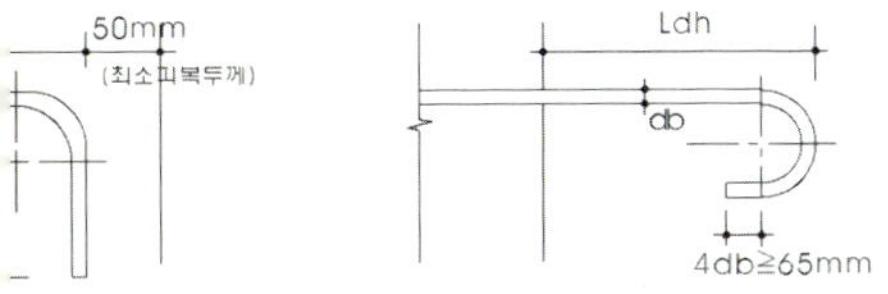

ㄷ 후크

180° 표준 후크

fy = 4000kgf/cm 일경우

표준갈고리를 갖는 인장이형철근형의 정착길이(Ldh)

n 이상 ımm이상 ɔk의 경우)			b) 띠철근 스터럽이 보강된 경우 정착길이 Ldh구간에 3db 이내 간격으로 보강된 경우				c) 벽체에 설치되는 경우 피복 조건을 만족시키지 못하는 경우			
	350	400	240	300	350	400	240	300	350	400
	11db	11db	16db	14db	13db	12db	20db	18db	16db	15db
	150	150	160	150	150	150	200	180	160	150
	150	150	200	180	170	150	250	220	210	190
	180	170	250	220	210	190	310	280	260	240
	220	200	300	270	250	230	380	340	310	290
	250	240	350	310	290	270	440	390	360	340
	290	270	400	360	330	310	500	450	410	390
	330	310	450	400	370	350	560	500	470	440
	360	340	500	450	410	390	630	560	520	480

ㅓ 정착길이를 45%증가시키고
일 경우 a)의 길이를 적용함.
착에는 유효하지 않다.

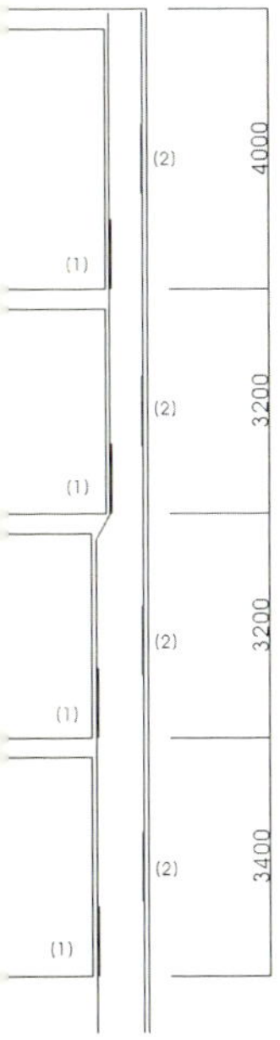

ㅐ음 | 나. (2) 위치이음 : A급이음
라. 수평철근 : 압축이음

3)

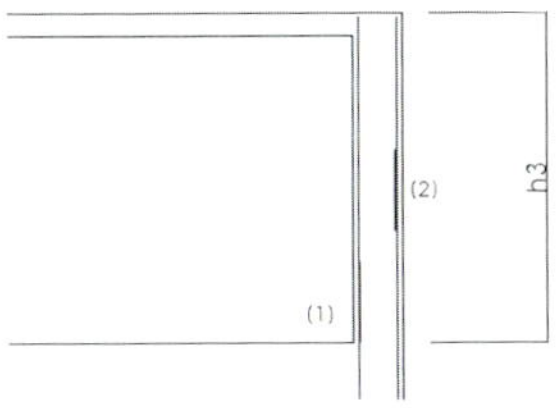

가. (1) 위치이음 : 압축이음
나. (2) 위치이음 : A급이음
다. 기타위치 : B급이음
라. 수평철근 : 압축이음

부산온천동
벽산 A·STAR
공동주택 신축공사

(주)종합건축사사무소 건원
ARCHITECTS | PLANNERS | ENGINEERS
건축사 김종국
서울 강남구 역삼동 678-36 아가방B/D
TEL (02)527-1234 · FAX (02)527-1271

설 계 DRAWN BY

검 토 CHECKED BY

제 시 SUBMITTED BY

승 인 APPROVED BY

승 인 APPROVED BY
구조기술사
확 인 수

특기사항 NOTES

REV	DATE	APPR	DESCRIPTION

일 자 DATE	축 척 SCALE
2005. 08.	A3 : NONE A1 : NONE

도 면 명 DRAWING TITLE

STRUCTURAL GENERAL NOTES (2)

파 일 명 FILE NAME

도면번호 DRAWING NO

SG-0008

일련번호 SHEET NO

□□-□□□□

부산 온천동 ASTAR 구조계획 및 설계방법

2006년 06월 20일 초판 인쇄
2006년 06월 25일 초판 발행

저 자 진 언 식
발행인 정 헌 준
발행처 태림문화사
서울 용산구 원효로 1가 128-13호
TEL 714-2478 / 716-2473
FAX 718-4580
E-mail taerim79@hanmail.net
등 록 1979. 3.27 (2-679)

ISBN 89-8205-215-1 정가 20,000 원